谁在操纵碳市场

CARBON MARKET
AN INTERNATIONAL BUSINESS GUIDE

[英] 尼古拉斯·斯特恩 编著

林德荣 罗楠 俞亮 译

中国科学技术出版社

·北京·

U0370140

图书在版编目（CIP）数据

谁在操纵碳市场 /（英）尼古拉斯·斯特恩编著；林德荣，
罗楠，俞亮译 . -- 北京：中国科学技术出版社，2022.5

ISBN 978-7-5046-9306-8

I. ①谁… Ⅱ. ①尼… ②林… ③罗… ④俞… Ⅲ.
①二氧化碳－排污交易－研究－世界 Ⅳ. ① X511

中国版本图书馆 CIP 数据核字（2021）第 232503 号

著作权合同登记号：01-2010-4613

First published by Earthscan in the UK and USA in 2009
Copyright © Arnaud Brohé, Nick Eyre and Nicholas Howarth, 2009
All rights reserved

责任编辑	彭慧元
装帧设计	中文天地
责任校对	焦　宁
责任印制	李晓霖

出　　版	中国科学技术出版社
发　　行	中国科学技术出版社有限公司发行部
地　　址	北京市海淀区中关村南大街 16 号
邮　　编	100081
发行电话	010-62173865
传　　真	010-62173081
网　　址	http://www.cspbooks.com.cn

开　　本	787mm×1092mm　1/16
字　　数	360 千字
印　　张	18.25
版　　次	2022 年 5 月第 1 版
印　　次	2022 年 5 月第 1 次印刷
印　　刷	北京虎彩文化传播有限公司
书　　号	ISBN 978-7-5046-9306-8 / X·144
定　　价	98.00 元

序

21 世纪伊始，世界面临决定人类未来的两大挑战：一是应对灾难性变化危机，二是消除贫困。就目前来看，当今世界还面临着 80 年来最为严重的金融危机，这场危机是由于对金融领域里的各种风险管理不善导致的。同样，气候危机的严重程度也取决于人类如何管理温室气体排放风险。不过，这两类危机有着本质的区别。我们如果对金融危机处理不当，所造成的后果无非是损失些许百分比的国内生产总值（GDP），危机会持续一年、两年甚或十年。但是若对气候危机管理不当，所造成的后果完全不同，它将有可能对地球上的生物造成严重且不可挽回的危害。

温室气体排放交易是应对气候危机的重要政策之一。和其他政策相比，排放交易政策具有独特优势，因其可以通过提供金融和技术支持来帮助发展中国家走上清洁发展道路。通过金融和技术支持，温室气体排放交易能促进各国之间的相互合作。与单纯基于税收的机制相比，通过排放交易制度构建的市场更加强调效率，其上限控制机制可以更好地实现温室气体减排。而且，在实施工业减排策略和评估中可以灵活地分配、拍卖或出售排放量。提供强劲、稳定的碳价格可能是唯一的、最有影响力的改善经济效率和应对气候危机的政策行动。

由于金融危机的影响，企业面临着诸多不确定性，所以政策落实和价格规范变得尤为重要：两大危机相互交错影响，导致危机恶化，投资受到抑制，现在采取行动以减少未来碳政策和碳价格的不确定性成为当务之急。

目前，大气中温室气体的浓度约为 430ppm（百分比浓度）二氧化碳当量（CO_2e），并正以每年约 2.5ppm 二氧化碳当量的速度递增。而该数据在工业革命之前的 1850 年约为 280ppmCO_2e。温室气体浓度的增加使得全球平均气温大约上升了 0.8℃。如果人类不设法降低大气中的温室气体浓度增速——每年依旧以 2.5ppm 的速度递增，那么到 2100 年，大气中温室气体的浓度将达到 750ppm 二氧化碳当量，甚至更高，意味着有 50% 的可能性使得 2100 年的气温比 1850 年上升超过 5℃。

全球气温比当前的气温低 5℃ 的时间应该追溯到一万到一万两千年之前的上一个冰河世纪，当时冰川的位置下降至现在伦敦和纽约所处的纬度；全球气温比现在的气温高 5℃ 的时间出现在 3000 多万年以前的始新世时期，当时的地球还被森林沼泽覆盖，地球上现代人的存在也只有 10 万—20 万年的时间。若 21 世纪气温上升同等幅度的话，自然地理会发生显著变化，海岸线、河流线以及气候类型等将被重新划分，届时人类在何处生存、以何种方式生存以及人文地理界定都将不得不重新考虑。洪水引发人类大规模迁移，城市甚至是整个国家都将被洪水淹没，或遭沙漠化侵袭，或遭飓风袭击，这些灾难都将严重威胁到地缘政治的稳定性。例如，最早受到影响的可能是格陵兰岛冰帽融化，仅此可导致全球海平面升高 4 至 8 米，引发全球气候系统中一系列不稳定而且不可预测的变化。

在《斯特恩报告》中关于气候变化经济学方面，我们预计气候变化若得不到控制的话，其所造成的损失相当于在没有发生气候变化或气候变化很小的情况下全球 GDP 的 5%，如果考虑到更多的影响和风险，该损失将达到 20%（一定时间范围内全球多个地区可能损失结果的平均值）。若按照目前全球年均GDP 约为 50 万亿美元计算，那么年均气候变化成本为 2.5 万亿—10 万亿美元不等。事实是即使利用最先进的科学技术，这样的估计也是保守的。实际上，温室气体排放的增长速度比预计速度快，而海洋的吸收能力却在不断减弱，这就使得全球温室气体的存储空间要高于估计值。利用"GDP 损失"计算估值能够让人们明白不作为的代价是巨大的，但是从气候变化对生物生境、生态系统、地理位置和各方冲突等方面造成的影响来看这一问题似乎更直接、更透明、更有效。我们将气候变化问题看成一种"风险管理"，那么，我们不禁要问"保险费用"的付出是否与减少风险所得的收益相当呢？考虑到今后几十年的行动成本约占全球 GDP 的 1%—2%[①]，大多数人的回答无疑是肯定的。

为了有效地进行风险管理，大气中温室气体的存储量应该被设定在某一目标值并基于该目标值降低。事实上，我认为将温室气体浓度控制在低于450ppm 这一目标值可能已经为时过晚（大多数科学家将寻求低于该目标值的稳定性），人类将在 2015 年达到该目标值。因此，我们可以将温室气体浓度控制目标设置在低于 500ppm 这一水平，并采取行动使它从该水平开始下降。这样做虽然无法消除风险，但是可以使温室气体浓度保持在能够让气温上升幅度低于 2℃这样一个可接受的范围内。毫无疑问，与不作为相比，这样的做法能够显著地降低风险。

如果我们将全球温室气体年均减排目标设定为 50%，这也是 2007 年德国海利根达姆 G8 峰会和 2008 年日本北海道 G8 峰会上设定的目标，那么到 2050年，全球温室气体排放量将接近于 200 亿吨二氧化碳当量（假设减排相对于1990 年的排放水平而言）。

当前将近三分之二的温室气体存量是由工业发达国家排放的，基于公平原则，发达国家应比发展中国家更多地降低排放。发达国家的财富水平和技术能力也要求其承担更多的减排责任。一些国家和地区在制订的 2050 年长期减排目标中认可了这一点。例如，在贝拉克·侯赛因·奥巴马当选为美国总统之后，他建议美国设定 80% 的国家减排目标（1990—2050 年的减排目标），加拿大和英国也设定了 80% 的减排目标，法国为 75%，澳大利亚为 60%。

到 2050 年，预计全球人口将从目前的 67 亿增长到 90 亿，绝大部分的人口增长将发生在发展中国家，届时发展中国家的人口预计将从如今的 57 亿增至近 80 亿。不同国家的人均排放量（二氧化碳当量）存在差异，美国、加拿大和澳大利亚超过 20 吨，欧盟国家为 10—12 吨，中国为 5—6 吨，印度为 1.5

吨，非洲大多数国家则少于1吨。如果到2050年全球年均排放量达到200亿吨二氧化碳当量，以全球90亿人口计算，届时人均排放量约为2吨左右[①]。对于欧洲和日本来说，80%的减排量意味着人均减排约2吨（美国、澳大利亚和加拿大需要设定更高的减排目标才能达到这一水平）。当然，排放量分配并不一定等同于实际排放量，考虑到历史责任，存在一种强有力的证据表明发达国家承担的人均减排量过低。

如果2050年发达国家不再排放温室气体，那么目前的发展中国家，也就是90亿人口中的80亿，不得不在2050年达到人均2.5吨的减排量以实现200亿吨二氧化碳当量的年均排放量目标。实质上，发展中国家最不应该为气候危机承担责任，但它们遭受的影响却是最早最深的。考虑到发展中国家的问题，全球排放交易的主要条款以及对发达国家的必要约束作出设定：强有力的减排目标、低碳增长的早期演示、碳金融、技术共享和强大的适应援助资金。

到2050年，只有将全球温室气体年排放量从400亿吨二氧化碳当量降至200亿吨二氧化碳当量，才有可能使二氧化碳浓度保持在低于500ppm的水平。我最近的新书——《打造更安全的地球：如何管理气候变化，创建一个进步与繁荣的新时代》中阐述了一个切实可行的全球协议，及其形成的基础和如何建立与维持该协议。所有的国家都应该参与进来。

我们清楚需要采取行动的主要领域包括：能源效率、低碳技术和禁止毁林。我们需要采取的经济手段，最关键的是，需要对温室气体进行定价，以纠正由于温室气体排放而导致的市场失灵。制定合理的规则和加强对新技术的支持同样非常重要。针对林业资源丰富的国家，将发展和停止毁林结合起来，制定一个全球化的行动至关重要。我们在实施过程中可以不断学习、明确方向，而现在的挑战来自各国应对气候变化的政治意愿。

简而言之，我们需要建立一种交易机制来迅速实现经济的低碳增长。在接下来的几十年，这个成本将会很高，但是回报也将非常丰厚，这不仅限于管理气候变化和保护我们的地球所带来的基本回报。我们应该将这些成本当作投资，无论是短期、中期还是长期都会带来丰厚的回报。

从短期来看，绿色财政刺激措施是帮助我们摆脱经济衰退的关键因素。例如，通过提高能效，以房屋隔热为例，可以为失业的建筑工人提供就业机会。我们可以采取这样的方式实施绿色财政刺激行动，为今后二三十年的强劲发展打下基础并避免重蹈覆辙。十年前，我们就在网络泡沫破灭后的经济衰退期犯过错误，而如今我们不能再次为摆脱衰退而导致下一次经济泡沫埋下隐患。

从中期来看，在接下来的几十年，低碳技术将成为经济增长的主要驱动力，堪比铁路、电力、汽车或信息技术，甚或更为强劲。

从长期来看，发展低碳经济能够带来更清洁更安静更安全的环境，更好地确保能源安全和生物多样性，这也将成为未来的发展模式。发展高碳经济必将行不通。首先，高碳能源价格高，最根本的问题是它们对环境造成破坏。其次，在接下来的几十年里，只有发展低碳经济才可以解决世界范围内的贫困问题，并且，如果我们以阻止发展中国家发展经济提高生活水平的方式来管理气候变化，那么接下来的几十年中，我们都将无法建立起管理气候变化的同盟。

我们能够而且必须应对这些挑战。行动延缓或力度不够都会带来沉重的代价。要帮助各国树立起应对气候变化的政治意愿就需要拿出强有力的证据，这是我们所有人的责任，也是这本书贡献之所在。

尼古拉斯·斯特恩爵士

伦敦经济学院首位帕特尔（IG Patel）讲座教授

伦敦经济学院格兰瑟姆（Grantham）气候变化与环境研究学会主席

2009 年 4 月

译者序

气候变化已经带来难以忽视的风险。最新发布的《中国气候变化蓝皮书（2021）》显示：气候系统多项关键指标呈加速变化趋势，气候系统变暖仍在持续，极端天气气候事件风险进一步加剧。20 世纪 80 年代以来，每一个连续十年都比前一个十年更暖，2020 年全球平均温度较工业化前水平高 1.2℃，是有完整气象观测记录以来的三个最暖年份之一；全球平均海平面的上升速率，从 1901—1990 年的 1.4 毫米 / 年增加至 1993—2020 年的 3.3 毫米 / 年，2020 年海平面比前一年上升 0.1 毫米。中国是全球气候变化的敏感区和影响显著区，气候风险指数呈升高趋势，2020 年中国气候风险指数为 1961 年以来第三高值；年平均气温和海平面上升速率明显高于同期全球平均水平，1951—2020 年，我国地表年平均气温升温速率为 0.26℃ /10 年，呈显著上升趋势；极端高温和极端强降水事件呈明显增多趋势，台风平均强度波动增强。全球气候变化将给世界各国的自然生态、经济、社会、制度等诸方面造成更大的不确定性和挑战。若不迅速采取有效行动抑制全球升温的幅度和速度，整个世界不得不为此付出高昂代价。

认识到全球气候变化及其不利影响是人类共同关心的问题，1992 年，联合国大会通过《联合国气候变化框架公约（United Nations Framework Convention on Climate Change，简称 UNFCCC）》，确立了全球应对气候变化的最终目标：将大气温室气体的浓度稳定在防止气候系统受到危险的人为干扰的水平上。之后，各缔约方先后在 UNFCCC 框架下达成了具有里程碑意义的全球气候协议——《京都议定书》（1997）和《巴黎协定》（2015）。协议要求各缔约方参与全球应对气候变化行动，减少温室气体排放，以减缓和适应气候变化。然而，遗憾的是，全球主要温室气体浓度仍在持续上升。2020 年《京都议定书》第二承诺期结束之后，各国将根据《巴黎协定》制订的自下而上式的"国家自主贡献"的目标实现路径参与全球应对气候变化行动。

2020 年以来，习近平主席多次在重要国际会议或论坛上代表中国政府向世界宣布："中国将提高国家自主贡献力度，采取更加有力的政策和措施，二氧化碳排放力争于 2030 年前达到峰值，努力争取 2060 年前实现碳中和。"2021 年 3 月 11 日，第十三届全国人民代表大会第四次会议批准"十四五"规划和 2035 年远景目标纲要，提出要积极应对气候变化，落实 2030 年应对气候变化国家自主贡献目标，制定 2030 年前碳排放达峰行动方案。

在全球适应和减缓气候变化治理格局下，人们试图寻求一种新的激励机制，找到一条能够平衡应对气候变化和寻求社会经济发展关系的创新路径，期望以最低的社会成本实现温室气体排放量的控制目标，并使人类福利最大化。"总量管制和排放交易"作为环境治理的创新手段被广泛应用到温室气体减排实践当中，碳排放权交易市场应运而生。尼古拉斯·斯特恩爵士的《谁在操纵碳市场》（*Carbon Market: A International Business Guide*），不仅对《京都议定书》下的全球碳市场的形成和交易细则进行了全方位解读，而且详尽介绍了欧盟、美国、澳大利亚、新西兰、日本等实施碳排放交易计划的具体做法和规则。

当前，中国在积极开展碳市场交易试点工作的基础上，于 2021 年 1 月 1 日正式启动全国碳市场第一个履约周期，标志着中国碳市场的建设和发展进入了新的阶段。《谁在操纵碳市场》的翻译出版可以给中国碳排放权交易市场建设带来有益的启示，让中国读者有机会更详尽了解"总量管制和排放交易"创新工具在全球范围内的应用和发展，也更希望中国企业家能够在碳市场中发挥创新精神寻找到商业机遇，激发企业的内生减排动力，如期达成 2030 年前碳达峰、2060 年前碳中和的目标，全面实现经济社会绿色低碳高质量发展。

本书的翻译工作由林德荣、罗楠和俞亮三位同志负责完成，林德荣负责全书的审校统稿工作，中国林业科学研究院林业科技信息研究所的吴水荣研究员具体组织协调本书的翻译出版，并为此付出了巨大心血。在此，向所有参与此书翻译出版并付出了辛勤劳动的相关人员表示衷心感谢。另外，本书翻译出版得到青岛农业大学人文社科基金项目（编号：1119739）和青岛市"双百调研专项"（编号：2321701）的资助，在此一并表示感谢。

最后，《谁在操纵碳市场》涉及气候、生态、环境、经济、社会、林业等不同的学科领域，译者在翻译过程中在力求保持原著风格的基础上，力求做到通俗易懂，但囿于译者学科所限，仍难免存在疏漏甚至错误，敬请读者批评指正。

林德荣

2021 年 10 月于青岛

引　言

　　我们写作此书的目的是为对当前快速发展的碳市场感兴趣的人提供一个有效的指导。每一章节都简单易懂，内容涉及气候变化的科学、排放权交易理论、一些国家和地区碳市场政策和行动。您无需对经济学原理或碳市场进行事先了解，我们会在深入探讨之前对技术术语和相关概念提供详尽的解释。

　　对碳市场了解的回报从来没有如此大过。自经济大萧条以来，最为严重的银行业危机和经济衰退正在引起社会和经济秩序的剧烈动荡，这导致了旧的商业模式受到质疑，新的机会也在所谓的"创造性破坏的过程"中应运而生（Schumpeter，1950）。同时，这个重组过程也受到了来自科技以及社会各界要求采取措施应对气候变化呼声的影响。最近，许多科学研究表明，人类正在进入一个至关重要的时期，与工业化以前的水平相比，地球平均气温很可能升高2℃或者更多。如果不采取及时有效的措施，该临界点只能再维持十年到二十年的时间。能够适应环境变化的商业模式更有可能经受住经济危机的威胁，在以强调构建可持续经济增长模式的世界中大展身手。写作此书的原因之一是，我们相信排放权交易会在树立新的经济规则中扮演十分重要的角色。

　　排放权交易的成功及其吸引人的地方在于它支持管理者设定严格标准，鼓励创新和进取。排放权交易具有明确的目标，政治家可简单明了地将其目标传递给民众，在国际合作中提供有用的信息。

　　人们尚未广泛意识到，基于运用温室气体排放权利的排放权交易的做法会创造出新类型的资产。例如，欧盟排放权交易计划（EU ETS）第一阶段已经产生了大约500亿欧元的温室气体产权交易额。最近的美国联邦预算估计2012年排放权交易拍卖价值将达到800亿美元，2019年将增至6460亿美元（Hepburn et al.，2006；White House，2009）。资料显示，到目前为止，这些资产主要用于支持引进排放权交易，而这是借助其他政治工具无法实现的。温室气体排放权的交易同样引起了金融部门抑制温室气体排放的兴趣，排放权交易同样促使经济体之间实现最低成本的减排。

本书对各国通过排放权交易控制温室气体排放的新兴趋势进行了记录。在世界范围内，欧盟最早启动了排放权交易计划，紧接着，美国的地区性计划和澳大利亚新南威尔士州排放权交易计划等纷纷涌现出来。除了新西兰和澳大利亚在2009年和2010年分别启动国家排放权交易计划，美国总统奥巴马也表示美国将在2012年实施国家层面的排放权交易计划，分析家预测它的市场规模可能会达到欧盟排放权交易计划的三倍。另外，美国将会迫使像日本和加拿大等处在排放交易边缘上的许多国家开发其国内市场。

由于企业和国家需要考虑如何在一个碳排放受到限制的环境里进行自我定位，因此，排放权交易是在维护自身利益和恐惧心理这两大市场动力的驱动下发展起来。排放权交易促使企业对其排放负责，企业会认识到减少排放的价值所在。对此无动于衷的企业（或国家）可能会发现它们日益受到环境危害的威胁，因为消费者和政府强烈要求其对碳排放造成的后果负责，从而引起环境保护主义和边境税对那些依然置身事外的企业和国家严重关注。

日益普及的排放权交易也遭受到争议和批评。有一种观点是，大自然应该得到神圣保护，将其商品化会降低其内在价值。更进一步讲，一些人将购买碳排放交易权抵消温室气体排放等同于中世纪时期的罪犯购买宽恕权获得赦免的做法。一些人考虑得更为实际，他们担心只有那些富裕国家才买得起环境使用权，而贫穷国家的权利则被剥夺和边缘化。本书并没有回避这些批评，相反的是，它向读者介绍了排放权交易的利弊、到目前为止的实际经验、起到了什么作用、在哪些地方产生了法律问题以及哪里可以进一步得到改进。

在编写本书的过程中，我们发现不存在两个完全一样的排放权交易计划。首先，不同国家的排放权交易计划对排放总量上限的控制严格程度不同，有的控制排放强度，有的则是控制绝对排放量；其次，分配途径也不相同，许多计划是"无偿分配"排放权，而另一些计划则完全通过拍卖来分配；再次，每个计划统计温室气体的方法学也不尽相同。"一吨就是一吨二氧化碳"的说法，并非总是正确，因为这混淆了温室气体的真正来源。举例说明，一些排放权交易计划通过自上而下的方法粗略测量；一些则采用详细严密的方法进行测量，详细严密的方法更能够真实反映实际排放量。各国、各企业以及各种减排技术之间的差异都有可能影响碳计量的可信度。除非碳计量方法接受了严格的质量确认和核查，不然的话，每个碳计量系统下的排放权将各不相同。该问题的意义非常重大。首先，所谓的"排放上限"其实另有所指。例如，如果采用控制碳排放强度作为排放上限，那么，新建一个大型的燃煤发电厂会使公司碳排放达到其"上限"，实际上却没有实现减排。其次，如果采用不同的规则，那么不同的排放权交易计划之间的联系就会受到制约。而排放权交易计划之间的联系是有益的，因为它能确保减排发生在成本最低的地方。然而，不同排放计划之间的联系同样导致了地区或国家间金融资本的扩散和投资的转移。一些国家对这种排放权的转让进行控制，想把气候投资保留在"国内"。

尽管本书关注排放权交易，但我们也明确认为，碳市场并非处理气候变化问题的灵丹妙药或一劳永逸的解决良方。如果要应对气候变化危机，政府和各个行业除了设定减排目标和确定碳价格，还需要制定全面的环境保护措施。主要包括税收激励措施，大力支持私人以及公共部门的研究和开发，加强各类学生的低碳教育和培训、类似鼓励实施补助金的积极产业政策、减少环保技术基础设施建设的法规障碍，在社区提倡低碳的科技、生活方式等。

对于一种政策工具优于另一种政策工具这样的观点，我们认为是错误的，例如碳排放交易政策优于税收政策。根据任务和所处环境的不同，每一种政策工具都有其发挥作用的地方。例如在日本，政府和行业间的信任关系投射出其所采取的循序渐进的"自愿"排放权交易方式。与西欧地区相比，东欧地区拥有不同的经济和政治的优先事项，经历了经济结构从重工业为主向轻工业为主的转换，这就导致了民主德国、波兰、乌克兰和俄罗斯拥有大量碳排放权指标剩余。中国最近正尽力解决这样一个难题，中国既是世界上最大的经济体之一，也是碳排放大国，同时还是发展中国家。澳大利亚作为世界上最大的煤炭出口国必须考虑如何在扩大抢占中国市场和制定本国碳排放目标之间进行权衡。电力部门的减排与农业和林业部门的减排有很大差别，需要考虑到每个国家的历史情况和管制现状的差异。就像在开头所说的，我们想要通过本书传达的一个观点是在支持排放权交易还需考虑到各个国家和地区的实际及其目标的不同。

经济危机导致了欧盟排放权交易计划下的排放权信用价格下跌，从每吨高达 30 欧元下降至每吨 10 欧元。预计碳交易市值将会下跌近三分之一，从 2008 年的 920 亿欧元跌至 2009 年的 630 亿欧元（Financial Times，2009）。尽管碳价格走低，2009 年的碳交易量仍达到了 59 亿吨，与 2008 年的 49 亿吨相比增加了 20%。随着本书中所谈及的新排放权交易计划的实施，碳交易数量将会持续上升。

有人指出价格的不稳定导致了碳市场的不确定性，造成投资减少；但也有人认为与其他商品一样，碳价格的变动体现了对市场驱动作出反应的内在灵活性，这在经济紧缩时期是一个有利因素。此类讨论引发了一些关于排放权交易市场未来走向的有趣争论，例如最低和最高限价的作用。另一个影响排放权交易市场未来走向的重要因素是未来十年碳政策的可靠性。例如，相对于短期波动，能源基础设施的投资对煤炭和能源价格的长期趋势更敏感。长期价格主要是由政府政治进程决定的，因而受到当今政治压力的影响。这导致一些人支持增强长期政策的确定性。例如，欧盟排放权交易计划的具体提案包括将排放权交易的总量控制计划延长至 2050 年（CBI，2009），模仿货币政策和利率制定过程，采取独立机构制定市场利息的方式监管碳市场（Helm et al.，2005）。

本书的出版恰逢国际气候政策形成的重要时期。根据 2007 年 2 月 16 日签订的不具约束力的《华盛顿宣言》，来自美国、中国、印度、俄罗斯、日本、巴西、德国、英国、法国、意大利、加拿大、南非和墨西哥（G8+5）的各国首脑原则上同意在2012年《京都议定书》期满之后将《华盛顿宣言》视为后减排承诺。该宣言构想了一个适用于发达国家和发展中国家的排放限制和交易的体系。尽管金融危机使得很多政府采取保守态势，但也有达成的共识之处，包括制定长期气候目标的需求，其中发达国家需承担主要减排任务，增加适应气候冲击和技术合作的机制。从地区和国家管制计划发展的规模来看，某些形式的国际排放权交易机制极有可能会延续下去。然而，可能会有大量细节问题需要解决，包括清洁发展机制是否只是一个基于项目的体制，或扩展至各个部门项目，例如减少巴西、东南亚和非洲森林滥伐的提案以及如何构建碳资源开采和储存的国际体系。

从全球来看，至2009年3月总计24510亿美元政府一揽子刺激计划中约有4290亿美元用于实施"绿色倡议"作为应对气候变化的措施，越来越多的国家实施了强制减排计划，很大一部分还参与了京都减排机制。在编写此书的时候，我们预计排放交易将成为21世纪绿色新政的核心内容，这类似于20世纪20年代富兰克林·罗斯福应对经济大萧条采取的一系列措施。但是，我们正朝着这个转折点前行，能否成功抓住变革的机会取决于对身边机会的理解和利用。

目　录
CONTENTS

第 1 章

气候变化

引言

气候变化是当前各国政府和国际社会普遍关注的一个重要问题。本书的主要内容是关于碳市场的，即如何设计市场机制以解决气候变化问题。为进一步理解碳市场的具体运行环境，有必要首先对气候变化的相关基本科学知识及其可能产生的影响进行解读。

"气候变化"是日常用语中相对较新的一个词语。它将同一领域内的一系列词汇，如温室效应、全球变暖、碳、二氧化碳和温室气体等联系起来。本章试图向一个"外行人"解释和描述有关基本的科学进程、相关温室气体排放的来源和变化及其对自然环境和人类社会产生的影响等。虽然我们这里所做的解读已经相当详细，但实际上，这些问题比我们所解读的要复杂得多。若有兴趣想要获得更为全面的解释的读者，可以参考其他文献资料，其中最著名的是"联合国政府间气候变化专门委员会（IPCC）的第四次评估报告"，这些报告是当今世界科学舆论的共识。随着气候变化成为国际间的重要议题，弄清楚与之相关的基础科学及其背景是 21 世纪应对碳约束问题的明智行动。

科学问题的简要概述

温室效应是一种自然现象,使地球平均温度保持在 15℃左右,从而使生命能够生存。这主要是由于自然存在的温室气体(Greenhouse Gases)将部分太阳热量俘获于大气层中。本节以下篇幅将对这种自然现象进行简要描述。(如图 1.1 所示)

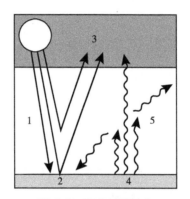

图 1.1 温室气体效应

水蒸气是主要的温室气体。但是,如果对人类活动产生的温室效应(通常加剧了自然温室效应)进行一个限制性考虑,人类排放的水蒸气实际上不会产生任何影响。因为 2/3 的地球面积被水覆盖,大气中水蒸气的平均容量主要取决于温度。虽然人类活动引起的气候变暖被大气中增加的水蒸气的正反馈作用所放大,但由于水蒸气在大气中的平均存留时间仅为一个星期左右,因此,人类活动产生的水蒸气排放不会显著地改变全球水循环(Jacovici,2002)。

二氧化碳(CO_2)是人类活动产生的温室效应的根本原因。它在大气中的平均寿命大约是 125 年,这意味着由于二氧化碳显著的惰性,当今采取的减排措施的效果只能在未来集中显现。人类活动造成的二氧化碳排放(占欧盟 2005 年总排放量的 83%)主要来自化石燃料的燃烧和森林的破坏;甲烷(占欧盟 2005 年总排放量的 7%）来自森林火灾、家畜反刍行为、稻田、农场以及垃圾填埋场释放的气体；氧化氮（NO_x）（占欧盟 2005 年总排放量的 8%）来自化肥的使用和一些化学过程；来自制冷剂气体的卤化碳（占欧盟 2005 年总排放量的 1%）和对流层臭氧（来自碳氢化合物的燃烧）是其余主要的温室气体[1]。

　　人类活动的加剧显著地改变了大气中温室气体的浓度。实际上，大气浓度的变化已经是早已被人类所认知的现象。1896 年，化学家阿伦尼乌斯发现，自工业革命开始以来大气中的二氧化碳浓度大幅度上升（Arrhenius，1896）。弄清楚大气中二氧化碳浓度的上升和化石能源消费增长之间的一致性关系，以及二氧化碳在导致温度上升中的作用极为重要（如图 1.2 所示）。瑞典学者得出的结论认为，若大气中二氧化碳浓度加倍，地球温度将上升几个摄氏度[2]。

　　对化石燃料消费的强劲增长不可避免地带来温室气体排放的增加。植物残留层经过缓慢分解而形成的石油、天然气和煤已经将碳捕获储存了数百万年时

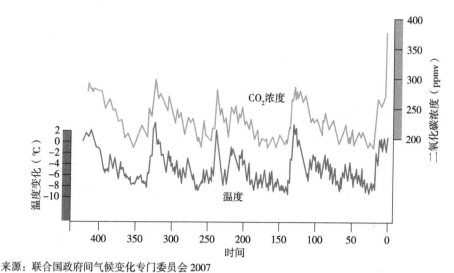

来源：联合国政府间气候变化专门委员会 2007

图 1.2　数千年来的温度变化和 CO_2 浓度的关系

---

　　① 与平流层臭氧不同，这些臭氧形成的臭氧层，保护地球免受太阳紫外线（UV）的辐射。

　　② 这种现象从 19 世纪上半叶已经被认知。约瑟夫·傅里叶首次描述了自然温室效应，并将这种现象称为温室效应（Fourier，1824）。后来克劳德·鲍伊莱对水蒸气和 CO_2 对温室效应的作用进行了描述（Pouillet，1838）。

间，这些化石燃料的燃烧向大气中排放温室气体，干扰了自然界中通过光合作用和呼吸作用形成的碳循环。

虽然人类活动导致的碳排放量与自然碳循环（涉及森林、土壤和海洋）的碳排放量相比很小，但是，这些额外的碳排放无法通过生态系统进行完全彻底的循环。联合国政府间气候变化专门委员会估计，每年人类活动约排放70亿吨碳当量（约合260亿吨二氧化碳当量）[①]，其中大约40亿吨碳当量滞留在大气中没有参与循环。这使得大气中的温室气体（包括所有的温室气体）浓度由工业革命前的280ppm增加到目前的430ppm（IPCC，2007）。按照人类当前的排放水平，大气中温室气体浓度每年约增加4ppm。这一浓度的增加值和所观察到的自工业革命以来大气平均温度上升0.7℃的趋势水平相一致，并且温度的升高具有明显的空间变化（两极地区温度上升的多，赤道和中纬度地区温度上升的少）。

当前，大气中的温室气体浓度比过去45万年间的任何时期都要高，而且联合国政府间气候变化专门委员会预测，大气中的温室气体浓度将继续升高。其中大气中反二氧化碳浓度自工业革命以来增加了35%（从280ppm增加到380ppm），如果不采取任何约束行动，按照目前水平继续排放的话，到2100年大气中二氧化碳浓度将达到现在的3倍。[②]

在第四次评估报告（2007）里，联合国政府间气候变化专门委员会认为，人类极为可能（90%的概率）要为20世纪的全球气候变暖承担责任，而且人类若继续排放温室气体，极有可能导致21世纪的气候比20世纪进一步变暖。气候敏感性（即当大气中二氧化碳当量浓度加倍情况下，全球平均表面温度发生的均衡变化）可能在2—4.5℃，最佳的估计结果大约是3℃。

---

① 1吨碳 = 3.6667吨二氧化碳。

② A_2情境系列被运用在IPCC模型中。A_2情境系列代表了一个可区分的世界。它以低贸易流通、相对缓慢的资金供应周转以及较慢的技术变化为特征。A_2领域"合并"了一系列经济区域。它强调未来的特征是依据自身拥有资源的自立精神，很少关注地区之间经济、社会和文化的相互作用。认为发展中国家和发达国家的经济增长是不平衡的，而且它们之间的收入差距不会缩小（IPCC，2007）。

温室气体排放的分布和演变——各国的温室气体排放（图1.3）

美国是 2005 年世界上最大的温室气体排放国。虽然美国人口仅占世界总人口的 5%，但其温室气体排放量却超过了全球排放总量的四分之一。自 1990 年以来，美国的碳排放量一直以每年 1% 的速率增加。占世界总人口 20% 以上的中国是全球第二大温室气体排放国，基于中国目前的高经济增长率，估计在 2007 年后期中国的温室气体排放量将超过美国。欧盟 15 国（已正式批准京都议定书的欧盟成员国）处于全球第三大排放者的地位。印度尼西亚和巴西的情况比较特殊，虽然这两个国家直接的温室气体排放量少于俄罗斯，假如考虑毁林引起的温室气体排放 / 吸收的平衡，那它们应该处于前 5 位的水平。印度尼西亚的情况尤其令人担忧，由于其温室气体的直接排放和日益增加的毁林（其中部分是对日益增长的生物燃料需求而进行的棕榈油生产）而导致的间接排放

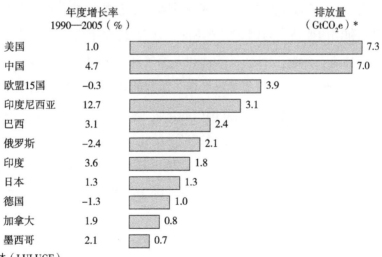

* 包括毁林（LULUCF）

来源：IEA, EPA, WRI, UNFCCC, EEA 和麦肯锡公司

图 1.3　主要温室气体排放国的排放量和年度增长率

的综合效应，以致其年均温室气体排放增长率达到 12.7%。按绝对数值计算，印度尼西亚每年增长的排放量相当于比利时、荷兰、卢森堡经济联盟的排放总量，与中国每年的排放增长量相当。在这些主要的排放者中，只有欧盟 15 国、俄罗斯和德国自 1990 年以来的排放量是下降的。俄罗斯和德国排放量的降低主要是由于在社会主义制度的解体和转型时期，两国的许多重工业企业关闭造成的。

除了每个国家的绝对排放量以外，关注每个国家的人均排放量也十分有意义。2005 年，全球大约 65 亿人口人为排放的温室气体总量约为 260 亿吨二氧化碳当量，折合全世界每人平均排放 4 吨二氧化碳当量。我们已经知道，生态系统能够吸收 30 亿吨碳（约 110 亿吨二氧化碳当量），这意味着地球生态系统能够吸收每人产生的 1.7 吨二氧化碳。考虑到人口预期增长率，如果要使全球气候处于稳定状态，人均温室气体排放量要低于这一水平。

图 1.3 显示了一些主要国家的温室气体排放情况。澳大利亚、加拿大和美国的国民是最大的排放者，他们的人均温室气体排放量超过 24 吨二氧化碳当量。这些国家的高排放水平，可以由它们的生活方式（空调的广泛使用、大量的肉类消费等）、电力工业（美国和澳大利亚主要使用煤炭发电）以及致力于发展私家车和国内航空（与国际航班不同，它被包含在国家排放清单中）的交通系统部分地进行解释。另外，石油和天然气开采（加拿大和美国）和采矿（加拿大和澳大利亚）也是重要的排放源。荷兰的高排放水平（与欧盟 15 国的平均水平相比较）部分地可以由其国内的化学工业和炼油业在其经济中所占的重要地位加以解释。中国因为排放量超过美国而备受指责，但其人均排放量刚好超过全球人均排放水平。印度的排放水平与撒哈拉沙漠以南的非洲大陆的许多国家相当，这说明了大部分次大陆国家还处于不发达状态。然而，如果要想稳定大气中温室气体的浓度，我们应该努力争取维持这一较低的排放水平。

如图 1.4 所示，我们从这些数字中可以发现什么呢？第一，发达国家和发展中国家之间的排放水平存在巨大差异（譬如，撒哈拉沙漠以南的非洲大陆的所有国家，不包括南非，人均温室气体排放量在 1—4 吨二氧化碳当量）；第二，经济合作和发展组织（OECD）国家之间也存在显著的差异。悲观主义者认为，前 3 位国家的数字告诉我们，若我们都采取"美国的生活方式"，温室气体排放量将产生异常巨大的增长潜力；而乐观主义者认为，欧洲和北美的人均排放水平（10 吨和 24 吨）之间的差异说明社会福利水平和排放水平远远不是完全相关的关系，美国在现有排放水平上降低 60% 的排放量而仍然保持良好的生活质量是可能的。像瑞士这样的国家，其经济主要依赖于服务部门，以人均排放 7 吨二氧化碳当量就达到了很高的生活水平。另外，欧洲化石燃料使用量较低却能够增强其竞争力，而美国对石油的依赖已经成为美国贸易平衡中的一个重要负担。最后，应该认识到，人均数值是对消费效应的不准确度量，值得认真对待，因为消费还要考虑产业迁移和进口产品中包含的碳。那些排放量降低的欧洲国家，部分是由于从亚洲进口的制成品数量的增加。例如，近年来，英国排放量的下降实际上已经无法抵消英国进口商品中隐藏的排放量的增加（Wiedmann et al.，2008）。因此，对英国（事实上，这一发现也适合于其他欧洲国家）而言，控制全球温室气体排放需要同时考虑生产效应和消费效应。在未来的国际谈判中，进口制成品的国家应该考虑这些制成品的生产对生产国排放量增加的影响。

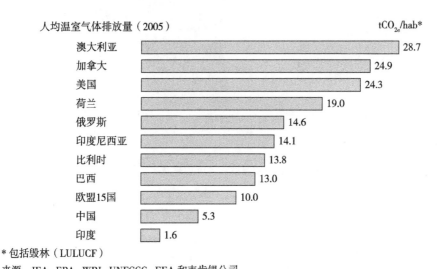

人均温室气体排放量（2005）　　　　　　　　　　　　　　　　　　$tCO_{2e}/hab*$

澳大利亚	28.7
加拿大	24.9
美国	24.3
荷兰	19.0
俄罗斯	14.6
印度尼西亚	14.1
比利时	13.8
巴西	13.0
欧盟15国	10.0
中国	5.3
印度	1.6

* 包括毁林（LULUCF）

来源：IEA, EPA, WRI, UNFCCC, EEA 和麦肯锡公司

图 1.4　主要温室气体排放国人均温室气体排放量

各部门的温室气体排放

就全球而言，人类活动产生的温室气体排放大概可以分为 7 种类型（见图 1.5）。近四分之一的温室气体排放量（其中，30% 多一点的二氧化碳排放量）来自电力和供热生产；工业生产要为五分之一的全球温室气体排放量负责，这一比例大约相当于运输（13%）和建筑物采暖（8%）所带来的排放量的总和。发展中国家毁林所产生的排放量大约占总排放量的 17%，农业（主要是甲烷和氧化氮）占 13%，废弃物（主要是甲烷）占 3%。

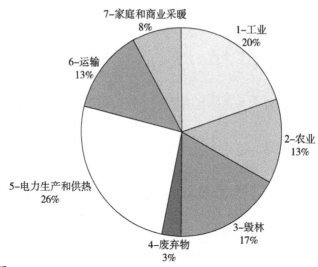

来源：IPCC 2007

图 1.5　分部门的温室气体排放来源（世界）

除毁林外，欧洲的总体排放模式基本相似（见图 1.6），欧洲从 1990 年开始出现了些许造林。在运输和供热方面，欧盟 15 国的排放水平（超过其温室气体总排放量的三分之一）与全球平均排放水平（仅五分之一）相比，占据了较高的比例。

在大多数欧洲国家，电力使用大体上由以下 3 个部门分摊：工业、商业和住宅。运输、建筑物和工业部门的能源使用大约分别要占据各国排放量的四分之一。

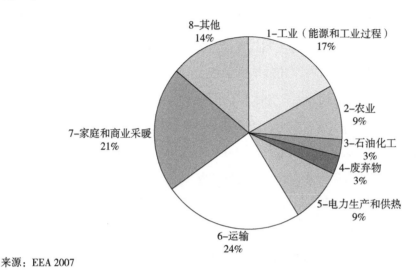

来源：EEA 2007

图 1.6 欧盟 15 国分部门的温室气体排放来源

温室气体排放来源

所有的化石燃料通过燃烧使燃料中的碳转化为二氧化碳，从而增加了温室气体的排放。不同燃料对温室气体排放的贡献程度依赖于两个方面，一是所使用的燃料数量，二是燃料中实际的碳含量（每单位燃料中含碳的数量）。最主要的三种化石燃料——煤炭、石油和天然气对全球温室气体排放的贡献分别大约是 30 亿吨碳、30 亿吨碳和 15 亿吨碳（橡树岭国家实验室，2008）。天然气排放水平较低的原因是由于它是使用量最少的化石燃料，同时也是由于它的碳含量最低。

不同燃料具体的确切的含碳量的大小取决于对燃料等级的细致划分。概括来讲，煤炭、石油和天然气的贡献比率分别为 5 : 4 : 3，因此说，煤炭是"最脏的"化石燃料，而天然气是"最干净的"。本质上，天然气中氢的燃烧能够比其他化石燃料提供更大比例的能量，这主要是由于其化学成分（主要是甲烷）的差异造成的。

不同能源的碳贡献率也取决于能源在燃料供应链中转化为不同形式的能量效率的大小。这对电力生产而言尤其重要，发电阶段的效率相当低，因此，使用化石燃料的电力生产具有很高的碳密集度，尤其煤炭电力生产是使用碳含量最高的燃料，并且与现代天然气技术相比，效率低得多。

为了估计温室气体排放水平，通常假定，在燃烧过程中燃料所包含的碳会彻底转化为二氧化碳。而实际上通常会存在一些不完全燃烧，导致一些碳转化为一氧化碳或碳氢化合物而排放掉。这些也是温室气体，但它们通常在相当短的时期内会通过自然过程转化为大气中的二氧化碳。另外，不完全燃烧的范围通常较少，因此，对化石碳完全转化为二氧化碳的假设只存在较小的误差。

生物燃料获取能量的途径也是通过碳氢化合物的燃烧过程。这种能量来自太阳光，是植物在生长阶段通过光合作用获得的——与形成期为几百万年的化石燃料相比 [1]，通常作物能量的形成期为一年、木材能量形成期为几十年。假定生物燃料的生产是可持续的（譬如，收获的植物可以重复栽植更新），那么，它在其时间尺度短于大气中 CO_2 寿命的情况下，对碳循环的净影响是中性的，因此可以认为生物燃料是碳中性的。实际上，生物燃料的生产并不总是可持续的，它造成的温室气体排放来自不可持续的生产。通常，处理此问题的方式是在生物燃料燃烧的时候视其为"零碳"排放，而将其引起的排放直接归因于土地利用变化。

其他的能量来源——核能和非生物可再生燃料不直接排放二氧化碳，因此也被看作是"零碳"燃料。当然，也可能存在与这些技术生命周期的其他阶段相联系的显著的温室气体排放（例如，钢材和水泥的生产），但是全生命周期分析显示，这些能源的单位有效能量产出所产生的温室气体排放量要远远低于

---

① 泥炭为中间层，其典型的形成寿命为数千年。

化石燃料的直接排放量。

在大多数情况下，其他温室气体的排放与能源利用之间并没有直接关系。但也有例外，比如甲烷的产生往往来自煤矿开采、天然气泄漏，尤其在太阳强光照射下，通过氧化氮和碳氢化合物之间复杂的化学反应而产生的对流层臭氧。一般情况下，这些效应远没有 CO_2 的直接效应显著。

唯一不可忽略的例外情况是航空燃料在高海拔情形下的燃烧。通常而言，飞机在海拔高于 1 万米的高空飞行，由于在该高度上空气压力很低、空气阻力减少而有益于飞行。在一定程度上，这可以增加燃油的效率和效益，但是这也预示着，对流层顶部的航空排放与地面相比因在大气中物理和化学反应的不同而存在显著差异。

在对流层高处的排放将产生不同的效应。排放的氧化氮（NO_x）的氧化效应高，进而增加了臭氧的浓度，但却降低了甲烷的浓度。如果排放的水蒸气到达了对流层底部，会存在较长的时间，更严重的是，它们会凝结形成飞行云，并在高海拔区促进卷云的形成，这将加重温室效应。最后，少量的烟尘和硫酸悬浮粒的排放会产生相反的效应。图 1.7（联合国政府间气候变化专

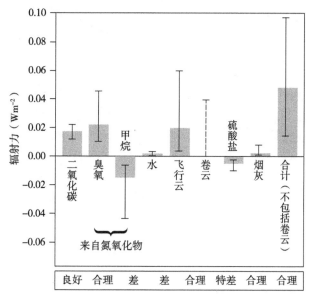

图 1.7　1992 年飞机的辐射力

门委员会，1999）显示了所有这些排放的混合效应。并不是所有的效应都能够很好地被理解或者被准确地计量，因此，产生的总效应存在较大的不确定性。但是，最佳估计认为，航空造成的温室气体排放的总效应约是地面同样排放效应的双倍。

温室气体排放的演变

从全球来看，自1970年以来温室气体的排放量几乎翻倍（详见图1.8）。其中，电力部门的排放增长尤为严重。欧盟15国的排放从1990年以来趋于稳定，虽然二氧化碳排放量有少许增加，但被甲烷和一氧化二氮（N_2O）排放量的减少所抵消（见图1.9）。对于欧盟27国而言，由于东欧集团国家经历的转型，温室气体排放量下降更加显著。

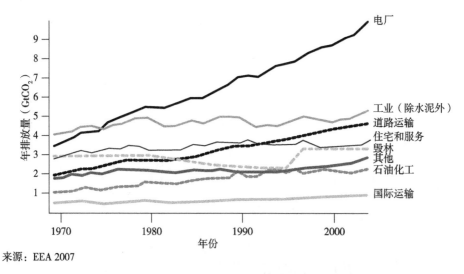

来源：EEA 2007

图 1.8　自 1970 年以来的全球 CO_2 排放源（世界）

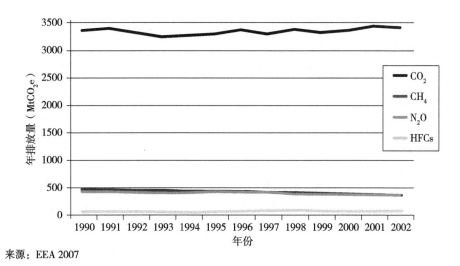

来源：EEA 2007

图 1.9 自 1990 年以来，温室气体排放的演变情况

气候变化的自然后果

正在发生的气候变化已经对许多自然系统和生物多样性产生了影响。气候变化产生的影响不仅表现为平均温度的上升，预计的变化对于不同地区而言是有差异的。同时，气候系统中增加的能量将增强极端气候事件发生的强度和频度。

联合国政府间气候变化专门委员会模型预期至 2100 年海平面将上升 19—58 厘米，而最近观察指出的冰雪融化的严重性还没有被考虑在内（联合国政府间气候变化专门委员会，2007），因此这些模型只是给出了 21 世纪海平面上升幅度的较低估计结果。海平面上升将对沿海地区形成严重威胁（Church et al., 2006）。预言海平面上升使风暴发生的频度和强度都将加倍，尤其是小岛屿地区和国家[①]，如孟加拉国和埃及（尼罗河三角洲）面临的问题更为严重，这可能导致上百万居民背井离乡。同时，气候变化可能使热带飓风发生的强度增加

---

① 小岛国联盟（AOSIS）是由 43 个小岛和处于海岸带低洼地区的国家的同盟，它们共同关注气候变化，并面临着相似的发展挑战。

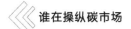

（对北大西洋地区而言，这一点比其他地区的概率更大）。21世纪，飓风的强度也有可能增加。

气候变化使得一些极端事件极有可能变得更加频繁或强度更大，尤其是极端降雨、高温和干旱（Dore，2005）。虽然冬天的温度变化可能至少和以前同样大，但由于平均温度的升高使得极冷周期缩短。

科学界承认各种独特生态系统对气候变化的脆弱性，譬如，冰川（Gregory et al.，2004；Silviero and Jaquet，2005）、珊瑚礁和环状珊瑚岛（Obura，2005）、红树林、北方地区和热带森林、两极和高山地区生态系统、湿地和温带草原。另外，科学家预测气候变化将威胁到一些物种，并致使这些物种濒临灭绝。例如，2004年1月《自然》杂志发表的一项研究表明，若从1990—2050年气候变暖1.8—2℃，在2050年前将导致四分之一的现存物种灭绝（Pounds & Puschendorf，2004；Thomas at el.，2004）。

气候变化的社会经济后果

温度和降水模式的变化对农业、林业和水可能产生重要的影响。寒冷区域由于作物生长期的延长将使农作物产量增加；而在降水量本来已成为农业产量限制因素的低海拔地区，降水量的减少和蒸发量的增加将导致粮食生产面临更大的风险。由于水源供给也会受到负面影响，这将对居民居住地和农业产生潜在的影响。

一方面，温度的升高降低了对供暖设备的需求，减轻了寒冷天气对健康的威胁；另一方面，温度升高将增加空调的使用。温度升高的净效应根据地域的不同而具有较大的差异。极端气候现象的增加——热浪、洪灾、暴风雨和干旱——会对人类健康产生负面影响（Haines et al.，2006）。2003年夏天的热浪（Schar & Jendritzky，2004）导致欧洲，尤其是法国的（Poumadere et al.，2005）人口死亡率增加。打破纪录的高温天气在2006年6月和7月再一次出现。高温天气也导致了热带疾病的传播风险，值得注意的是疟疾的蔓延。总体而言，高温天气对低收入国家人们的健康具有最严重的负面影响，并且这些国家很少能够采取必要的适应措施（Monirul Oader Mirza，2003）。

实际上，预测与气候变化的社会和政治反应相联系的问题存在最大的困难，尤其是对那些处于具有复杂影响和适应能力有限的地方。例如，对于适应性强的社会，水源供给的减少、农业生产的损失和极端气候事件的发生可能仅仅意味着食品和水价格的升高；而对于适应性差的脆弱社会，这可能导致荒漠化、饥饿、死亡率增加，甚至引起人口迁移和冲突。

基于以上原因，评估气候变化的总体后果具有较大的不确定性。而试图对这些后果赋予一个可靠的货币价值就更加困难，因为货币价值评估要涉及在市场之外的货币影响（比较明显的，如死亡风险、生物多样性和生态损失），并且还要跨越不同的代际和很长的时期。

由于生物多样性和生态系统是经济活动的主要生命支持系统（譬如，洁净的空气、干净的水、基因多样性和气候控制方式等），其货币评估（Farber et al.，2002）非常复杂。另外，这些评估必须考虑伦理问题，如对人的生命或生活质量损失的评价若使用最传统的非市场价值的经济评估技术（支付意愿）对由温度升高引致的死亡进行评估的话，那么，生活在高收入国家居民的价值将是发展中国家居民的几倍（Spash，2002）。诸如此类问题，在国际谈判中引起了广泛的争议。

影响经济分析的另一个关键问题是贴现率的选择，譬如，如何比较不同时点的经济价值。选择和利用基于市场、甚或中央银行利息率等传统的贴现率方法会使得2100年产生的损失非常巨大，而目前却几乎不具有任何经济价值。它正确地反映出以市场为基础的经济决策忽略了遥远的未来，但这是基于以"一如往常"的经济增长的假设以及个人对消费的不耐烦的行为准则。然而，这两者似乎都难以构成跨代际可持续决策的坚实基础。

早期对气候变化进行货币价值评估获得的价值常常很低（Nordhaus，1991；Fankhauser，1994），因为低估了极端事件的严重性，以及应该对未来采取较大

的贴现率。后来的评估，包括英国政府在其第一次评估中对碳采取的影子价格
（Eyre et al., 1999）强调了这些问题，得到了较高的评估结果。2006年10月出
版的尼古拉斯·斯特恩的关于气候变化经济学的报告将这些问题带给了读者，
并使这些问题置于媒体的聚焦之下（Stern, 2006）。有趣的是，这本关于气候
变化的报告首次出自一位经济学家，而非气候学家之手。该报告综合了最近对
气候变化问题的科学认知和经济评价，它的合理结论来自对主要学术文献的回
顾和评论。

斯特恩估计的2100年气候变化造成的潜在成本损失约占全球年度国民生
产总值（GNP）的20%（或约为5.5万亿欧元）（Stern, 2006）。这一数字引起
媒体极大的关注。正如斯特恩报告本身所承认的，假定考虑气候变化损失评估
中隐含的不确定性和伦理选择问题，数字的精确度如何应该不会产生多大的影
响。但是，这不会有损于斯特恩报告主旨的本质：气候变化对我们的社会经济
造成了严重威胁，而且这些威胁证明，控制气候变化的早期行动是正确的。事
实上，斯特恩报告传递的主要信息是，抵制气候变化而采取的行动和将温室气
体排放量稳定在550ppm以下的总成本要比不采取行动的成本低5—20倍。正
如它所隐含的经济发展和环境保护是始终如一的目标一样，政府和私营企业接
受了有必要采取行动阻止气候变化的观点，并促进了人们的觉醒，这一点是非
常好的。

结论

人们对气候变化的基础科学认知已经经历100多年，而且没有任何著名的
科学家质疑其真实性。不存在任何理由怀疑对二氧化碳和其他温室气体排放引
起地球表面变暖的认识，同时，人类活动增加了这些温室气体排放，并导致了
大气层中温室气体浓度的上升。

化石燃料包括煤、石油和天然气的燃烧是温室气体的最大排放源，我们已

经很好地建立了关于按照处理过程和国家进行分类的温室气体排放来源的数据库。化石燃料的主要用途是获取能源——包括建筑物取暖、工业过程、运输系统以及为大部分电力生产提供能源输入。当前，虽然一些发展中国家温室气体排放快速增加，但是发达国家应该为历史上大部分的排放承担责任，而且目前发达国家的人均排放水平仍然远远高于发展中国家。

由于各种不同的原因使得气候变化的未来影响存在更大的不确定性，这些因素包括未来的排放轨迹、预期的气候变化的地区差异、上述因素对自然系统的物理影响以及人类社会对上述影响如何进行有效的反应等。人们已经对这些问题进行了全面研究，而且与几年前相比，现在对这些问题有了更深的理解。气候变化对自然系统的影响极其可能包括海平面的上升——导致未受保护的低洼区域的淹没，极端气候事件发生频率的增加——包括干旱和暴风雨以及一些自然生态系统的丧失。

气候变化对人类的影响将取决于人类社会如何对自然的这些变化做出有效反应。气候变化将对人类健康、农业、林业和水供给具有确定性的影响，总体来讲，这些影响很可能是损害型的，尤其是最脆弱的热带国家面临更大的风险。

对上述影响进行经济评价存在困难。传统上标准的经济实践没有被设计如何解决这样大规模的并对遥远未来的不确定的结果，而且是对通常不存在价格的物品。譬如，对人类健康和自然生态系统进行货币评估不可避免地会引起争论。然而，人们已经普遍认识到，由于排放增长丝毫未减可能导致的非常严重的后果，以至于人们达成广泛共识，减排成本要远远地低于"一如既往"的不采取任何行动的成本。这就奠定了国际政治和经济响应包括创建碳市场的基础。

参考文献

Arrhenius, S. (1896) On the influence of carbonic acid in the air upon the temperature of the ground, *Philosophical Magazine*, vol 41, 237–276.

Church, J. A., White, N. J. and Hunter, J. R. (2006) Sea-level rise at tropical Pacific and Indian Ocean islands, *Global and Planetary Change*, vol 53, no 3, 155–168.

Dore, M. H. I. (2005) Climate change and changes in global precipitation patterns: What do we know?, *Environment International*, vol 31, 1167–1181.

Eyre, N. J., Downing, T., Hoekstra, R. and Rennings, K. (1999) ExternE–Externalities of energy, *Global Warming Damages*, vol 8, European Commission, Brussels.

Fankhauser, S. (1994) The social costs of greenhouse gas emissions: An expected value approach, *Energy Journal*, vol 15, no 2, 157–184.

Farber, S. C., Costanza, R. and Wilson, M. A. (2002) Economic and ecological concepts for valuing ecosystem services, *Ecological Economics*, vol 41, 375–392.

Fourier, J. (1824) Remarques générales sur les températures du globe terrestre et des espaces planétaires, *Annales de chimie et de physique*, vol 27, 136–167.

Gregory J. M., Hsuybrecht, P. and Raper, S. C. B. (2004) Threatened loss of the Greenland ice sheet, *Nature*, vol 428, 616.

Haines, A., Kovats, R. S., Campbell–Lendrum, D. and Corvalan, C. (2006) Climate change and human health: Impacts, vulnerability, and mitigation, *The Lancet*, 24 June.

IPCC (1999) *Aviation and the Global Atmosphere*, Cambridge University Press, Cambridge.

IPCC (2007) Working group II contribution to the fourth assessment report, *Climate Change 2007: Climate Change Impacts, Adaptation and Vulnerability*, summary for policymakers, IPCC, Geneva.

Jancovici, J. M. (2002) *L'avenir climatique: Quel temps ferons nous?*, Seuil, Paris.

Monirul Oader Mirza, M. (2003) Climate change and extreme weather events: Can developing countries adapt?, *Climate Policy*, vol 3, no 3, 233–248.

Nordhaus, W. D. (1991) To slow or not to slow: The economics of the greenhouse effect, *Economic Journal*, vol 101, no 407, 920–937.

Oak Ridge National Laboratory, Carbon Dioxide Information Analysis Center (2008) http: //cdiac.ornl. gov/

Obura, D. O.(2005) Resilience and climate: Lessons from coral reefs and bleaching in the western Indian Ocean, *Estuarine, Coastal and Shelf Science*, vol 63, no 3, 353.

Pouillet, C. (1838) Mémoire sur la chaleur solaire, *Comptes rendus de l'Académie des Sciences*, vol 7, 24–65.

Poumadere, M. C., Mays, C., Le Mer, S. and Blong, R. (2005) The 2003 heat wave in France: Dangerous climate change here and now, *Risk Analysis*, vol 25, no 6, 1483–1494.

Pounds, J. A. and Puschendorf, R. (2004) Clouded futures, *Nature*, vol 427, 107.

Schär, C. and Jendritzky, G. (2004) Climate change: Hot news from summer 2003, *Nature*, vol 432, 559–560.

Silveiro, W. and Jaquet, J. M. (2005) Glacial cover mapping (1987–1996) of the Cordillera Blanca (Peru) using satellite imagery, *Remote Sensing of Environment*, vol 95, no 3, 342.

Spash, C. (2002) *Greenhouse Economics: Value and Ethics*, Routledge, London.

Stern, N. (2006) *The Economics of Climate Change*, The Stern Review, Cambridge University Press, UK.

Thomas, C. D., Cameron, A., Green, R. E., Bakkenes, M., Beaumont, L. J. and 14 others (2004) Extinction risk from climate change, *Nature*, vol 427, 145–148.

Wiedmann, T., Wood, R., Lenzen, M., Minx, J., Guan, D. and Barrett, J. (2008) *Development of an Embedded Carbon Emissions Indicator - Producing a Time Series of Input-Output Tables and Embedded Carbon Dioxide Emissions for the UK by Using a MRIO Data Optimisation System*, UK Department for Environment, Food and Rural Affairs http: //randd.defra.gov.uk/Document. aspx?Document=EV02033_7331_FRP.pdf.

第2章

排放交易：环境管理的新工具

为何创建"污染"市场

关注环境的人们可能对欢迎利用市场保护环境的观点持一定的怀疑态度。难道不是市场和经济体系首先制造了我们的环境灾难吗？污染了水道和大气，毁灭了森林，过度开发了海洋，造成了物种减少吗？

在一定程度上，能够理解的是，经济学家所讲的"发挥"市场力量降低碳排放会导致抵触情绪的产生。这些经济力量在成为环境管理的主要工具后，它们将如何运作？哪些会产生破坏性？

为深入理解经济力量如何对环境发挥作用以及碳市场这一相对较新的角色，让我们重新回顾一下"经济"和"市场"等措辞的基本原理及其定义的精确含义是有帮助的。

比买卖行为本身更为重要的是，市场是人们相互作用和联系的系统，人们通过市场安排自己的生活，分配对我们有价值的东西，这些系统共同构成了经济。追根溯源，古希腊语中"oikos"和"nomos"的字面含义分别是"家庭"和"规则"，经济学最基本的涵义是关于如何管理和控制人类世界的力量的科学。

我们说现代经济学关注的是自然界以及构成现实世界的社会系统的管理问

题。我们可以更清楚地看到，本文中的经济学含义远远不是专门研究关于如何制造货币的问题，这里的经济学被更准确地描述为，在时间、货币和其他资源有限的条件下，研究那些给人类带来价值的事物，以及人类社会如何安排和分配这些事物。

譬如，阿马蒂亚·森已经将他的研究聚焦于个体享受生活方式的能力和自由，该生活方式不仅局限于研究他们所消费的一揽子商品和服务，而且研究个体如何通过理性评价获得期望的结果（Sen，1999）。在与气候变化的联系中，我们认为，"一个稳定的气候"是个人和社会价值以及生活要素的质量，如教育、卫生保健、富有成效的工作、与家人相聚的时间以及金钱等的主要源泉之一，因此，理所当然地对我们所拥有的机会产生巨大的影响。

这就意味着，除了关于各种商品及我们买卖的所有物品或服务、利率、住房、失业和国内生产总值的测量等的经济学以外，也存在关于环境、幸福和行为因素的经济学。实际上，经济学的这种拓展是扼要概括了"价值"这个具有宽泛含义的词汇。

综上所述，为了对不同的选择进行比较以支持合理的决策，譬如，一条处于原始状态的河流与增加农业产量和就业之间的选择，经济学试图利用货币衡量其价值的大小。但若这样做的话，可能招致伦理上的异议和反对，如专栏2.1所述。

如何将"价值"这一宽泛的概念转化为日常决策是经济学研究的焦点，关

专栏2.1 环境商品化——谁的伦理学？

史蒂文·凯尔曼（1981）问了这样一个问题：给环境赋予一个价格并运用激励计划解决环境问题符合道德规范吗？他认为，该问题争论的焦点是，若我们给环境赋予一个货币价值，是在破坏环境的内在价值，并将这块神圣的并需要受到保护的禁地转变为一种可交易的商品。凯尔曼指出，运用经济激励手段会导致那些能够负担得起的人继续污染环境而使穷人处于不利地位，从而使污染行为合法化，改变我们对环境的态度并贬低环境的传统价值。凯

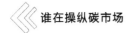

> 尔曼主张，法制管理更为适合，因为它们发出了强烈的道德信号——污染是不合乎社会规范的行为，而且，通过法制管理，政府可以更好地把握环境利用的公平标准（Kelman，1981）。
>
> 经济学家尼古拉斯·斯特恩声称："如果我们不采取行动，气候变化的总成本和风险每年将至少带来相当于全球国内生产总值（GDP）的5%的损失，现在乃至永远……；如果考虑到更大范围内的风险和影响，气候变化导致损失的估计可能上升到国内生产总值的20%或更多……。采取行动的成本——降低温室气体排放以避免气候变化的最坏影响——可以控制在每年全球国内生产总值的1%（Stern，2006）"。斯特恩认为，排放交易计划允许减排通过成本最有效的方式产生，它可能有利于解决诸如毁林之类的问题，并为发展中国家提供必需的资金支持，以帮助它们实现增加清洁能源生产计划，为经常发生非法森林采伐的地区提供更多的可持续的收入来源。

于本书的主题：排放交易，即我们如何把阻止灾难性气候变化的价值观转化为低碳生活方式、技术和基础设施。

即使使用市场和经济学这一宽泛的解释，仍发现很多人害怕气候变化带来的风险，并认识到气候稳定的重要性，但是个人、企业和政府依然没有采取行动降低温室气体的排放。那么，问题出在什么地方呢？

市场失灵

当某种行为的社会价值比个人或企业所评估的价值总和更高的话，经济学家称之为外部性（也就是说，某种价值没有被考虑包含在个人决策之中）。外部性可能是正的，比如，类似教育、研究和开发的情况；有时是负的，比如，类似温室气体污染排放的状况。

在正外部性存在的情况下，与之相联系的商品或服务的社会需求量要高于市场作用下的自然供给量。反之，在存在负外部性的情况下，商品或服务的社会需求量要少于由市场自发作用所生产的供给量（譬如，我们所关注的来自化石燃料的高碳能量，或者在破坏热带雨林而获取的土地上所生产的产品）。因此，上述外部性问题可以导致市场失灵：无法充分地保护环境；难以支撑教育或研究开发；无法提供充足的卫生保健等。

关于和气候变化以及化石燃料能量的生产引致的有关负外部性问题，如图2.1所示。负外部性中的边际私人成本曲线（MPC）与边际社会成本曲线（MSC）相背离。然而，与能量生产相联系的正外部性也存在，因为连续的、不间断的能量供应会产生巨大的公共利益，这就需要，生产者作为正常的利润最大化追求者除他愿意提供的数量之外，还要保持一个多余的供给能力。此外，能量生产的边际社会收益曲线（MSB）位于边际私人收益曲线（MPB）之上[1]。

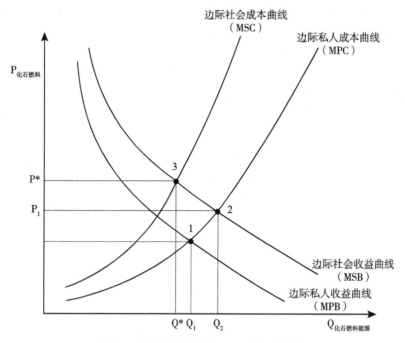

图2.1　化石燃料能源产品生产的外部性

---

[1]　完整的讨论请参考 Helm，2007。

外部性理论有助于解释能源供应的发展和变迁。历史上，政府对能源生产进行补贴以确保其供给稳定，这使得"自由市场"均衡点由图 2.1 中的点 1 转移到点 2。2006 年全球补贴倡议组织估计，全球化石燃料的能源生产补贴规模大约每年为 6000 亿美元（Doornbosch & Knight，2008）[1]。

现在，社会已经意识到气候变化问题与化石燃料的燃烧相关，随着我们对气候变化所导致的成本随时间增加的进一步理解，边际社会成本曲线向外移动，社会的意愿生产水平由 Q_2 移动至 Q^*。请注意，生产数量由 Q_2 移动至 Q^* 需要对化石燃料采用一个更高的价格，或 / 和降低早先为确保稳定安全的能源供应而采取的补贴水平[2]。

我们注意到社会意愿，或者从最佳效果来说，一定的污染水平是可以接受的。这意味着在某些情况下，社会准备容忍一定程度的污染存在，以换取能源带来的好处。然而，情况并非永远如此。当边际社会成本曲线高于边际社会收益曲线上所有点时，最佳的污染水平将为零。如果气候变化成本比我们目前所认识到的更严重或更直接的话，这种情况就会出现。

市场失灵、政策选择和社会经济组织

一个社会如何选择处理不同类型的市场失灵，不仅与一个国家的环境质量、革新程度或是平均寿命有关，而且由于在一个国家中，市场与被广义定义的社会经济组织和政治一样，无处不在。正是因为这一原因，不管调整方式的好坏都和政治意识形态更加紧密地联系在一起。

如果我们相信尼古拉斯·斯特恩关于气候变化是人类历史上最大的市场失灵的断言[3]，那么我们也必须注意，气候变化有可能通过新的环境管理方式促进

[1] www.globalsubsidies.org/en
[2] 关于化石燃料补贴条款和气候政策的完整讨论，请参阅 Myres & Kent，2001。
[3] 为理解这一主张，考虑改善某一群体的教育或健康水平所带来的社会效益要高于没有国家支持的市场自然提供的水平。

社会经济组织的变革。直到 20 世纪 50 年代末期，关于如何最有效地处理外部性的管理问题依然存在分歧，譬如，如何解决工业污染问题。当时处于第二次世界大战结束后，政策制定者们的主流观点是，污染应该通过一系列的法律条例进行控制，划定污染行为的特定区域，根据河流和大气所能够接受的实际污染水平进行数量限制，制定技术标准等。这就要求，公共部门要与污染者密切合作，确定私人企业和各个行业的总体污染排放水平，制定技术标准并建立监测和执法机构。

另一种观点由当时的经济学家提出，该观点受到规范经济学教授 A.C. 庇古的显著影响，该观点指出，对污染行为征收统一税收是解决污染问题的更好途径①。

经济学家认为，传统管制或所谓的"命令和控制"的方法可以以较低的社会成本实现污染控制，并通过税收减少了政府的官僚主义行为。他们还认为，税收也能为持续改善环境提供积极的激励作用，因为企业始终在追求最低成本，对于企业而言，没有理由超出他们预期的污染排放标准。

税收标准的制定可以在最优污染水平（Q^*）上，根据污染引起的边际外部损失确定（如图 2.1 中，边际私人成本曲线和边际社会成本曲线的差额）。因此，这促使污染者通过对产品强加额外成本而使外部性内在化。面对更高的成本，污染企业生产更少的产品（$Q_1 \rightarrow Q^*$）。

公共部门的官员可能意识到，这些建议对他们的工作构成直接的威胁（在模型中，经济学家通常也把公共部门看作是和私人企业追求利润最大化一样，努力追求预算最大化，而不是社会福利最大化），强调为一个给定的污染水平制定最优税率是不现实的，因为它会产生严重的信息负担，并且这与采取传统的命令控制式管理方式一样，需要合理配置许多资源。

这场争论的结果是，以市场为基础的机制，如税收依旧不受欢迎。这种状况一直持续到来自芝加哥大学的罗纳德·科斯对以庇古为代表的规范经济学发

---

① Pigou，1912。关于空气污染的应用，详见 Baumol，1972。

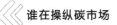

起攻击，科斯把污染作为缺乏清晰定义的产权问题而重新构建污染控制框架。在其案例讨论中，科斯将其基本逻辑应用到人为的或虚构的企业和个人案例。他通过分析表明：

> 如果将生产要素视为权利，就更容易理解了，做产生有害效果的事的权利（如排放烟尘、噪声、气味等）也是生产要素……。行使一种权利（使用一种生产要素）的成本，正是该权利的行使导致其他人所蒙受的损失，不能影响他人停车、盖房、观赏风景、享受安谧和呼吸新鲜空气（Coase，1960）。

在许多情况下，环境问题的政府规制通过污染控制程度和被允许污染的地域，已经形成了一系列事实上的产权。因此，一旦某一水质或者空气质量被破坏，破坏者——可能是个人或者企业（或者政府）——要承担法律责任，通过罚款或禁令强迫其进行污染控制。

科斯通过继续论证指出，这种政府管制体系可以通过使这些权利更加明晰（将污染权分配给个体企业）和可转让（允许个体企业交易他们的污染权）而得以改善。在该模型中，政府的责任主要包括制定适当的保护标准、分配原始权利，随时间的推移，让市场决定污染权在何地以及如何在不同企业之间的利用。科斯进一步指出，这种做法将允许产权流向它们使用价值最高的地方。

举例而言，假设一个新的企业想进入生产某种商品的市场，企业为了正常运作必须为其产生的污染获取必要的"污染权"。假定排放权市场已经完全分配完毕，那么新进入者将不得不从已有的企业手中购买这些权利。要做到这一点，新进入者必须向已有企业提供一个足够高的价格，以诱使该企业出售其污染权。卖方企业能够出售其污染权是以减少产品产量、提高效率或者完全离开市场为前提的。新进入者为提供一个足够高的价格就必须能够比原有企业获得更高的利润。从理论上讲，最终的结果是，受管制领域的排放权将流向能够为排放权出价最高的企业，因此，只有那些对污染权具有最高使用价值的企业才能继续生存下去。

　　尽管这一结果的效力非常强大，我们在以下章节将发现，围绕着污染权的支付能力，污染权交易的结果也能够促进公平，尤其是当污染权能够在广泛运用不同经济手段的国家之间进行交易的时候。进一步地说，污染权交易除了能够鼓励排放权向其使用价值最高（尽管仍然污染）的领域流动外，也能实现污染控制"成本最小化"。这意味着，排放权交易鼓励那些具有最低减排成本的企业、国家或部门承担大部分污染控制。从理论上讲，具有较高减排成本的企业、国家或部门可以利用排放市场购买较便宜的减排量，直到所有企业、部门和国家间的边际减排成本相等为止。

　　当前正运行的《京都议定书》下的清洁发展机制（CDM）是能够显示排放交易原则的一个极好的例子。清洁发展机制，允许中国和巴西等国家将项目产生的廉价排放信用，出售给欧盟和日本等减排成本较高的国家或组织。该机制如何运行，请参照图 2.2。

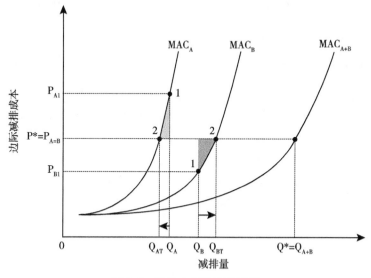

图 2.2　排放交易的经济效益

　　任何一个企业、部门或国家"A"（以下简称企业 A）每增加一单位的污染控制的减排成本曲线用 MAC_A 来表示，同样，企业 B 的用 MAC_B 来表示。当

MAC_B 曲线位于 MAC_A 曲线之下时，表明企业 B 的减排成本低于企业 A。假定所必需的减排总量用 Q^* 表示，这是监管机构制定的所有企业所允许排放量的总和（排放上限）。

根据规定的排放总量 Q^* 进行不存在交易情形下的简单的污染权分配[1]，将使每一个企业（国家）在它们各自的 MAC 曲线上的 1 点降低污染水平（这是企业初始计划的污染水平减去调整后的减排量而需要达到的标准）。通过观察可以发现，企业 A 在 1 点控制污染的成本较高（每增加一单位减排的成本为 P_{A1}），而企业 B 却可以以更低的成本 P_{B1} 减排更多单位的污染。

为"发挥市场的力量"，或者努力运用科斯的解决办法，考虑引入排放交易机制。B 企业认识到，与 A 企业自身实现减排的成本相比，它能够以较低的价格完成超出严格制定的标准以外的额外减排量。A 企业增加其排放量（降低减排量）由 Q_A 至 Q_{AT}，并从 B 企业购买排放许可证，同时，B 企业将其减排量从 Q_B 增加到 Q_{BT}，这样减排总量 Q^* 仍然保持不变。

A 企业将使其减排量由 Q_A 降低到 Q_{AT}，一直到其成本与从 B 企业购买排放权的价格和自身减排成本相同为止。该点将出现在当 A 企业和 B 企业在 P^* 价格下边际减排成本（MAC）相等的时候。排放交易的社会效益是由于这种减排是由最有效率的污染者以最低成本方式完成的。从图 2.2 看，社会所得到的经济效益由图中的阴影部分表示。在 Q_{BT} 和 Q_{AT} 点，不管是 A 企业还是 B 企业都不存在任何激励导致的交易，模型达到均衡状态[2]。

不同环境中的排放交易

在上文中我们看到，科斯如何将他的产权理论应用到"社会成本问题"或

---

① 这可能建立在"原始所有"（依据最初使用的原则进行权利分配）的基础之上。
② 请注意，这一结果的获得需要企业（国家）采取理性的利润最大化的决策和完全信息，如一个运转良好的市场。为简单见，该模型仅局限于两个实体；然而，使用相同的逻辑可以分析具有许多实体的模型。来自排放交易的潜在所得使涉及的企业和国家增加许多。

"外部性问题"，他为那些争论陷于两个极端的政策制定者和经济学家提供了可选择的合理做法。一端可以被描述为具有"命令控制"的思想或政策意识，另一端是诸如税收等以市场为基础的途径。

如图 2.3 所示，命令控制政策工具一端是以国家或政府控制与产品和服务生产以及污染管理相关的关键决策为特征；另一端是以市场为基础，其决策由个人和企业做出的。正因为这些原因，传统上，自由市场的鼓吹者或自由主义者支持市场机制，而那些将大型国有或偏好社会主义的政府视为最好的社会经济组织形式的人更加赞成命令控制手段。

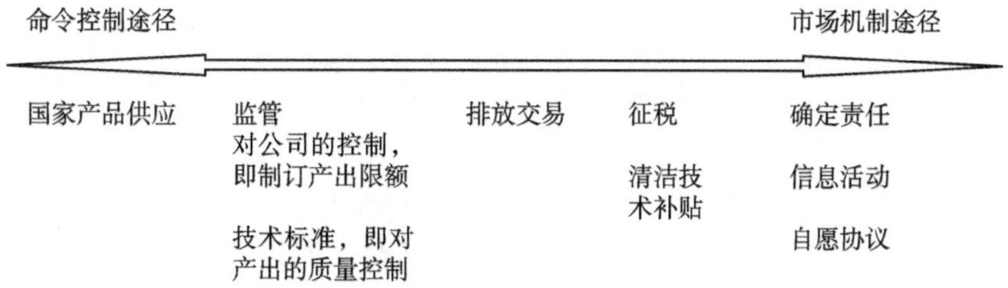

图 2.3　政策工具

当对实践中的政策工具进行评价时，牢记要考虑制度和政治等方面的因素，不同政策的效率高低依赖于它们的实施环境。譬如，斯特恩所指出的，在具有使用命令控制手段的文化的国家，或者增加税收或征税存在政治或管理问题的国家，采用管制方法可能更为有效（Stern，2006）。在某一部门实施的政策（如固定能源），可能很少适合其他部门（如交通或农业等）。

另外，实施任何一项新的政策工具的决策，都应该注意考虑对该问题已经产生影响的现存政策及其实施环境。譬如，首次取消现存的鼓励化石燃料使用的补贴，比新实施一项税收政策或者排放交易计划更有效率，并且必须注意关于主权独立的能源安全的地缘政治问题。

基于广泛的地理、文化和政治关系的考虑，政策工具可能在环境有效性、分布影响力、获取减排的成本有效性及其制度可行性四个方面存在差异。根据经验，上述四方面的注意事项成为政策评价的有效起始点。基于这四个方面的注意事项，分析二氧化碳排放控制中所采取的主要政策工具的优缺点。其总体描述如表 2.1 所示。

表 2.1　管制标准、排放交易计划和税收的优缺点比较			
	管制标准	排放交易计划	税收
原则	国家制定强制原则或强制技术标准	限额和交易（C&T）： 生产者根据其污染排放量接受排放配额。企业通过减排，或者直接购买其他企业的额外配额 基准和信用（B&C）： 对总体排放不设定限额 建立基准线，并且一旦参与者将其排放降低到基准线以下，则可获得排放信用或排放定额	生产者根据其污染排放量的比例付费
主要应用案例	汽车制造业的排放标准 关于锅炉 NO_x 的排放标准	京都议定书：限额和交易 + 基准和信用 欧盟排放交易计划（欧盟）：限额和交易 温室气体区域倡议（美国）：限额和交易 新南威尔士州排放交易计划（澳大利亚）：基准和信用 自愿碳市场：基准和信用	燃料税 基于发动机型号的汽车注册费 高碳产品的建议税率
优点	简单 交易成本低 适于污染造成的损害严重地区，如明显的核熔毁 容易实施和执行 能够传递一个强大的道德信号 不涉及通过对价格信号的行为反应的运作	具有动态有效性，鼓励对新减排技术的创新和投资 排放限额提供了诱人的政策信号 限额致力于获得具体的减排数量 在限额和交易计划下许可证的拍卖能够增加政府收入并产生"双重红利" 限额和交易能够在企业间实现最小的减排成本 在边际减排成本不确定情况下的排放交易计划要优于在边际损害成本曲线陡峭情况下的税收政策 吸引银行和金融部门进行减排创新 可以用作解决全球不公平的工具 碳定价被隐藏于 CO_2 限额背后，增强了政策的可接收性	具有动态有效性，鼓励对新减排技术的创新和投资 为政府创造一个收益流，可以用来降低其他税收（双重红利） 与限额和交易相比，更有利于减少政策游说 维持低碳领域的局部投资 在边际减排成本不确定情况下要优于在边际损害成本平坦情况下的排放交易计划 制定的碳价格清晰，有利于投资者的基础设施投资，计划具有更大的确定性 若能够与现存的税收体系相一致，能够降低交易成本

续表

	管制标准	排放交易计划	税收
缺点	缺乏动态性 效率问题——难以提供通过改进措施实现超标的激励 抑制技术创新 不可能以最低的成本方式实现减排	公开进行政治博弈（譬如，竞标限制和对在职企业和新进入者的不同优先权的确定） 为对每个企业制定限额的初始信息要求高 减排资源处于地域分散状态 使得价格产生不确定性，从而削弱长期的投资计划 交易成本高 基准线和信用计划缺乏环境有效性 行为并不总是对价格信号敏感	对贫穷居民在政治上明显很难做到公平影响 在价格工具不确定的情形下难以控制污染数量 行为并不总是对价格信号敏感

注：RGGI= 地区性温室气体倡议；NSWETS= 新南威尔士排放交易计划；MDC= 边际损害成本

在经济学中，关于"征税还是交易"问题存在激烈的争论①。政府是应该通过对诸如石油和煤炭等化石燃料征税而强制制定一个碳价格呢？还是应该按照科斯的方式首先给企业和国家制定一个排放上限，然后允许他们进行交易呢？在任何情况下，政策目标都是建立一种价格机制使经济足以从温室气体生产行为中摆脱出来，但一种是通过价格机制进行运作，另一种是通过数量机制进行运作。

威廉姆森·诺德豪斯作为经济学理论权威观点的代表，致力于应用马丁·韦茨曼的真知灼见。马丁·韦茨曼认为，在不同类型的价格工具（税收）存在不确定性的情况下，更应该选择数量工具（限额与排放交易），反之也一样（Weitzman，1974；Nordhars，2007）。这是简单而强有力的逻辑的必然结果。

当使用纯粹的价格工具，譬如税收，获得确定的碳价格（理论上的最优价格是 P^*），政策制定者很难精确地确定最终的排放量到底是多少。碳价格的制定和产生的污染数量由市场决定。这可能需要花费数年的时间和税收的调整获得最优的税率（P^*）和理想的排放水平（Q^*）。然而，该工具依靠什么来保证

① 请参照 Hepburn（2006）所举的例子。

污染减排成本的大小，从而为污染者制定投资计划提供确定性呢？

若选择使用数量工具的话，政策制定者可以提供一个确定的污染排放水平（Q^*），并且允许在市场中形成碳价格。这意味着污染企业比在税收体系中面临更为不确定的减排成本。

在这个简单的模型中，选择税收体系还是交易制度取决于管理者的政策重点、污染损害的相对成本、万一发生不确定情况下的减排成本以及边际损害成本曲线的位置（见图2.4）。

一方面，如果边际损害成本较高（曲线呈陡峭状），即如果没有达到能够导致灾难性事件的排放目标（譬如，格陵兰岛的冰层融化、永久冻土层中甲烷的释放而引起气候变暖加速的正反馈循环），那么，确保达到 Q^* 的目标无疑是非常理想的：政策制定者应该运用数量工具。

另一方面，如果边际损害成本较低（如曲线呈平坦状），同时，边际减排成本较高，例如，使长期存在的高碳能源的基础设施退出生产，扩大可再生能源生产规模可能极端昂贵，那么，考虑根据个人和企业所能达到减排需求量的可行性而制定碳价格的做法更为可取。

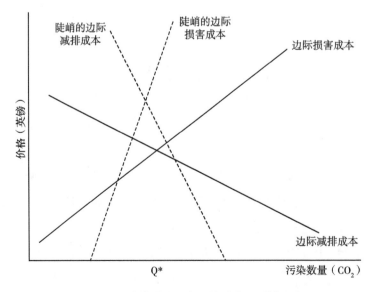

图2.4　不确定情况下的污染平衡和减排成本

在这种情况下，工具选择问题取决于政策制定者对减排成本和发生灾难性事件的风险大小的比较。如果他们十分担心灾难性气候带来的风险（边际损害成本曲线陡峭），则应该选择"限额与排放交易"制度；如果他们更担心减排成本，譬如更高的燃料价格、通货膨胀压力、更高的长期利率水平、低经济增长率、高失业率等，从理论上讲，更可取的选择是税收体系。

贴现率和政策选择

这里强调一个问题，即为什么关于贴现率的争论如此重要。这是因为大部分造成危险的气候变化成本发生在近20年，而且未来会更大，但是减排成本却需要在短期内承担。我们如何根据今天的情景解释这些遥远的成本，对我们如何看待边际损害曲线的倾斜度极其重要。举例来讲，使用相对较高的贴现率，如6%或更高（大约相当于长期商业决策中使用的贴现率），意味着政策制定者认为今天的边际损害函数相当平坦，因为发生的气候变化成本在今天看起来比较低，而在未来的价值却很高。依照上述逻辑，税收体系应该更可取。

使用较低或者随时间降低的贴现率（如斯特恩报告中使用的），4%或更低，意味着相对于减排的短期成本，政策制定者给予气候变化的长期成本的权重更大，从理论上讲，限额与交易计划更为可取。

斯特恩报告中存在一个不言自明的论点，即与私人部门相比，政府使用较低的贴现率更为合适，因为政府进行决策时，必须同时考虑公共利益和公平考虑子孙后代的利益；然而，私人部门更为关注当前投资者的利益，必须对投资和资本的机会成本（利息率）进行权衡和比较。

斯特恩报告因为采取了低贴现率而招致了相当多的批评，但在一定程度上，因为和税收体系相比，其更加赞成排放交易手段而使得批评的声音减弱[①]。

---

① 基于罗尔斯均衡的伦理或哲学上的争论，即政治领导者应该以他们死后再以社会任何部分的成员转生的基础上做出决策。

对斯特恩报告争论的核心是，该报告选择贴现的基础仅仅是假设未来子孙后代会更加富裕，并且陨石撞击或其他灾难性事故使人类社会灭绝的概率为每年千分之一。关于纯时间偏好的问题（详见专栏 2.2），报告假定贴现率为零。这种选择的隐含意思是"政府"在社会整体缺乏耐心的基础上，应该对当代和未来公民的福利待遇不存在任何偏袒[①]。正因为此，与其他经济研究相比，譬如诺德豪斯的研究，斯特恩的研究以频繁地采纳强烈的伦理观为特征，而诺德豪斯更加赞成采用高贴现率和税收体系，而非排放交易。

的确，如果政策制定者采取了很低的贴现率（假定二氧化碳的边际损害非常高），并且人们关心价格信号是否能够及时改变人们的行为，那么，这对给

专栏 2.2　为什么要贴现？

在我们日常所做的许多决策中都隐含对贴现率的考虑，虽然许多人通常不使用这些术语。大多数人进行贴现的原因很简单，即人类天生缺乏耐心，一般而言，我们对某事物评价越高，就越希望能够尽快得到它。贴现以纯粹的时间贴现而闻名。

我们对未来贴现的另一个原因是我们假设未来的生活更富裕，并且一般相信在生活富裕时，增加的额外金钱的价值通常更低。

在实践中，这通常由利息率来反映。如果利息率为 r% 的话，今天投资的 1 英镑在一年后的本利总计为（1+r）英镑，这里的 r 一般表示为带有小数点的数值，譬如，6% 表示 0.06，10% 表示 0.10 等。

根据上述逻辑，我们可以问：一年后的 1 英镑在今天值多少钱呢？答案是 1/（1+r）英镑。正因为此，你想在一年后获得 1 英镑，那么你今天就不得不投资 1/（1+r）英镑。

[①] 正如这是一个全球研究的课题，它假定存在一个做出全球决策的权威机构和"政府"，该"政府"永远不断地反对政治周期里短时间的各种施政实践。也可以参照斯特恩报告第 35 页所陈述的基本理由。

高碳技术制定和颁布强制标准或者禁令可能是有效的。例如，在英国关于对禁止新建燃煤电厂的想法正在进行激烈的争论，全世界的汽车制造业逐步采取了燃料效率标准。

　　这样的政策具有无须管理的优点，自始至终通过价格体系逐渐缓慢地改变人们的行为。然而，如果不进行认真的设计，这样的政策标准可能导致高电价，或者若新的电力生产不能给消费者提供合理的价格，可能引发电力系统瓦解。这种强有力的管制行为的另外一个缺陷是，可能引起对能源供应投资的激励不足，从而导致能源供给短缺，或价格过高。（如图 2.5）

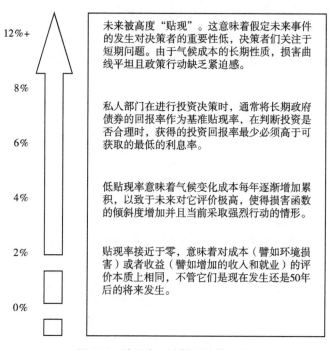

图 2.5　贴现率、决策和政策选择

理论、实践和"银弹"案例

　　图 2.1 关于污染负外部性的简单案例在能源生产的论述中被提到过，实际

上，我们也注意到，该过程具有重要的生产正外部性。我们建立了一个理论框架，来评判可选择的政策途径的成本和收益，并依据可选择的，诸如税收体系和管制禁止标准等政策进行排放交易规划。

在实践中，由于气候变化涉及多个部门和辖区，并且每个辖区具有各自的经济、文化、政治现实和历史，因而气候变化产生的外部性更加复杂。即使在评价一个企业或国家对全球变暖的贡献时，在何处排放二氧化碳是不受影响的，然而，来自暴风雨、洪水和干旱灾害的影响的分布却不同。海平面上升给低洼地区带来的风险最大（如孟加拉国、荷兰和小岛国），温度升高主要发生在北极和南极地区，实际上，长期来说这可能对某些地区（如俄罗斯的西伯利亚地区）的影响是积极的，而对另外一些地区或生物（如北极熊等野生动物）却产生了消极的影响。这意味着，不同地区的边际损害成本曲线（MDC）的斜率不同。

通常，为温室气体的历史存量负主要责任的富裕国家，大部分能够通过修筑海堤、利用促进作物生长的抗干旱的新技术等适应气候变化，而贫穷国家在获得适应气候变化的资金和技术方面存在困难，因而使贫困地区的损害成本急剧增加。

除了污染负外部性和关于能源安全的外部性以外，现实中还存在许许多多的外部性问题。举例说明，石油输出国组织（OPEC）在石油供应中的勾结行为形成了当今世界最重要的外部性之一。与通常情形相比，它导致了世界石油供给紧张、价格高昂（如图2.6），同时，也使得人们难以估计"市场"将如何对较高的碳价格做出反应。令人感兴趣的是，石油输出国组织的这种垄断行为降低了石油供给量（Q），推动了石油价格上涨，这一点与征收碳税的方式相似（Tietenberg，2004）。

一方面，石油输出国组织为了保持市场份额，减缓了远离使用化石燃料的技术进步，从而消除了正处于高涨状态的燃料价格的净变化和排放过程中的任何变化，可能做出增加产量和降低石油价格的决策，以响应较高的碳价格。另一方面，石油输出国组织可能为保持利润而更进一步减少石油供给，推动价格上涨，从而造成各国面临超乎寻常的燃料高成本而发生政治和经济的不稳定，希望政府能够放弃强制实行高碳价格的可能。

石油输出国组织（OPEC）与石油消费国（主要是经济合作和发展组织，即 OECD 国家）之间的这场战争的结果，归根结底是看哪一方能够从燃料高价格中获得经济租。在任何一种情况下，隐含的碳价格可能是相同的，但是，从燃料高价格中获得的收入分配却会产生巨大的差异。

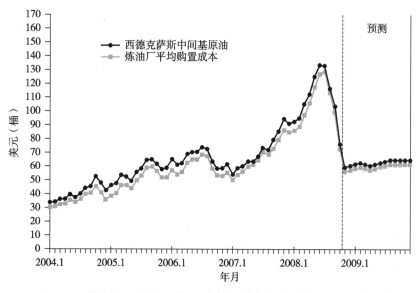

图 2.6 2004—2009 年的石油价格趋向及预测

表 2.2 向我们显示了石油价格每桶上涨 20 美元和碳价格提高 50 美元对生产者的影响是相同的。此外，牛津大学能源研究所的一项有趣的描述显示了最近的创纪录的石油价格对世界经济影响的调查结果。令人惊奇的是，即使石油价格处于创纪录的高位，但对经济和通货膨胀的基本趋势的影响很小。因此他们指出，这一经验证据可能显示出经济面对能源高价格时的适应力，比我们平常想象的要高许多。石油价格不再像以前那样引发剧烈冲击，这一次对促成当前的经济不景气的影响并不明显。这对于那些赞成采取激烈的政府行动来制定高碳价的人是一个好消息：如果经济能够承受住由石油输出国组织和需求

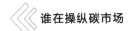

推动的石油高价，那么，吸收高碳许可证价格的成本可能是一个不错的建议
（Allsopp，2009）。

表2.2 石油价格和等效的碳价格	
石油价格（美元/桶）	碳价格（美元/吨二氧化碳）
20	50
40	100
60	150
80	200
100	250
120	300
140	350
160	400

来源：Stern（2006），假定温室气体价格增长和石油价格成比例增长

　　上述这些问题与其他市场失灵及变化障碍意味着，当必须进行碳定价时，
可能不足以实现有效的减排。

　　这些实际存在的问题促使牛津大学詹姆士·马丁和21世纪学院的史蒂
夫·雷纳坚决主张，碳政策不存在迎刃而解的答案，在实践中应该采取的是
"大型银弹"方法。这种解决方法可以通过技术示范实验和建立附加目标补贴
支持的早期市场，整合伴随着清洁技术而制订的产业政策、研究和开发政策，
进而形成不同的碳定价策略。

　　"大型银弹"方法通过整合积极的产业政策，试图解决家庭和企业不必总
是对价格信号做出反应的问题，尤其是在短期。采用"大型银弹"做法的原因
主要包括制度复杂、低碳技术的信息缺乏、能源投资具有长期性、存在巨大先
期成本使得融资困难、为巩固低碳经济而必需的文化变革的步伐缓慢等。这些
问题导致所谓的路径依赖（详见专栏2.3），即一旦某项特殊技术或者工艺（譬
如化石燃料能源）被牢固确立的话，为转变这种制度，要采取的不仅仅是发出
价格信号的一致性努力，而是建立一个基于再生资源的世界。

　　利用市场机制解决气候变化问题的支持者可能认为，由于政府可能被迫处

专栏 2.3 路径依赖和能源投资 [1]

根据布赖恩·亚瑟的说法，少数过去的决策能够导致路径依赖，或者即使存在更好的选择，存在技术"被锁定"的想法是因为一旦实施了某些投资，那么进行相似的相互支持的投资更具吸引力。亚瑟确认，在推动某项"可接受的正增长的回报"的过程中存在 5 种主要力量（Arthur，1994）。

第一是干中学。一项技术越被经常地使用，越能够发展和改善（Rosenberg，1982）。举例说明，和使用电瓶或氢燃料的汽车等竞争性技术相比，汽车内燃机中石油燃料的使用已经引起发动机和燃料性能的极大改善。第二是连带外部效应。经常使用的技术给许多应用者带来好处（Katz & Shapiro，1985）。举例来讲，巨大数量的汽油汽车限制了电瓶车或者生物燃料汽车普及的可能性，因为对前者而言缺乏可选择的补给燃料的基础设施，对后者而言缺乏处理乙醇或生物柴油的发动机。第三是规模经济。一项技术被应用得越多，其成本就越低。电力生产是自然垄断的经典案例之一，大型发电厂的平均成本随着电力生产数量的增加而下降，竞争力更强，但这一切只会在产量极大（和市场达到极为集中的水平）的情况下发生。第四是日益增长的信息回报率。一项技术越是被经常地采用，所获得的好处就能够被更好地认知和了解，也就是说，采用一项新技术的风险随它被更广泛地普及而降低。第五是技术间的相互作用。当某项技术被普及的时候，其他辅助技术和产品会成为其基础设施的一部分，并有助于降低其成本（Frankel，1955）。譬如，石油技术拥有并依赖于庞大的精炼基础设施、运销体系、加油站、汽车制造商等，而且通过一个教育体系为该产业所需要的技术培训工程师、地质师和化学家，从而进一步巩固石油技术的基础，除此以外，支持该产业的政治组织也已经成长而为其提供法律和补贴框架。

---

① 完整的讨论，请参考 Howarth，2008。

于这样一个境地，即不得不在另一项技术之上优先选择某项技术，"大型银弹"途径的产业政策因素相当于"人为择优"。关于对核能源进行庞大的新投资的决策就是这样一种情况。当碳高价有助于发展核能经济时，但如果没有国家提供实质的额外的支持，譬如，一个有效的赞助计划、核准程序、国家为核废料处理的保险或补贴，那么进行核能投资存在极大的困难。

迈克尔·格拉布概画了一个实用的框架以考虑这些关于气候政策的各种观点的竞争流派（详见图2.7）。

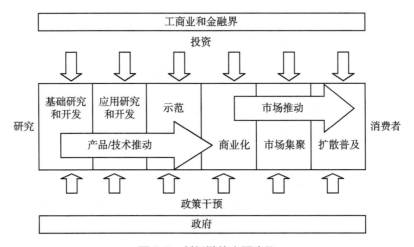

图 2.7　创新链的主要步骤

在这里，技术变化被描画成一系列"创新链中的足迹"。要加速低碳技术发展进程，不仅需要供给侧（技术推动的）有设计良好的政策和投资，还需要需求侧具有拉动技术的政策。技术推动的关键是制订新技术的研究开发计划和开展示范项目，而技术拉动政策主要依赖于诸如碳定价等经济激励手段的使用（Doornbosch & Knight，2008）。

"人为择优"的另一个选择是制定高碳价，让"市场"而不是政治家来选择优胜者。理论上，这种选择是当新的减排技术的成本由于学习和碳价格上升以及对传统的化石燃料体系的处罚等因素的影响降低时，由新清洁技术和化石燃料之间的竞争而产生的。有人认为，这样的市场途径可以帮助避免既得利益者通过游说左右政治决策的危险。

当考虑到"选择赢家"（技术推动）和通过价格信号（技术拉动）实现二氧化碳减排相关联时，由于路径依赖和行为因素，在政治获取（一个糟糕的决定）和价格信号起作用之间存在着权衡。在实践中，如何部署创新进程依赖于每个国家对政府在经济组织活动中所扮演角色的态度、政策工具及其制度等因素，如公共财政。

在一个遭受过市场失败困扰，并受到各种各样（和相互竞争）的政策干预和政治寻租的经济中，政策途径的选择"征税还是交易"或者使用其他的管制方式，可能最大限度地被描述为一个指导原则，而不是一种严格的实际要求。尽管如此，政治上在面对复杂性和不确定性时，这样的原则能够成为对将来使用某种政策方法形成预期的有益基础。

"总量管制与交易"与"基准与信用"

排放交易计划存在两种基本的形式："总量管制与交易"（C & T），"基准与信用"（B & C）。

"总量管制与交易"是由政府基于排放限制或者最高限额确定一个新的使用大气的产权的制度安排；然后，在将排放许可证颁发给排放交易计划中的行动者以后，允许这些许可证之间进行交易，以便于行动者能够选择如何实施减排，或者选择使用额外的定额；最后，在某一特定时间，该计划覆盖的行动者需要提交和他们的排放水平相符合的定额——这可能高于或者低于他们最初分配到的定额，取决于他们所面对的二氧化碳减排成本的大小。欧洲排放交易计划和美国二氧化硫交易计划就是"总量管制与交易"计划的典型例子。

"基准与信用计划"需要为一个部门（譬如，所提议的毁林计划）或一个项目或公司（诸如清洁发展机制或新南威尔士排放交易计划等均属此类）建立一个基准排放水平。该计划不制订总体的排放限额，而是鼓励行动者将他们的排放水平降低到基准线以下（通常按照"照常营业"情形确定），产生的排放信用能够进行交易，虽然一些基准与信用计划不存在或者被限制交易。这一方式是政府对提高能源效率而实施的"白色证书"的基础，如美国康涅狄格州[1]、佛兰德斯地区[2]、英国[3]、法国[4]和意大利[5]等都采用了这种方式。

"总量管制与交易"计划

作为第一步，"总量管制与交易"计划需要为一特定区域的排放水平确定一个限额（具体如图2.8所示）。限额水平的确定以包括地理覆盖范围、时间尺度和所涵盖的气体等一些参数为基础。这通常被认为是计划的有效范围。

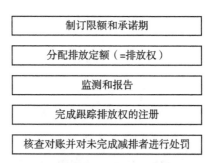

图2.8　限额交易排放交易计划的构成要素

碳价格，或者说某一排放交易计划中的排放价格，由供求力量作用形成[6]。在供给方面，立法者事前制定一个期望的污染水平（限额），即排放发生前的稳定的排放量 Q^*。该限额通常是为该部门制定的碳减排目标。

---

① George et al., 2006。

② D'haeseleer et al., 2007。

③ Defra, 2007。

④ Monjon, 2006。

⑤ Pavan, 2005。

⑥ 然而，在实践中，供求定律并不总是能够顺利运转，如果一些大型污染者存在盈余，他们可能勾结以维持高价（如世界石油输出国组织操纵石油价格那样）。

需求受到必须完成分配限额比例的污染者的驱动。因为企业在经营过程中产生的每一单位污染必须由等量的排放权进行补偿，一旦他们的排放超过最初分配限额，他们就不得不进入市场购买排放许可，因此就创造了对排放许可的需求。

排放许可的需求量将不仅取决于限额的严格程度，还取决于所涉及单位的实际排放水平。如果减排目标制定的较低，对排放权的需求就较弱。类似地，如果计划所涉及的单位（国家或企业）能够大幅度地降低他们的排放量并使其保持在限额之内，那么排放交易体系（ETS）对排放许可的需求也会较弱，价格就会维持在适度的较低水平。这种情况发生在因为采取了减排技术而提高了能源使用效率，或者是由于企业的实际产出下降（例如，在 20 世纪 90 年代到 21 世纪初，随着苏联的瓦解导致的相关国家的经济衰退，在向市场经济转型过程中出现的情况）。

下一个关键因素是对排放的监测和报告。环境目标是否被精确地实现只有在承诺期末对实际排放进行估计才能得知。因此，为估计排放水平而规定清晰的规则和标准方法是任何排放交易体系可靠程度的必要前提。

排放是可以相互替代的（如可转让），因此这些测量方法是否可靠和一致十分重要，目的是为了 1 吨二氧化碳在不同单位、不同部门和不同国家之间都代表相同的含义。例如，在美国，要求工业采用连续不断的测量设备对废气进行监测，以确保二氧化碳所占排放比例的监测达到高精确度。

可靠的注册机构对于确保排放水平以及可以证明的相应的排放权（限额）也是必需的。通过注册能够确保对排放权交易的登记，类似于一个一般账户，在注册机构公布了所有的交易业务。

在已有的计划中，所有权转让随时发生。这意味着注册无法记录和说明未来的交易（未来或预约），只有现场交易才可能被注册。注册仅能提供交易数量的清单，不包含协议价格的任何信息。注册的作用是确保排放限额的可追溯性，由此保证交易体系的环境一致性。到结算期末，各参与者的实际排放水平和排放权之间是否一致是通过使用注册处记录的数据完成的。

为了确保限额交易体系的环境一致性，管理者必须制定制裁措施，以对那些未能通过使用等量排放权补偿其排放的单位进行惩罚。惩罚体系的建立能够鼓励污染实体排放量不超过他们所拥有的排放定额数量。譬如，美国二氧化硫市场作为第一个排放交易计划，政府为防备不完成定额而制定了相应的惩罚体系，如果一个企业在每年的对账中没有足够的排放额以补偿其排放，那么对于每吨未补偿的排放处以 2000 美元的罚金。

然而，单纯的罚金并不足以确保环境一致性。譬如，由于天气异常寒冷并且冬季时间延长，家庭取暖使用的能源比管理者在制定排放限额时所预期的高得多，这就造成对排放许可的实质超额需求。在这种情况下的排放许可价格可能上升到污染者可能宁愿选择被处以罚金。

为了避免此类陷阱，政府可能宣布处以罚金并不足以使污染实体从减排责任中解脱出来。因此，未完成排放定额的污染实体也必须在随后的承诺期对他们未完成的定额加以补偿。欧洲排放交易计划选择了这种方法。

限额制定和承诺期

正如上述所讨论的，限额（设立为 Q^*）是任何排放交易体系的基础。限额确定了排放量的稀缺水平，并由此确立了受管制部门碳价格调整的供给方面。为了获得环境一致性，制定的限额应该与国家、地区或者多国的排放目标相一致，而且要明显低于"照常营业（BAU）"下的排放水平。在实践中，上述过程由于未来的排放水平存在不确定性而变得复杂（Grubb & Neuhoff，2006）。

制定限额和制造排放权稀缺的过程中的一个重要方面是对受管制的排放市场之外的区域所产生的排放信用的使用进行规则设定，如通过清洁发展机制（CDM）。通过允许这些外界的排放信用被引进排放交易计划，政策制定者允许在受管制的地理区域内的排放可以增加到限额水平之上。

在实践中，此类的灵活机制的运用受到控制，主要是为了确保国内实施减排的投资水平，而不是从受管制的体系之外购买排放信用。理论上，假设所购买的信用代表真实的减排量，那么就没有理由施加这种约束，因为它限制了排放交易所带来的其中最有益的方面，即为获取一定量的减排而花费的成本最低。

承诺期指的是限额的时间方面。它阐明了在企业水平上获得减排的期限。如果能够得到排放交易的利益，那么，排放交易体系必须能够权衡其形式和规则的可预见性和灵活性，以充分利用变化的环境。正如本章后面所讨论的，在承诺期内具有长周期的排放信用储存和借贷功能的承诺期，能够为投资者提供更大的确定性，并降低政策风险（Helm et al.，2005）。

分配方法

建立温室气体的新市场需要明晰产权，并使其具有前所未有的可转让的特性。在实践中，利用大气的总量建立"权利"。在排放交易计划中，一旦该交易体系被建立，这一分配过程不应该受到这些权利买卖及其产生的排放信用价格高低的干扰。

存在两种主要的分配方法：一种是将权利进行出售，另一种是将权利进行分配。也可以将上述两种方法合并而形成一种混合体系。关于分配方法的争论相当激烈，争论的核心是谁应该拥有环境的初始产权，污染者还是普通公众（如税收支付者和政府）。

在理想的完全信息和完全竞争的理论情形下，利用静态分析，各种分配方法具有同等效率，因为所涉及的实体面临着相同的边际减排成本（通过排放信用的市场价格确定）。而在实践中，考虑到如果企业进入和退出充满市场失灵和外部性的市场，出售排放许可（通常采取拍卖途径）显示出显著的效率特征；另外，将排放许可免费分配增加了计划的可接受性。为理解这一点，我们首先考察"免费分配"的情况。

免费分配涉及一些预先定义的规则，例如，"原始所有"的情形下，将污染权进行免费分配。这意味着环境产权以"原始使用"为基础进行分配。这种分配方法通常受到污染者的极力拥护，因为这种方法相当于承认污染者由于一直使用该环境而隐含着他们对其具有所有权，尽管当前处于限额的约束之下。

通过保护产业免于遭受由于执行排放交易计划而承担全部潜在成本的损害，免费分配试图寻求解决避免使资产陷于困境的问题，即在温室气体排放被认为是无害的时候进行投资，并随着排放市场的引入而逐渐丧失其价值。例如，进行燃煤电厂的投资在实施二氧化碳排放交易计划后使其利润降低。

作为另一种选择，如果政府决定将排放许可出售给工业企业，这是基于认为污染者不拥有环境的原始权利，大气层实际上是由全体居民共同所有的观点。采用此种方法，交易计划所涉及的实体面临要承受参与的先期成本，因为他们不得不投标获得使用大气的权利。一旦他们拥有了该项权利，那么该权利就被承认是属于企业的一项资产，如果企业决定停止经营的话，就可以进行出售。可见，这些排放许可具有实质性价值，因此这些许可的免费分配对企业而言无疑是一场巨大的"意外收获"（Sijm et al., 2006）。

基于如"原始所有"等规则进行的免费分配，也使动态竞争得以增强。免费分配的方法无疑有利于那些得到免费份额的企业，但损害了希望进入市场的新企业的利益，它们不可能获得免费配额但又不得不通过"购买进入市场"。如果没有为新加入者预留配额，并且将全部排放许可分配给已存在的企业，那么，新加入者就必须到市场上购买它们所需要的排放许可。

当资本市场运行完美，而且在评价现存企业的价值时考虑排放的机会成本，那么这可能不再是问题。因为当一个效率低的企业获得了足够弥补其目前排放的许可时，从经济上考虑，它应该关闭或者缩小生产规模并将剩余的排放权卖给效率高的新企业，这样对其更为有利（Bosquet, 2000）。实际上这种机制无法实现完美地运行，因此，在免费分配体系下，政府应为新加入者预留出少量未免费发放的排放权。

另外，免费分配规则可能怂恿企业之间产生"使用它或丢弃它"的想法，而阻止了老企业或效率低的企业的关闭，它们可能继续保持运行以获得高价值的许可证。

竞价投标的方式避免了在国家或行业之间分配排放许可份额而制定规则的困境，即竞价投标方式不需要制定任何分配规则。在免费分配过程中，分配具有政治性，因而会受到各种因素的影响而变得非常困难（Joskow & Schmalensee，1998）。这通常也会导致过度分配问题。

竞价投标的方式可以增加资金而用于其他用途，譬如，帮助解决劳动力市场的不完善问题。许多环境经济学家已经提出了与征收环境税有关的双重红利的假设。第一种是环境质量的改善，第二种是由于环境税征收筹措的新资金而降低了其他扭曲更为严重的税收额，如劳动力税赋（对劳动奖励的惩罚），从而产生的对就业和国内生产总值（GDP）的积极影响。

博斯盖分析了实际经验并对双重红利问题进行了研究（Bosquet，2000）。他的结论在一定程度上认为是利弊共存的。在中短期，降低污染的收益是巨大的，但是对创造就业的作用较弱。资金增长方面的问题是经常被提到的反对拍卖方式的一个依据，因为拍卖方式使得私人资金转移到政府手中，与那些处于排放交易体系之外的企业相比，常常损害体系内企业的竞争力和获取利润的能力。一般而言，环境学家主张筹集的资金应该用于环境保护，而企业认为资金应该用来补偿企业，包括支持研究和开发。在这两种情况下，博斯盖发现，来自各种压力集团（非政府组织或工业游说者）的这些要求对双重红利的实现具有抑制作用。

能够整合免费分配或竞价方式的一种可替代的方法是建立基准。如果管制者决定在交易计划开始前对减排进行奖励，那么政府可以考虑在能源有效性或者类似指标的基础上分配排放许可。这种分配方法考虑的是不同时期环境表现的对照情况。

基准对于向生产定义明确的产品（如：生产每吨钢材或者水泥的用电度数）的部门分配排放许可是有效的，而对于生产有差别的产品（如：为汽车制造业确定一个二氧化碳基准绝不简单）的部门的排放许可分配，基准就更加复杂。若考虑国家间的排放许可分配，基准可能是根据某国每单位资本的排放水平（一些发展中国家支持这种方法），或者每单位国内生产总值的排放水平而确定。

一种方法是政府为避免对企业扩张造成过度的限制，以对未来排放的预测为基础分配许可证。这种方法需要大量信息，而这些信息常常是保密的。实质上，企业由于害怕不能得到足够的排放许可，往往倾向于过高估计它们未来的排放水平。这种方法可能导致过度分配，正如欧洲排放交易计划的第一阶段出现的情况那样（Ellerman & Buchner，2007）。

另一种方法可能是将排放许可更多地分配给在国际竞争中易受损害的企业。这些企业由于不能把减排成本转移给它们的消费者，因此在与其他没有被包括在排放交易体系中的企业进行竞争时，往往处于更易受到损害的地位，比如钢铁、水泥和化工企业。虽然英国的分析指出，受到欧洲排放交易计划排放许可竞价影响的企业产量仅仅不超过国内生产总值的1%（英国碳基金，2008）。关于电力行业的情况，排放许可的价格能够很容易地反映到电力价格（至少在一个完全自由的市场中）上，因为电力无法大量地进行长距离传输。

在实践中，有时政府采取合成分配方法。随着排放交易平台的发展，可以公开地获得排放许可及其价格。竞价方式对所有人都是公开的，利益集团（如：促进环境或者健康的非政府组织）为了反映其成员的利益，可能会购买排放许可以进一步降低排放限额。所允许的竞价范围将对正在考虑的排放交易计划中的可觉察的势力产生显著的影响。由于"免费分配"为碳密集行业获得补贴提供了机会，因此关于碳减排提议（涉及碳税问题）的可接受性日益增加，这样的补贴应该依据可采取的其他竞争性措施，如调整边际费率等进行谨慎评价。

价格波动的管理

如前文所讨论的，像排放交易计划这样确定数量限制的体系很少能够传递确切的价格信息，因此限额交易体系可能导致明显不同的价格。价格的波动对碳约束世界中的产业和经济会产生潜在的巨大威胁。然而，存在各种不同的控制波动的机制。这里所列举的不同机制的共同特征是降低了整个承诺期内排放许可的潜在价格的变化范围。

控制价格波动的第一种可选路径是允许把排放许可证储存起来以备未来使用。这意味着允许政府让企业建立排放许可的未来储备，鼓励企业进一步降低它们当前的减排量。这能够限制交易时期的价格波动并抚平价格（Amundsen et al.，2006）。

方法一是允许各实体从未来时期借用排放许可，但它目前还停留在理论层面（Mavrakis & Konidari，2003）。这种方法可以帮助限制短期内的价格波动，但可能引起不同时期之间的价格震荡。另外，从未来借用排放许可倾向于允许增加短期排放，这将不利于减缓气候变化。

方法二是制定价格下限和 / 或上限。该方法的目的是为降低减排投资风险提供一个安全阀的机制（Jacoby & Ellerman，2004）。价格下限能够确保监管机构防止排放市场由于许可证的过度分配或者许可证需求的下跌而崩溃的局面发生。价格上限能够确保企业不受到减排成本过高的威胁。然而，这需要对排放体系之外的排放许可所引致的环境一致性的损失加以权衡才能确定。最低价格能够保证减排技术投资的最低利润水平。若一个项目减少了 10 吨二氧化碳的排放耗费成本 100 英镑，那么制定一个 10 英镑的最低价格有助于保证投资的安全性。如果排放许可的均衡价格稳定地处于最低价格之下，这就需要监管机构购买排放权，这种机制对于监管机构而言可能代价高昂。

虽然存在这些缺陷，但在实践中，这种涉及基于数量和价格工具结合的混合体系的应用相当普遍。举例而言，大多数强制实施的环境许可证市场，如已经建立的支持可再生能源的电力生产市场，都包括价格控制和数量目标[1]。

控制价格波动的第二种可选路径是将限额交易计划与限额体系之外的基

---

① 这是英国和比利时出现的情况。

准和信用计划项目联系起来。通过一个基准和信用计划项目，投资者可以通过投资于其他部门或领域的减排项目产生额外的排放信用，这些信用可以用于限额交易计划中的补偿目的。排放储存水平需要通过和与现存事实相违背的情形进行比较确定（一个没有投资情形下的基准线，如"照常营业"）。例如，如果英国一个企业的减排代价过高的话，它可以决定到更具减排成本有效性的国家（如中国）进行投资。通过这一投资获得的排放储存量（即，"照常营业"情境下的排放水平和投资后的排放水平之间的差异），在经过公认的外部审核机构监测后，将给予排放权信用。这些排放信用可代替限额交易计划中的排放许可，因此允许企业的额外排放。

控制价格波动的第三种可选路径是政府可以将其交易体系和其他交易计划联系起来。这种联系机制是通过扩大市场规模和增加涉及实体的数目而增强市场流动性的方法。在实践中，排放市场由于各种不同的定义使其之间的联系变得复杂。一些国家可能拥有更为严格的监测和报告指南，以及对违背者的更高处罚水平等，若该计划与缺乏可靠性的系统相联系，可能损害它的有效性和可信性，从而增加价格的实际波动，因此应该谨慎处理。

基准与信用计划

基准与信用计划也依赖于可交易许可证的创立。在该计划下无须确立排放总量限额，而是，首先确立一个基准水平并获得排放信用或排放限额，然后使计划涉及的实体单位将其减排水平控制在该基准线以下。基准线可以确定在项目水平（如清洁发展机制情形）、企业水平（如新南威尔士排放交易计划情形）、部门水平（详见专栏2.4）或者国家水平（详见专栏2.5）。

由于更强大的环境变量的影响，基准线也通常为排放者提供一个有权排放的数量水平。如果某实体的实际排放量低于它有权排放的数量水平，那么就可以出售其剩余的排放数额；如果排放量超过它被授予的有权排放的数量水

专栏2.4 排放权利的"免费分配"缓和了竞争的负面效应

英国的重要工业组织——英国工业联合会（CBI）主张，在欧洲排放交易计划（EU ETS）下任何拍卖许可证的计划必须考虑拍卖给脆弱部门所带来的负担而导致的竞争压力。他们警告，能源密集型部门，包括铝和钢铁生产面临着巨大的风险。风险被认为是来自国际贸易敞口和能源价格上升对最终产品的影响之间的联系。那些难以将成本传递出去的公司由于和非欧洲排放交易计划国家的公司进行竞争而面临着利润和市场份额均下降的局面。那么这可能导致碳泄漏——存在二氧化碳排放仅仅是由受管制的国家转移到未受管制的国家的问题。结果是受管制国家失去了它的污染产业（及其产生的经济活动），但同时却并没有获取环境收益，或者由于排放比以前受到更少的管制甚至造成排放增加更多。作为这一行为的结果，英国工业联合会主张"免费分配"，只有在能够达成国际协议，对英国和欧盟所有能源密集型的主要竞争者制定相似的标准时，才能支持对排放许可的彻底拍卖。

专栏2.5 竞价投标方式的优点

分配有效性：一个设计优良的拍卖体系能够使排放许可由对其评价最高的人获得，这使得资源流向使用价值最高的地方。

有效的价格发现功能：在拍卖中竞价者的相互作用提供了重要的价格信息，这有利于价格发现，对行为改变的刺激具有重要的作用。譬如，与免费提供许可证相比，竞价方式能够显示每个排放者对获得污染权的支付意愿，帮助各污染实体更加清晰地完成它们的减排责任并做出投资决策。

拍卖收益：拍卖许可证获取的收益可以由政府用于各种不同的目的。

应该注意到，当二级排放市场从一级排放市场获取了利益时，双重获利会有所减少。

平，那么就必须购买排放数额使其维持在基准线以上。确定基准线的方法有许多种，它的选择取决于计划的政策目标和所期望获得的环境有效性（Garnaut，2008），主要选择包括以下几种。

（1）根据某一特殊年份的排放水平确定基准线。

（2）以基准年的技术装备为基础的每单位产品的平均排放量。

（3）以最好的实际技术为基础的每单位产品的平均排放量，或者这些或其他方式的任何混合。

这样的基准和信用计划可以被用于"没有后悔"的气候政策，一旦国家参与该计划，就只能通过采取正向激励措施获得和超出基准线水平。排放信用根据所获得的额外排放量而产生，并且可以出售给其他碳市场，譬如欧洲排放交易计划。

一些发展中国家对此类计划持谨慎态度，因为基准线一旦确立，极容易转化为一个强加于不服从者的约束性目标和处罚（如专栏 2.6 所述）。降低发展中国家毁林排放的措施也可能导致土地拥有者失去政治权力进而丧失他们的土地，而发达国家则被指责为"气候殖民主义"。另外，一些环境组织担心毁林引起的减排可能使碳市场的信用量泛滥，从而使信用价格廉价（Philip & Fearnside，2001）。从经济观点看，使排放交易计划尽可能地拓展其交易范围是有益的，因为这允许排放发生在最便宜的地方。包括降低发展中国家毁林排放在内的倡议具有更进一步的优点，它们使得各国制定更远大的碳目标和排放限额作为排放交易设计的一部分。

专栏 2.6　降低发展中国家的毁林排放

热带国家的土地利用变化引致的排放约占全球排放的 20%，而且是发展中国家最大的排放源，同时也是世界上除化石燃料使用之外的第二大排放源[1]。然而，尽管"澳大利亚条款"允许发达国家为减缓土地破坏而获得信用，但是，

---

[1]　www.eci.ox.ac.uk/news/events/amazon/ebeling.pdf。

只有造林和再造林在《京都议定书》下有资格获得排放信用，"避免毁林"作为发展中国家产生排放信用的一种方式却被排除在《京都议定书》之外。

　　这一排除导致雨林国家联盟的形成，并于巴西之外单独发起著名的降低发展中国家毁林排放（REDD）的倡议[①]。

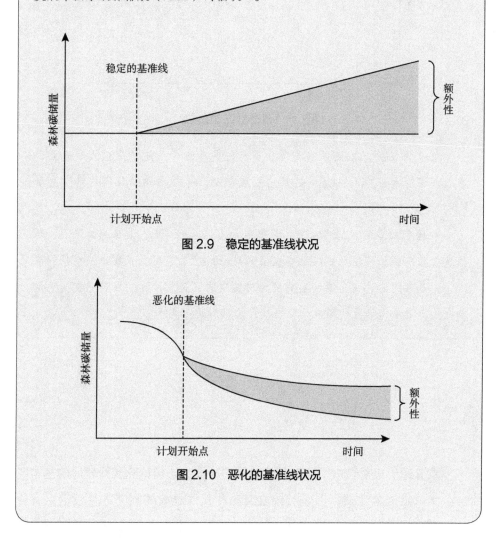

图 2.9　稳定的基准线状况

图 2.10　恶化的基准线状况

　　① www.rainforestcoalition.org/eng；www.unfccc.int/files/meetings/dialogue/application/pdf/wp_21_braz.pdf。

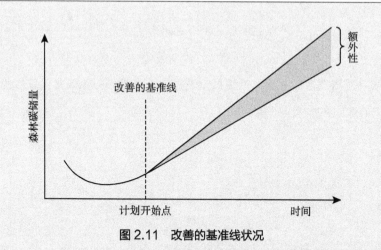

图 2.11　改善的基准线状况

这些倡议的基础是以有关排放交易的基准线和信用选择方式的变量为核心，相对于以项目为基础的清洁发展机制，也被称作"部门的清洁发展机制"。

在国家的森林碳储存水平已经稳定、正在恶化、正在改善的情形下，所提议的基准线和信用计划的结构在图 2.9—图 2.11 中进行了描述。在每种情况下，基准线的确立需要由监测森林覆盖率的卫星图片和实地研究支持测定的一些历史平均排放数据来评价毁林引起的二氧化碳效应。

结论

本章介绍了应对气候变化的其他政策的排放交易理论和实践背后的基本要素。虽然只是概念性的，但是对排放交易和其他政策的利弊进行讨论是有益的，充满市场失败的经济现实和多种多样的经济和政治制度使得任何解决气候变化的"银弹政策"机制的结论都是不可能的。相反，"银色的铅弹"方式和排放交易相结合，可能为我们提供最好和最快捷的降低二氧化碳排放的解决办法。

正如我们所关注和了解的，气候变化的损害成本逐步扩大，二氧化碳的减排成本逐渐下降，排放交易从理论角度讲吸引力越来越大。这是因为排放交易能够为减排的实际数量提供更大的确定性，为处于最高价值部门而致力于污染的企业提供经济激励，并且通过促进低碳技术的不断创新使减排成本最小。

排放交易计划在政治上也比其他政策（如税收）更有吸引力，因为税收措施难以缓解实施碳约束的竞争影响，并且可能迅速激起反对，如提高加油泵价格等。然而，在排放交易提供的理论上的收益与其实际所得之间依然存在需要填补的缺口，如运输部门和来自毁林的排放已经被排除在大多数排放交易计划的范围之外。

尽管为控制诸如温室气体排放等复杂污染物实施一项新的市场制度存在实际的挑战，但是，排放交易计划为政策制定者以及所有政治派别的组织和个人提供了一个强大而富有效率的操作规则。排放交易同时满足了统计学者们的观点，即采取严格的监管措施，同时允许应用激励机制，通过开放市场提供持续不断的创新。科斯定理把关于如何处理环境问题的旧的概念性的争论联系起来，它对排放交易的日益增加的受欢迎程度做了最好的解释。

参考文献

Allsopp, C. (2009) The financial crisis world recession and energy, Presentation as part of the OEIS Geopolitics of Energy Seminar Series, St Antony's College, Oxford.

Amundsen, E. S., Baldursson, F. M. and Morensen, J. B. (2006) Price volatility and banking in green certificate markets, *Environmental & Resource Economics*, vol 35, 259–287.

Arthur, W. B. (1994) *Increasing Returns and Path Dependence in the Economy*, University of Michigan Press, Ann Arbor, MI.

Baumol, W. (1972) On taxation and the control of externalities, *American Economic Review*, vol 62, 307–321.

Bosquet, B. (2000) Environmental tax reform: Does it work? A survey of the empirical evidence, *Ecological Economics*, vol 34, 19–32.

Carbon Trust (2008) EU ETS impacts on profitability and trade–a sector by sector analysis, Carbon

Trust, London.

Coase, R.H. (1960) The problem of social cost, *Journal of Law and Economics*, vol 3, no 1, 1–44.

Defra (2007) Carbon Emissions Reduction Target April 2008 to March 2011, Consultation Proposals, May, Department of Environment, Food and Rural Affairs, UK Government.

D'haeseleer, W., Klees, P., Streydio, J.-M., Belmans–Luc, R. and Chevalier–Wolfgang, J.-M. (2007) Belgium's Energy Challenges Towards 2030 — Final Report, Commission ENERGY 2030, Belgian Energy Commission, Brussels.

Doornbosch, R. and Knight, E. (2008) What Role for Public Finance in International Climate Change Mitigation?, *Round Table on Sustainable Development*, OECD, Paris.

Ellerman, A. D. and Buchner, B. K. (2007) The European Union Emissions Trading Scheme: Origins, allocation and early results, *Review of Environmental Economics and Policy*, vol 1, 66–86.

Frankel, M. (1955) Obsolescence and technological change in a maturing economy, *American Economic Review*, vol 45, 296–319.

Garnaut, R. (2008) Climate Change Review, *Final Report*, Commonwealth of Australia, Canberra and Melbourne, 309–310.

George, A. C., Betkoski, J. W. and Goldberg, J. R. (2006) DPUC proceeding to develop a new distributed resources portfolio standard, State of Connecticut Department of Public Utility Control, 16 February, Docket No. 05–07–19.

Grubb, M. (2004) Technology innovation and climate change policies: An overview of issues and options, *Keio Economic Studies*, vol 41, no 2, 103–132.

Grubb, M. and Neuhoff, K. (2006) Allocation and competitiveness in the EU Emissions Trading Scheme: Policy overview, *Climate Policy*, vol 6, 7–30.

Helm, D. R. (2007) European energy policy: Meeting the security of supply and climate change challenges, *European Investment Bank Papers*, vol 12.

Helm, D., Hepburn, C. and Marsh, R. (2005) Credible Carbon Policy, *Climate Change Policy*, Oxford, Oxford University Press.

Hepburn, C. (2006) Regulation by prices, quantities, or both: A review of instrument choice, *Oxford Review of Economic Policy*, vol 22, no 2, 226–247.

Howarth, N. (2008) Inducing Socio–technological Revolution in Energy Network Investment: An Institutional Evolutionary Economics Model of Agent Behaviour, OUCE Working Paper Series, Oxford University, Oxford.

Jacoby, H. D. and Ellerman A. D. (2004) The safety valve and climate policy, Energy Policy, vol 32, 4, 481–491.

Joskow, P. and Schmalensee, R. (1998) The political economy of market–based environmental policy: The US acid rain program, *Journal of Law and Economics*, vol 41, no 1.

Katz, M. and Shapiro, C. (1985) Network externalities, competition and compatibility, *American Economic Review*, vol 75, 424–440.

Kelman, S. (1981) *What Price Incentives? Economists and the Environment*, Greenwood Publishing Group, Westport, CT.

Mavrakis, D. and Konidari, P. (2003) Classification of emissions trading scheme design characteristics, *European Environment*, vol 13, 48–63.

Monjon, S. (2006) The French Energy Savings Certificates System, ADEME Economics Department.

Myres, N. and Kent, J. (2001) *Perverse Subsidies, How Tax Dollars Can Undercut the Environment and the Economy*, Island Press, Washington DC.

Nordhaus, W. (2007) To tax or not to tax: Alternative approaches to slowing global warming, *Review of Environmental Economics and Policy*, vol 1, no 1, 26–44.

Pavan, M. (2005) The Italian energy efficiency certificates (EECs) scheme, The Italian.

Regulatory Authority for Electricity and Gas, presentation given to the Ministere de l'Economie des Finances et de l'Industrie, ADEME, Paris, 8 November.

Philip, M. and Fearnside, P. M. (2001) Environmentalists split over Kyoto and Amazonian deforestation, *Environmental Conservation*, vol 28, 295–299.

Pigou, A. C. (1912) *Wealth and Welfare*, Macmillan, New York.

Rosenberg, N. (1982) *Inside the Black Box: Technology and Economics*, Cambridge University Press, Cambridge.

Sen, A. (1999) *Development as Freedom*, Anchor Books, London.

Sijm, J., Neuhoff, K. and Chen, Y. (2006) CO_2 cost pass–through and windfall profits in the power sector, *Climate Policy*, vol 6, 49–72.

Stern, N. (2006) *The Economics of Climate Change*, The Stern Review, Cambridge University Press, Cambridge.

Tietenberg, T. (2004) *Environmental Economics and Policy*, Pearson Addison Wesley, Upper Saddle River, NJ, 69–70.

Weitzman, M. L. (1974) Prices versus quantities, *Review of Economic Studies*, vol 41, no 4, 477–491.

第 **3** 章

《京都议定书》

引言

　　《联合国气候变化框架公约》缔约方大会达成的《京都议定书》及随后的决议确立了第一个国家间的排放交易计划的基础。本章阐述了该市场的建立所处的国际政治背景，同时也描述了市场的基本要素——给碳排放确定一个上限值，如何界定和分配排放权，如何报告和强制实施排放等。

　　本章随后的部分概述了与《京都议定书》实施的两种基准线与信用计划有关的问题，即清洁发展机制和联合履约机制。最后，简短地描述了在初级市场中排放权供求的运行方式。

政治背景

政府间气候变化专门委员会的建立

　　20 世纪 80 年代末，人类活动对气候系统影响的科学证据以及公众对环境问题的兴趣日益浓厚促使把气候变化提到了政治日程。1988 年，世界气象组织

（WMO）和联合国环境规划署（UNEP）联合成立了政府间气候变化专门委员会（IPCC）。成立该组织的目的是为政策制定者提供综合报告以及科学认知的最新消息。政府间气候变化专门委员会成立 20 年来，一直保持最可靠的信息来源，并在 2007 年 12 月，因其优异的工作和美国前副总统艾尔·戈尔共同获得了诺贝尔和平奖。

1990 年，政府间气候变化专门委员会发布了它的第一次评估报告（FAR），证实气候变化是一个威胁，并鼓励国际社会采取行动。1990 年 12 月，联合国大会通过了 45/212 号决议开始了气候变化框架公约的谈判，并且成立了政府间谈判委员会指导谈判（联合国大会，1990）。

空气清洁法案

美国于 1990 年通过了空气清洁法案，这是第一部关于建立强制实施排放交易计划的法律文件。这一环境立法所强调的问题不是关于气候变化的，而是关于酸雨问题的。作为酸雨法案的一部分，美国政府给二氧化硫（SO_2）和氧化氮（NO_x）制定了一个最高的排放水平。

是相对于 1980 年的水平，美国的目标到 2010 年减少排放 1000 万吨（降低 50% 的排放量）二氧化硫，同时，氧化氮相对于 1990 年的排放水平减少 200 万吨（降低 27%）。对于氧化氮，监管机构选择了传统方式（征税附以制定燃烧器的严格标准），对于二氧化硫选择的方法是建立排放市场（Joskow et al., 1998）。

目前，该计划覆盖了所有装机容量超过 25 兆瓦的发电设备和所有新建电厂。2008 年总计覆盖了超过 2300 套设备。该计划允许储存排放，并且美国环保署每年拍卖 3% 的排放权，但大部分排放权属于原始所有（即以历史排放为基础）。这一制度对违反者处以惩罚措施。如果一个企业在每年的对账中没有足够的排放权补偿其排放，那么企业必须为没有得到补偿的排放每吨支付 2000 美元的罚金。注册机构（排放权管制系统）的建立方便了排放权交易，并因此增强了流动性和市场透明度。该市场的价格波动相当重要。二氧化硫排放权价格在 1995 年 1 月计划开始时是每吨 140 美元，然后，从 1996 年的 70 美元上升至 2005 年末期的 1550 美元，2007 年 3 月价格又下降至每吨 460 美元左右。美国企业的环境实践的成功和社会可接受的成本激发了 1997 年《京都议定书》的谈判。

《联合国气候变化框架公约》

1992 年 5 月 9 日，《联合国气候变化框架公约（UNFCCC）》以下简称《公约》正式通过。该公约在 1992 年 6 月 4 日举行的联合国环境和发展大会，也就是著名的里约热内卢"地球峰会"上开放并供签署。《公约》经过 50 个国家批准后，于 1994 年 3 月 21 日正式生效。该《公约》的最终目标是阻止人类活动对气候系统的干扰，将大气中温室气体的浓度稳定在一定水平。《公约》并未明确规定温室气体的浓度水平，但这个水平是应该让生态系统能够自然地适应气候变化，维持粮食产量并使经济发展满足可持续原则。这种非量化目标帮助各国之间创造了协商一致的机会，这些目标需要依靠各国通过个体行为进行实际减排而实现。

该《公约》将世界各国划分为两大集团：列入附件 I 的国家（附件 I 国家）和未列入附件 I 的国家（非附件 I 国家）。附件 I 国家是在历史上排放大部分温室气体的工业化国家，它们每单位资本的排放量要高于大多数发展中国家，而且附件 I 国家具有更多的财政和制度资源来解决这些问题。公约中所强调的公平和"共同但有区别的责任"原则要求附件 I 国家在改变现有的排放趋势中发挥领导作用。为达到这一目的，附件 I 国家同意采取各种政策和措施（非法律约束）使它们 2000 年的排放量维持在 1990 年的水平。

那些属于经济合作与发展组织（OECD）成员的附件 I 国家也被包含在附件 II 中。这些国家有义务和责任为发展中国家提供新的额外的财政资源，以帮助发展中国家与气候变化做斗争。另外，他们必须促进低排放技术向发展中国家和在 1990 年不是经济合作与发展组织成员国的附件 I 国家进行转让。

非附件 I 国家主要是发展中国家，也有一些现在被归类为新型工业化国家的国家，诸如韩国、中国、墨西哥和南非。

《公约》承认，财政援助和技术转让对确保发展中国家应对气候变暖和适应气候变化的影响是必要的。

与《公约》履行有关活动的管理及其议定书是由总部设在波恩的秘书处提供的。2007 年，秘书处的预算是 2700 万美元。这一预算主要用来对国际官员、专家和《公约》以及《京都议定书》的运转所必需的基础设施（包括信息技术）进行支付。

到 2008 年，有 192 个政府和欧盟委员会成为《公约》的成员。各成员国每年在《公约》的最高权力机构缔约方大会开会。在这些会议上，成员国做出必要的决定以促进公约的有效履行，并且致力于寻求与气候变暖做斗争的最优手段。

《京都议定书》

1995 年在柏林召开的第一次气候变化公约缔约方大会上，各缔约方一致认为附件 I 国家对公约中的具体承诺很不充分，因为承诺过于模糊。因此，各缔约方为了使针对附件 I 国家的目标更为严厉和具体而发起了新一轮的讨论。经过两年半时间的紧张谈判，1997 年 12 月 11 日在日本举行的第三次缔约方大会上正式通过了《京都议定书》。

《京都议定书》因为以下几个原因而成为国际法下的首创。首先，受到《蒙特利尔议定书》成功的启发，谈判者们决定确立可测量的具有约束力的目标，停止使用具有国际环境法特点的意向声明。更进一步地说，《京都议定书》是第一个在国际范围内实施的限额交易计划。议定书中与排放交易有关的条款包括：

条款 3.1：各国可以联合实现共同的目标（气泡政策，即对具有共同的减排目标的国家组织间有区别地承诺采取一种灵活机制的方式）。这些国家可以采取一种不同的方式分配国家排放承诺。欧盟选择的是这种方式（欧盟 15 国，1997）。

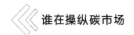

条款 3.13：各国具有是否留存 2008—2012 年承诺期内未使用的排放量的选择权（承认排放储存）。

条款 6：可以通过在其他具有约束目标的国家（附件 B 国家）实施减排项目获得排放信用。附件 B 国家经过授权交易这些信用。他们也可以授权法定实体参与和通过这些减排项目的获得和转让等有关活动。这一机制后来被称之为联合履约机制（JI）。

条款 12：清洁发展机制（CDM）允许附件 I 国家在非附件 I 国家获得"额外"的减排单位。

条款 17：允许附件 B 国家之间的排放交易。

欧盟通过 2002 年 4 月 25 日的委员会会议 2002/358/EC 号决议批准《京都议定书》，随后各成员国在次月批准了《京都议定书》。

2005 年 2 月 16 日，联合国气候变化公约下的《京都议定书》进入正式实施阶段，或者说是在俄罗斯批准《京都议定书》的正式文件签署后的第 90 天。俄罗斯的参与在美国拒绝批准《京都议定书》后，作为《京都议定书》进入正式生效的前提条件显得十分必要，这是因为批准《京都议定书》的国家必须占到公约中所有附件 I 国家的二氧化碳排放总量的至少 55%，《京都议定书》才能正式生效。实际上，俄罗斯达成其排放目标相对容易，因为自从 1990 年出现的产业空洞化导致其排放量有了实质性的下降。一些分析家担心这将引起"热空气"的交易，即俄罗斯将不需要采取任何额外的减排行动就可以出售排放权。

2007 年 12 月 3 日，澳大利亚时任总理陆克文签署了澳大利亚批准《京都议定书》的正式文件，这使得美国成为没有正式批准《京都议定书》的唯一的附件 B 国家（参议院投票表决时，共和党和民主党一起以压倒性优势拒绝批准）。

随后的历次缔约方大会（COPs）

在《京都议定书》签署期间，谈判者们相信，2012 年后阶段的承诺将是京都阶段（2008—2012年）的延续。计划在2005年开始考察附件B国家在2012年后阶段的承诺问题（《京都议定书》条款3.9提及）。到2009年，关于2012年后阶段的承诺依然是一个未知数。第13次缔约方大会（2007年12月在印度尼西亚巴厘岛召开）达成了一个路线图协议，安排了今后两年的谈判日程，时间表如下：

2008年12月：在波兰波兹南召开气候大会（COP14），谈判中期（据观察几乎没有任何进展）。

开始—中期阶段—2009：美国政府的变化发出了美国气候政策框架转变的信号。然而，美国对2012年后阶段协议的京都模式是否支持依然不确定。

2009年12月：在哥本哈根召开气候大会（COP15），确定关于《联合国气候变化框架公约》谈判为2012年后阶段框架结论的指定日期。

2012：批准新的气候协议的最后期限。

以下部分详细地描述了根据《京都议定书》及其随后的缔约方大会而建立的温室气体市场的特征。

排放市场的特征

限额与承诺期

《京都议定书》承诺为附件B国家降低或限制温室气体排放确定一个具有约束力的目标。承诺期为2008—2012年（批准《京都议定书》的国家必须完成这一个五年期有关的承诺）。对这五年的排放目标进行有效监测是至关重要的，因为不同的时间间隔期可能产生变化，譬如，严寒的冬季和炎热的夏季直接影响化石燃料的消费量，进而影响温室气体的排放水平。

如表3.1所示，减排目标从对8%—10%的减排要求不等，因国家而异（通常与1990年作为基年相比较而言）。

表 3.1 《京都议定书》的承诺					
基准水平的百分比					
澳大利亚	108	希腊	92	挪威	101
奥地利	92	匈牙利	94	波兰	94
比利时	92	冰岛	110	葡萄牙	92
保加利亚	92	爱尔兰	92	罗马尼亚	92
加拿大	94	意大利	92	俄罗斯	100
克罗地亚	95	日本	94	斯洛伐克	92
捷克	92	拉脱维亚	92	斯洛文尼亚	92
丹麦	92	列支敦士登	92	西班牙	92
爱沙尼亚	92	立陶宛	92	瑞典	92
欧洲共同体	92	卢森堡	92	瑞士	92
芬兰	92	摩纳哥	92	乌克兰	100
法国	92	荷兰	92	英国	92
德国	92	新西兰	100	美国	93

欧洲的泡沫机制

通过"泡沫机制"完成承诺目标的国家必须在国家之间一起分担他们的共同目标。欧盟是唯一使用"泡沫机制"实现整个欧盟与 1996 年相比 8% 的减排水平的国家组织。共同分担的协议最初建立在由乌得勒支大学的一个研究团队创立的方法学之上,并且以人口增长和能源使用效率为基础。但是这一方法不久就被政治妥协所冲垮(Bonduelle,2002)。分担协议于 1998 年 6 月 16 日得以批准(欧盟委员会,1998)。

泡沫机制看起来好像是,相对于具有较低减排比率或者被授权增加其排放的国家,具有较高减排比率的国家不得不采取更严厉的措施实现减排目标,实际上,这种理解过于简单化,因为达成排放目标的难度也依赖于排放过程中的"照常营业"的趋势。

举例来讲,一个国家在 1990 年拥有许多燃煤的火电厂(如英国和民主德国),逐步通过利用低排放技术(如天然气发电技术)替换了一些燃煤电厂,就已经实现了一部分减排。相似地,若一个国家自从 1990 年关停了重工业(如卢森堡）与 1990 年后仍然继续其工业化的国家（如希腊、爱尔兰和葡萄牙）相比，基准水平将会更低。上述例子有助于解释欧盟成员国排放目标的巨大差异。

2008 年 1 月，欧盟宣布了第二个共同分担的协议文件（详见表 3.2），即与《京都议定书》的基准线水平相比较，到 2020 年欧盟的整体减排水平达到 20%。上述部分阐明了京都第一承诺期的减排目标，京都基准线问题需要进一步地予以解释。最优的粗略估计是 1990 年 6 种温室气体的排放水平或说是《京都议定书》中重点提出的系列温室气体。然而，存在相当多的例外情况，基准线的确定并不像预期那样简单。以下部分对影响基准线的不同侧面以及排放权分配数量进行了陈述。

表 3.2 欧盟 15 个成员国的比例分担					
基准水平的百分比					
奥地利	87.0	德国	79.0	荷兰	94.0
比利时	92.5	希腊	125.0	葡萄牙	127.0
丹麦	79.0	爱尔兰	113.0	瑞典	115.0
芬兰	100.0	意大利	93.5	瑞士	104.0
法国	100.0	卢森堡	72.0	英国	87.5

造林、再造林和毁林

由土地利用、土地利用变化和林业（LULUCF）导致或捕获的排放被考虑为《公约》国家清单中的一个组成部分。然而，在《京都议定书》灵活机制（联合履约和清洁发展机制）下，只有在排放是人类活动引起的才被考虑在内。采取这种做法的原因主要有两个方面。第一，关于碳循环的理解程度对允许"京都"单位（即二氧化碳当量）的量化还不够准确；第二，如果土地利用变化不是由人类活动导致的，那么对一个国家实施经济奖励或惩罚存在事实上的不公平（譬如，对一个由于升温损害了森林并加剧了荒漠化程度的国家实施惩罚措施，结果可能适得其反）。

条款 3.3 说明了"由直接的人类活动导致的土地利用、土地利用变化和林业活动产生的排放源和清除汇共同引起的温室气体的净变化，它只局限于自 1990 年以来的造林、再造林和毁林活动，这些活动引起的温室气体的净变化量可被各国用于帮助实现他们的承诺。"

在 2005 年的蒙特利尔缔约方大会上，《京都议定书》第一次缔约方大会 16 号决议才批准由人类活动引起的土地利用变化可以被考虑包含在京都机制下的排放清单中，并且对其以后可被记录的排放确定了限额。

不同温室气体的对照

《京都议定书》确认了六种温室气体：二氧化碳（CO_2）、甲烷（CH_4）、氧化亚氮（N_2O）、氢氟碳化物（HFCs）、全氟碳化物（PFCs）和六氟化硫（SF_6）。然而，总体目标和排放交易必须确定一个共同的通货，或者至少确定一个这些温室气体之间的兑换比例。

为了对不同温室气体的影响进行比较，引入了全球升温潜力（GWP）的概念。全球升温潜力是给定一定量的温室气体对全球升温的贡献率的度量单位，是把正被考虑的某种温室气体与同等数量的二氧化碳相比较的相对尺度。全球升温潜力是在特定的时间跨度内进行估算，并且每当援引该全球升温潜力时，必须指定其影响值，否则该影响值是毫无价值的。通常选择的时间跨度是 100 年，因此把全球升温潜力定义为辐射强度，即现在排放的温室气体对 100 年后大气层的总体辐射的影响。例如，根据最新的估计，如表 3.3 所示，甲烷的全球升温潜力是 25，即排放一吨甲烷在 100 年时间内相当于排放 25 吨二氧化碳。大多数温室气体在大气中的残留时间取决于大气化学反应。对于二氧化碳来讲，情况更为复杂，因为它受到生态系统和海洋清除机制的影响，即当二氧化碳汇清除途径达到饱和状态时，二氧化碳在大气中的残留时间将延长。因此，二氧化碳的全球升温潜力的大小应当依据汇饱和程度进行估计。不同温室气体的全球升温潜力大小的确定是一个复杂问题，依然需要依赖于科技进步。根据 2/CP.3 决议，全球升温潜力在《联合国气候变化框架公约》和《京都议定书》

下的核算数据依据的是政府间气候变化专门委员会第二次评估报告（1995）。因此，在国际排放市场上，1 吨甲烷相当于 21 吨二氧化碳。

表 3.3　根据 IPCC 评估报告不同温室气体的全球升温潜力（GWP）			
气体	GWP IPCC 1995	GWP IPCC 2001	GWP IPCC 2007
CO_2	1	1	1
CH_4	21	23	25
N_2O	310	296	298
HFC–23	11700	12000	14800
HFC–125	2800	3400	3500
HFC–134a	1300	1300	1430
HFC–143a	3800	4300	4470
HFC–152a	140	120	124
HFC–227ea	2900	3500	3220
HFC–236fa	6300	9400	9810
四氟化碳（CF_4）	6500	5700	7390
六氟化二碳（C_2F_6）	9200	11900	12200
六氟化硫（SF_6）	23900	22200	22800

水蒸气的估算不存在全球升温潜力。虽然就吸收红外线辐射而论，水蒸气具有极其重要的影响，但是水蒸气在大气中的浓度主要依赖于空气温度。由人类活动引起的水蒸气排放（在地平面水准上）对大气中水蒸气浓度的扰动并不显著。然而，水蒸气浓度对温度的依赖意味着水蒸气与其他温室气体的排放具有正反馈关系。

选择基准年的灵活性

《京都议定书》中的条款 3.5 和 3.8 确保那些与 1990 年相比，一些温室气体排放出现大幅度变化的国家能够选择遭受较少处罚的基准线。

条款 3.5 允许正处于经济转型的附件 I 国家选择另一个基准年完成他们的承诺。对于二氧化碳、甲烷和氧化亚氮的排放，保加利亚选择 1988 年作为其基准年；匈牙利选择 1985 年和 1987 年的平均排放水平；波兰选择了 1988 年；

斯洛文尼亚选择了 1986 年；罗马尼亚选择了 1989 年。这种对基准年的准予灵活选择有利于经济（和排放）恰恰在 1990 年以前剧烈下降的国家的参与。

条款 3.8 允许对来自氢氟烃（HFCS）、全氟化碳（PFCS）和六氟化硫（SF6）的排放估算选择 1995 年作为基准年（代替其他温室气体和林业活动使用的 1990 年的基准年）。该灵活性提高了基准线水平，有助于排放目标的达成。事实上，在蒙特利尔议定书（1987）之后，一系列破坏臭氧层的污染物（包括氟氯烃）已经逐渐被禁止，并被其他对臭氧层无害但效能极大的温室气体，包括氢氟碳化物等物质所替代。这解释了 1990—1995 年间排放量的增加，以及为什么一些国家，包括日本（Den Elzen & De Moor, 2002）要求将这种基准线排放的估算排除在外。欧盟 15 个成员国中的 12 个国家对氟化气体选择了 1995 年作为基准年，法国、奥地利和意大利仍然以 1990 年作为基准年，斯洛伐克选择 1990 年作为基准年，罗马尼亚则选择了 1989 年，其余所有的"新"成员国（即《京都议定书》批准后加入欧盟的成员国）选择 1995 年为基准年。

国际航空和航海运输排放的排除

国际航空和航海运输使用化石燃料引起的温室气体排放没有被考虑在《京都议定书》的目标之内。部分原因是核算上的困难。为了更好地理解这一核算存在的技术困难，我们举例说明，一架美国公司的飞机搭载来自不同国家的乘客飞往迪拜。这架飞机中途停靠苏黎世加油，哪个国家应该为温室气体排放负责呢？在京都谈判中没有清晰的答案能够使各国满意，因而，《京都议定书》确切指派国际民间航空组织（ICAO）和国际海事组织（IMO）继续为解决这一问题而工作，然而经过 10 多年的努力却几乎没有任何进展。注意到道路运输的情况，核算过程隐含着出售燃料的国家要为温室气体的排放负责。这一决定会对像卢森堡这样的由于低税收而以燃油旅游著名的国家产生巨大的影响。

虽然《京都议定书》中以国家目标为基础的途径使得这一问题难以在已有的框架中进行处理，但是将国际航空和航海导致的温室气体排放排除在外被普遍认为是《京都议定书》的一大弱点。目前，国际航空和航海引致的排放仅仅构成了总体温室气体排放的极小部分，甚至解释了在高海拔航空排放的较大效能（估计占 5%—7%）。然而，从技术上看，处理这些排放的能力有限，因为飞机已经具有高效率，而且由于对航空油制订有严格的标准使得燃料替代的机会受到限制。使用生物来源的燃料（生物煤油）能够解决二氧化碳排放问题，但是却难以对第 1 章描述的水蒸气的影响起作用。

国际运输业，尤其是航空业导致的温室气体排放比其他部门引起的排放的增长速度更快。一些在国家水平上的情景模拟，并假定采取减少其他部门二氧化碳排放的研究指出，至 2050 年，单纯的航空排放量可能占总体排放量的极高份额。

确定排放权

在《联合国气候变化框架公约》大会 / 缔约方大会（COP/MOP）下的《京都议定书》及其随后的决议确认了四种类型的排放定额或信用。

第一种类型是分配数量单位（AAUs），是分配给各缔约方的排放定额（基于本书前面部分已说明的历史排放和排放目标而确定）。一个分配数量单位相当于 1 吨二氧化碳标准当量。根据《京都议定书》第 17 条款，排放权交易是各国达成其温室气体目标的选择之一。这些义务要求附件 B 国家将其保留在《京都议定书》制定的分配数量单位中。排放权交易导致了各缔约国之间的初始排放定额配置的变动。一个缔约国通过排放权交易从另一个缔约国获取的任何分配数量要加到获取该分配数量的缔约国的分配数量中（《京都议定书》的第 3 条款，第 10 项）。相似地，一个缔约国转让给另一个缔约国的任何排放数量要从转让国的分配数量中扣去（《京都议定书》的第 3 条款，第 11 项）。

《京都议定书》确认其他三种类型的信用可以被用来替代分配数量单位，如果它们能够遵循补充性原则。这一原则是《京都议定书》规定的原则之一，也被看作是补充性原则。它的目的是限制京都灵活性机制的使用，以确保上述灵活机制应该成为《京都议定书》各缔约国完成其减排目标而采取的国内行动的补充。然而，《京都议定书》仅仅提供了国内减排行动的非定量化目标，而补

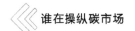

充意见是建立在该非定量化目标的基础之上。

经认证的减排（CER）依据的是《京都议定书》第12条款和随后的《联合国气候变化框架公约》/大会缔约方大会决议，包括3/CMP.1决议附件中的规定条款而颁发的减排单位。需要特别指出的是，它是清洁发展机制下颁发的信用单位（详见下文）。

减排单位（ERU）是依据《京都议定书》第6条款的规定颁发的信用单位。尤其是，它是联合履约机制下颁发的信用单位。

清除单位（RMU）是依据与增加碳汇能力相关的模式的有关条款颁发的信用单位，它代表1吨二氧化碳标准当量。

分配额

国家之间排放权的分配是建立在历史排放（原始所有）的基础之上。这种分配方法赞同发达国家获得的排放定额高于发展中国家，通常导致将更多的排放权分配给大排放者。

为了公平起见，一些人倡导基于人均排放量（即基于人口数量进行排放权的国家分配）分配排放权。的确，大气层作为一种公共物品，总体来讲为全人类带来利益，把污染权平等地分配给每一个人似乎更为公平。在《京都议定书》谈判期间，巴西提出基于对气候变化的历史贡献配置排放权的构想（Hohne & Blok，2005；Den Elzen et al.，2005）。富裕的工业化国家在其实现工业化进程中排放了大量的温室气体，应该受到惩罚；而发展中国家或者新兴工业化国家应该获得更多的排放权以使它们的增长得以持续。由发展中国家提出和基于公平理念的两种分配方法，有损于发达国家的利益。这些未经修改的建议在后京都（2012年后）谈判中达成共识是绝对不可能的。然而，由发展中国家和发达国家提出的不同分配方式的混合方法，对确保附件 I 国家和非附件 I 国家达成协议提供了更好的机会（Muller，1999）。我们也可以设想，主张保持和历史排放的对照比较，允许经济快速增长的国家增加排放并要求经济合作和发展组织国家作出更大的努力。这更接近于缩约和收敛框架（详见专栏3.1）。

专栏 3.1　缩约和收敛

　　缩约和收敛（C&C）原则规定发达国家进行减排，以便于允许发展中国家增加其排放并维持经济增长，最终达到收敛于一个（全球）相似的人均排放水平（Meyer, 2000）。这一替代的方法意味着将从目前的《京都议定书》方法进行主要转变。这种方法从假设大气层是全球共同拥有的财产、每个人都具有平等使用它的权利入手，集中于如何分享使用大气层（资源分享），而不是如当前的《京都议定书》，聚焦于如何分担减排责任的问题。这种方法在缩约的全球排放状况下收敛于人均排放的基础之上确定排放权。使用这种方法，所有的缔约国将会立即参与 2012 年后的行动，随着时间的推移，人均排放许可（权利）收敛于均等水平。随着时间的推移，所有的分配从实际的排放规模向基于趋同年人口的分布进行收敛。关于公平方面的伦理讨论，相关的缩约和收敛原则下的平等的人均分配，请参见 Starkey（2008）。

排放监测和报告

　　《京都议定书》的效率依赖于两个主要因素：各缔约国是否遵循议定书的规则并遵守他们的承诺，用来评估完成减排义务的排放数据是否可靠。《京都议定书》和《马拉喀什协定》，以及 2005 年 12 月在加拿大蒙特利尔正式通过的碳市场计划（《京都议定书》第一次缔约方大会），包含了一系列监测和强制实施京都规则的服从程序，设法处理了遵循减排责任问题，避免了排放数据的计算错误，解释了三种京都灵活机制下的交易（排放交易、清洁发展机制和联合履约机制），并且说明了与土地利用、土地利用变化和林业（LULUCF）相关的活动。

　　每一个附件 I 国家必须向《联合国气候变化框架公约》秘书处提交其应用联合国政府间气候变化专门委员会方法的标准指南计算的温室气体排放和清除的年度清单。每年必须提交的这一清单也包含了其他信息，例如关于配额单位、经认证的减排量单位、ERUs 和 RMUs 的全部年度交易（就上一年而言）以及关于使对发展中国家的负面影响降至最低而采取的行动等。由于制定的将

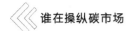

更为详细，所以这些年度清单将取代目前《公约》所要求的清单。排放量以共同的报告格式（CRF）进行报告。

专家审核小组（ERT）检查年度清单以确保清单的完整性、准确性并且和指南相符合。年度清单检查通常以办公桌形式或者集中检查的形式进行。每一个附件I国家在承诺期内将提供至少一次国内访问视察的机会，如果专家审核小组发现了任何问题，它可能提出修正的数据建议，以确保承诺期内的任何年度的排放没有被低估。如果某一缔约国和专家审核小组之间对于应该做出的数据调整存在不同的意见，监察委员会将进行裁决。专家审核小组除了提出数据修订的建议外，还被授权就任何存在的明显的实施问题与监察委员会取得联系。一旦服从程序被最终确定，数据库的编辑和核算将根据缔约国当年的排放记录加以修正和更新。

附件I国家也必须提供为履行《京都议定书》而进行的国家间交流的活动记录。每一项交流受到专家审核小组提交的详细检查的支配。专家审核小组也要提交一份关于对存在的潜在实施问题的鉴定报告。专家审核小组关于年度清单和国家交流的问题由《联合国气候变化框架公约》秘书处进行协调。这些专家审核小组由各缔约国挑选的4—12位独立专家组成，任何一个小组由两个"领导监察员"构成，其中一个来自附件I国家，另一个来自非附件I国家。年度报告必须在每年的4月15日前提交。专家审核小组在《联合国气候变化框架公约》秘书处收到最初的年度报告后一年内完成他们的排放审计工作。

国家注册和国际交易记录（ITL）

注册处通过构造一个账户，记录了京都单位的所有权以及与之相关的任何交易。注册处记录和监测关于AAUs、ERUs、CERs和RMUs的所有交易。这一点类似于使用分配给个人或其他实体的账户进行银行记录平衡和货币转移的方式。《京都议定书》框架下的核算账户建立在两个平行的信息流的基础上：一方面是温室气体排放清单，另一方面是排放权（分配数额）分配信息。最终的目标是为了确保排放国能够被京都等价单位所覆盖（条款3.1的服从检验）。下面的图表显示了这两个数据流。

下图 3.1 描述了拥有排放定额的一方和排放的一方之间的等效值。首先，一个国家必须通过实施行动计划以确保其实际排放量低于所期望的排放量。如果这些国内减排的测量值不足以获得足够的 AAUs 数量，那么，该国可能（在某种情形下）采取行动增强其碳汇能力，从而获得 RMU 以弥补其超额排放。最后，该国可以购买清洁发展机制和联合履约项目（CER 和 ERU）产生的信用，或者从拥有剩余排放权的国家购买 AAU。

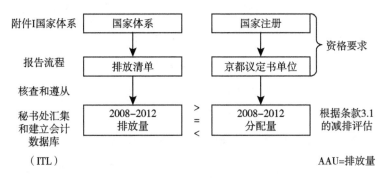

图 3.1　排放数据监测和排放权

我们看到，国家层面上的排放核算和 AAUs 的分配开始于温室气体的年度排放清单。关于排放权的核算问题（AUUs、CERs、ERUs 或 RMUs），每一个缔约国将依据马拉喀什协定，建立国家注册处以确保京都单位交易的可追溯性。国家报告列出了清单数据以及关于排放定额数量的信息。它们以接受的审核程序和减排服从审计为准。这些做法的目的是检查排放水平和各缔约国拥有的排放定额数量，以及是否符合京都机制的资格标准。

另外，各缔约国可以实行补充性交易记录（STL）跟踪和监测由国家注册处推荐的交易项目的合法性，判别这些发生在国家或地区交易体系里的交易是否和京都核算单位保持一致。欧盟委员会发起并管理的以支持欧盟排放交易计划的欧盟独立交易记录（CITL）是补充交易记录的一个典型例子。

作为一个附加的监测工具，《公约》秘书处管理着一个独立的交易记录，它将自动地检查京都灵活机制和土地利用、土地利用变化和林业活动下的交易的合法性。秘书处每年将基于该数据库中包含的信息，针对每一个附件 I 国家

出一个数据收集和核算的报告。在承诺期的最终的秘书处报告是形成评估附件
I 国家是否达成其排放目标的基础。

国家注册处的技术要求已经和《公约》秘书处共同开发，以确保国家注册
处使用和国际交易记录（ITL）相一致的共同做法和技术标准。在承诺期开始
之前，要求每一个附件 I 国家向秘书处提交一份概述其国家制度和注册的报告，
并提供正式确定其分配数量所必需的排放数据。

由比利时国际交易咨询机构开发和《公约》秘书处管理的国际交易记录
（ITL），由各缔约国和清洁发展机制注册处跟踪所有的有关京都单位的交易
（如图 3.2）。无论何时，一个国家注册处进行了一项影响京都成员国所拥有的
减排单位数量的交易，该国注册处就要和国际交易记录联系。国际交易记录核
实该交易是否符合京都单位所要求的一般原则以及针对所涉及交易类型的特定
规则。在成功通过检验后才可批准该交易。清洁发展机制注册处记录了有关可
认证的减排量的所有交易。国际交易记录也管理着关于联合履约机制（关于该
做法，请参考下文中的"路径 2"）下的 ERU 转让的相关信息。

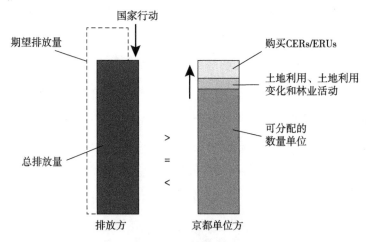

图 3.2　根据 3.1 条款的京都减排试验

2008 年 4 月，只有日本、新西兰、瑞典与清洁发展机制注册处和国际交
易记录进行了联系。第一宗交易是清洁发展机制注册处和这三个国家执行的。
2008 年 10 月，25 个欧盟国家共同参与了《京都议定书》下的排放交易（塞浦

路斯和马耳他未被列入《京都议定书》的附件 B 国家）。

注册处或国际交易记录中的交易量仅仅和单位数量有关。每一个单位之间都被认为是可以互相替代的。当买卖双方同意进行交易的时候，交易的资金问题由私人交易平台或签订的合同处理解决。

制裁措施

在马拉喀什第 7 次缔约方大会（COP7）上，《京都议定书》缔约国同意设计强制执行机制，并创建了两个工作组负责实施这些机制：促进机构和强制执行机构。促进机构的目标是通过向议定书缔约国提供建议和援助推动它们完成减排任务。强制执行机构有权力决定一个国家是否完成其减排任务，一旦强制执行机构确定一个国家未能达成其排放目标，那么就会实施以下制裁措施：

（1）每吨按照所超出排放数量的 1.3 倍从第二承诺期所分配给该国的排放定额中扣除。

（2）未完成减排义务的国家必须制订一个减排行动计划。

（3）必须终止未完成减排义务的国家出售排放许可证的资格。

倘若《联合国气候变化框架公约》中某一具有与其清单和国家承诺有关的减排义务的附件 I 国家未能达成减排目标，这会使公众和《公约》秘书处要求该国在一年内完成减排任务。最后，倘若未达成减排目标的国家具有马拉喀什采取的灵活机制的资格条件，那么这三种灵活机制的资格也将被终止。即使不存在即时的资金处罚手段，但超出目标排放量所对应的加倍惩罚数额将会提高。另外，对违反国际责任的外交后果也影响显著。

清洁发展机制

引言

清洁发展机制（CDM）是一种灵活机制，即附件 I 国家为了减少温室气体排放而在非附件Ⅰ国家进行投资，并坚持促进发展中国家可持续发展的原则。通过某一项目减少或吸收的任何1吨二氧化碳，投资者将获得可认证的减排量（CER）。正如下图3.3中所显示的，减排量的计算是在和没有项目的基准线情境的比较基础上进行的。

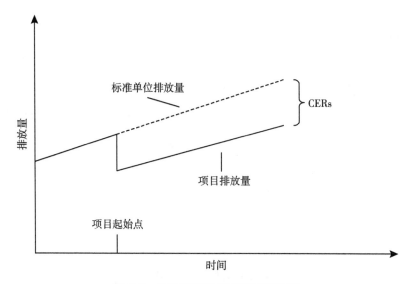

图3.3 清洁发展机制项目的基准线

《京都议定书》本身对清洁发展机制的具体实施没有给出任何实质性指南。这一点在《马拉喀什协定》（2001年11月举行的第七次气候变化公约缔约方大会）中得以阐明，它确定了清洁发展机制的具体实施特点。这些协议包括建立清洁发展机制执行委员会（CDM EB）以及关于可认证的减排量（CERs）的颁发所进行的不同详细的步骤。《马拉喀什协定》也对林业活动产生的可认证的减排量的获得进行了限制：通过林业活动获取的可认证的减排量最多不能超过可以补偿的基准年温室气体排放量的5%。

清洁发展机制执行委员会负责方法学和指南的贯彻落实。这是来自《京都议定书》成员国的10个成员组成的委员会。该委员会对缔约方大会负责有关清洁发展机制执行的问题。尤其是，清洁发展机制执行委员会负责批准基准线方法学、监测计划、认可经营实体以及管理维护清洁发展机制注册处。清洁发展机制执行委员会的实地调查工作由指定的经营实体（DOEs）帮助完成。指定的经营实体负责确认清洁发展机制项目的合法性、核查和认证（见下文中清洁发展机制项目的实施阶段）。指定的经营实体须经过清洁发展机制委员会认可同意。指定的经营实体可以是政府或私人、国家层面或国际层面提供。实际上，指定的经营实体必定是清洁发展机制项目的参与者。尽管指定的经营实体和项目参与者是商业关系，但是指定的经营实体是构成清洁发展机制项目制度结构所必需的部分，并在清洁发展机制委员会直接控制下工作。指定的经营实体的责任相当于公司审计员的职责所在，为了确保项目开发者报告的减排量的真实性和准确性。挪威船级社、挪威船运局、汤姆逊电子集团、德国技术监督协会、普华永道、毕马威会计师事务所和德勤等是指定的经营实体委派的例子。

《公约》缔约方大会对清洁发展机制委员会、DOEs 的认可标准以及对DOEs 的选派和指定进行监督。同时，它也检查清洁发展机制项目所在的部门和地理分布以确保这些项目的公平性。

开发清洁发展机制项目可以是单边的、双边的或者是多边的。最初清洁发展机制项目的实施被看作是具有双边或多边特征的一种工具，即发达国家的实体或者资金投资到发展中国家的某个项目。然而，第三种选择获得了更大的声望，即项目开发的计划和资金投入都在发展中国家内进行的单边选择。

在双边清洁发展机制模型中，一个或多个发达国家投资者开发、投资并可能直接实施清洁发展机制项目（如图3.4所示）。合伙人之间直接以逐个项目为基础达成合同细节。

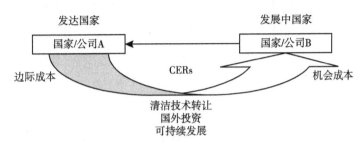

图3.4　清洁发展机制运行简图

多边清洁发展机制项目采取共同资金的途径，资金通过集中管理的基金向主办国项目流动。投资者并不直接涉及项目的融资和开发。基金代表投资者选择项目，随后项目产生的 CERs 颁发给投资者。资金的管理通常交付给诸如世界银行原型碳基金这样的金融开发机构来处理。

上述每一种不同的组织安排都有其优缺点。单边开发的清洁发展机制项目交易成本比较低，并且给发展中国家带来更大的激励。然而，风险较高，并且所获信用的价格无法提前确定。另外，这些项目不具有促进技术转移的作用，而促进技术转移是评判项目额外性的标准之一。双边清洁发展机制项目对潜在的主办国来讲限制了地域覆盖范围。然而，这种组织安排有利于吸引发达国家的企业参与，他们希望能够获得最大的灵活性和最小的干扰。多边途径有利于把贫穷的主办国包含在清洁发展机制项目开发中，投资者担心个人项目失败而不愿在这些国家实施项目。

额外性是项目所获 CERs 得以承认的基本标准。在这种标准下，项目开发者必须与照常营业的情境相比，表明他们的项目产生的温室气体减排量不会再以其他方式出现。照常营业（BAU）情境下的排放水平和实施清洁发展机制项目后情境下的排放水平之间的差异，决定了获得 CERs 权利的大小。额外性检验必须由三个因素所构成：环境额外性（是否是在照常营业情境下产生的项目减排量）、投资额外性（是否必须通过获得 CERs 才能使得项目切实可行）以及技术额外性（项目是否导致了技术向主办国的转移）。

《马拉喀什协定》明确承认，投资额外性可以是项目提供环境额外性的一种方式，但不是必需的唯一的一种方式（其他投资障碍，诸如技术障碍或者资金的可获得性问题也可能证实项目的环境额外性）。最后，还要考虑经济额外性问题。这要求发达国家提供的资金没有被用作代替对发展中国家的传统援助。

和项目开发者相似，银行和其他投资者在同意投资前，在决策过程中习惯把碳信用看作是一种收益来源而证明投资合理性。项目开发者必须能够证实，该项目如果没有碳信用产生的额外收入将无法进行开发。

大部分项目设计文件（PDD）包含对项目的净现值（NPV）的分析。然而，关于项目周期的假设以及在可再生能源和节能项目背景下化石燃料或电力价格的不确定性几乎不允许对项目利润进行明确清晰的评价。项目设计文件的自相矛盾在于这是一项商业计划，其目标是证明该项目是非营利的，并且存在巨大的风险，因而投资决策仅仅在考虑到预期的 CERs 时才是合理的。确实，如果项目设计文件指出项目具有极好的投资机会，那么这可能对项目的额外性特征形成挑战。因此，项目设计文件的起草对项目开发者而言不是一项轻松的任务，因为这些项目往往更习惯于描绘乐观情境以帮助他们从银行或者股东手中获取必要的资金。

《马拉喀什协定》也颁布了两条关于 CERs 使用的限制措施。来自清洁发展机制的核能源项目被禁止，然后对碳汇的利用也施加了一定限制：在 2008—2012 年，附件 I 国家每年从清洁发展机制获得的碳汇量只能补偿或抵消其基准年（1990 年）水平的 1%。欧盟确定了在欧盟排放交易计划体系中关于承认 CERs 的其他规则（见下文）。

对 CERs 购买没有限制国家。在以下部分我们将看到，被包含在欧盟排放交易计划体系中的欧洲企业可以使用 CERs。一个结论是，鼓励那些使用非附件 I 国家设备但地处欧盟的企业在这些地方投资温室气体减排项目。

清洁发展机制项目周期（具体步骤如图 3.5 所示）

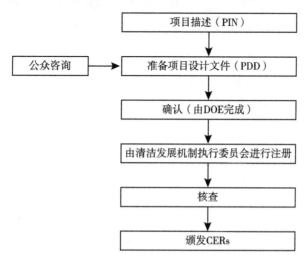

图 3.5　清洁发展机制项目的实施阶段

作为第一步，项目开发者要对关于该项目是否符合清洁发展机制规则进行最初的评价。如果最初的评估结果符合清洁发展机制的要求，那么，项目开发者可以制订并向市场中一个或多个碳信用购买者提交一份项目构思记录（PIN）以评估该项目的收益水平。项目构思记录随后将由接收实体对照清洁发展机制规则及其投资标准进行审查。项目构思记录中要求的信息依赖于购买者的特定规则。即使这样，大部分项目构思记录的格式极为相似。项目构思记录的制订并不是清洁发展机制项目过程所必需的，但是这为项目开发者就是否有人对该项目感兴趣的信息反馈提供了机会。另外，大部分私人购买者愿意将项目构思记录看作是他们和项目开发者的第一份合同。

项目设计文件（PDD）是项目周期里的主要文件。项目设计文件提交给指定的经营实体进行确认，一经确认后，就到清洁发展机制委员会进行注册。撰写项目设计文件是强制性的：没有经过指定经营实体确认和清洁发展机制委员会注册的项目不能获得 CERs。

邀请当地利益相关者参与评价也存在具体的要求。在项目确认阶段，对当地利益相关者的咨询过程和指定经营实体邀请的利益相关者进行的评价截然不同。所邀请的国际层面的利益相关者就清洁发展机制活动的具体要素提供评价意见。与当地利益相关者相比，国际层面的利益相关者并不积极参与，他们通过互联网获取新的清洁发展机制项目的相关信息。这是授权国际和/或国家团体，尤其是非政府组织对推荐成为清洁发展机制的项目进行监测的根本原因。

清洁发展机制项目必须经由主办国批准。主办国批准是确保主办国政府保留其自然资源主权的主要组成部分之一。除了批准在清洁发展机制下开展所提出的项目外，确认清洁发展机制项目活动是否有助于满足主办国实现其可持续发展标准也是主办国政府的责任。《马拉喀什协定》没有就批准方式或内容提供具体的指南，如果主办国政府指定的国家权威机构没有提出"书面的"持有异议的文件，这一批准就应该得以实施。在实践中，指定国家权威机构的官方批准函件就是充当主办国同意接受的证据。函件应该声明主办国接受同意该项目，并且承认其对可持续发展的贡献。每一个希望参与清洁发展机制的国家——无论是主办国、投资国，还是 CERs 的购买国——必须建立负责处理清洁发展机制相关问题的办公机构，即指定的国家权威机构。通常情况下，指定的国家权威机构和环境署相联系（但是有时涉及工业或能源部）。

下一个阶段是审核确认。这是由指定的经营实体根据《京都议定书》和《马拉喀什协定》制定的关于清洁发展机制项目活动所涉及的一切相关文件进行评价的过程。确认发生在一个项目的开始阶段，它不同于核实，核实发生在项目执行过程之中。事实上，确认过程是证实项目设计文件中调查的所有信息和所做的假设是否准确和 / 或合理的过程。指定经营实体确认温室气体排放量数据，以及项目设计文件中包含的项目活动对关于技术、社会、政治、规章制度和经济的影响数据及其假设的合理性。组织安排好确认活动，与指定经营实体签订合同并为其服务进行支付是项目开发者的义务和责任。证实额外性通常是确认过程中的关键因素。

基于所进行的检查和评价，指定经营实体将决定所审查的项目是否能够确认有效。指定经营实体请求公众对确认报告进行评价，然后提交给清洁发展机制执行委员会。清洁发展机制执行委员会应该让指定经营实体提交的确认报告在《联合国气候变化公约》网站上进行 30 天的公众评价，并收集一般公众对该报告的评价结果。

项目在清洁发展机制执行委员会注册并已确认的项目被正式接受。清洁发展机制项目的注册属于指定经营实体的责任。指定经营实体向清洁发展机制执行委员会提交项目确认报告和主办国的批准文件进行项目注册。除非存在重新检查的需要，否则，指定经营实体对项目审核确认并将项目提交给清洁发展机制执行委员会后，最多不超过 8 个星期，项目在执行委员会的注册就将成为最终性的不能再改变。如果由执行委员会进行的检查没有最终定案，那么指定经营实体的确认决定就不是最终性的，该项目就不能注册。

在清洁发展机制的第一阶段，CERs 可以从项目被确认时开始累算，某些项目可能在注册之前就已经开始实施。从实施的那一刻起，项目开发者就必须根据项目设计文件制订的审核确认监测计划的程序监测项目的实施情况。监测结果必须提交给指定经营实体进行核查和认证。照常营业情境或者基准线是否被进行监测，取决于购买者的要求，在这一时期基准线已经被确定并由指定经营实体进行了确认。即使购买者不要求监测，但基准线至少确定 7 年，7 年后基准线可能根据新的数据进行调整。

对于最少的技术项目的实施，必须监测包括项目产出和相关的温室气体排放量等。另外，项目引起的环境影响和泄漏效果也必须进行监测（如建造水电项目的水库大坝产生的甲烷的排放）。如果可能的话，应该依照现存的监测活动实施监测。例如，对于发电项目的监测应该联系相关的电力销售活动。虽然监测计划应该指定说明监测活动的频率，但是也需要进行不定期的监测。然而，CERs 仅仅在对监测数据进行核查后才能颁发。监测的频率没有必要和核查的频率相同。基于监测结果，可以计算并提交清洁发展机制项目活动产生的温室气体减排量，进行核查后获取 CERs。CERs 的获得水平是基于特定时期内提供的监测结果证明的减排量。

项目开发者负责和指定经营实体签订合同并开展核查。核查是对清洁发展机制项目产生的并要求监测的温室气体减排进行周期性检查和事后测定。指定经营实体对开发者根据监测计划收集的数据进行核查。正像前面指出的，除了对于在小规模项目或者当由清洁发展机制执行委员会同意的特定认可的情况之外，通过合同实施核查的指定经营实体不应该像实施确认过程那样进行核查。

假定指定经营实体接受项目开发者的决定，那么，核查次数主要是项目开发者做出的选择。频繁的核查（譬如每三年一次由一年一次所代替）增加了交易成本，而且允许 CERs 更为频繁的交易。

指定经营实体必须保证监测报告和核查报告的公众知情权，并将核查报告提交给清洁发展机制执行委员会。

最后，认证是由指定经营实体遵照所有相关的标准在特定时期内根据对一个项目活动进行的确认和核查而获得的温室气体减排量进而给出的书面保证。这一认证过程是清洁发展机制项目所要求的。指定经营实体既进行确认也实施核查，它要对该过程中可能发生的错误、失实陈述和欺骗行为负责。认证是责任转让的一种有效方式，指定经营实体一旦做出书面保证，清洁发展机制项目任何关于 CERs 的数量或质量与预期不相符的问题都由指定经营实体负责，从而每一个指定经营实体必须具有足够的责任保险。

指定经营实体准备的认证报告应该包含有对清洁发展机制执行委员会的一份请求书，请求书要求依据经过指定经营实体核查的减排数量颁发 CERs。当清洁发展机制执行委员会批准颁发 CERs，那么在执行委员会领导下工作的清洁发展机制注册处管理者将把这些 CERs 转移到适当的账户中。

在 2012 年以前注册的清洁发展机制项目应该颁发的 CERs 数目是 14.63 亿（或者说承诺期内每年颁发的 CERs 为 2.90 亿，大约相当于荷兰和丹麦温室气体排放量总和）。如果把已经确认的正等候注册的（到 2012 年前预期有 2.28 亿 CERs）以及正处于确认阶段的项目（预期有 12.21 亿 CERs）等所有的预期信用包括进来的话，那么应该有超过 29 亿 CERs 增加到最初分配的限额（AAUs）中。实际上，最后的数字可能比目前预计的要低一些，主要基于以下两个理由：第一，数量可观的寻求确认的项目最终没有被接受；第二，有时预期的 CERs 可能被高估（因为没有考虑延迟问题和在大型工业项目中容易出现的技术困难）。

投资基金和 CERs 价格

根据 2007 年 11 月的法国信托银行数据，碳信用基金（CERs 占 95%，其余的由 ERUs 构成）总量达到约 70 亿欧元（详见图 3.6）。在 2007 年 11 月已存在的碳基金种类的数目约 58 种（Cochran & Leguet，2007）。

随着时间的推移，市场参与者的身份出现了可观的变化（见图 3.7）。在 2004 年以前，公共基金或多边机构是碳市场中的唯一参与者。世界银行原型碳基金以及荷兰和日本的投资安排占据了大部分清洁发展机制/联合履约项目的投资。自从 2005 年，欧盟发起了欧盟排放交易计划（EU ETS），我们亲眼见证了私人投资的激增，包括银行在这一新出现的增长中为委托人寻求资本收益。

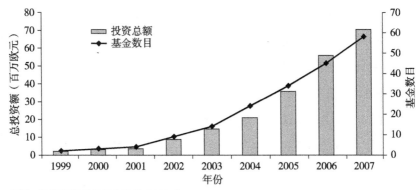

来源：法国信托气候使命组织（2007）

图 3.6　自 1999 年以来的投资基金数额

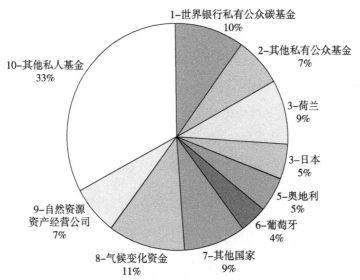

来源：法国信托气候使命组织（2007）

图 3.7　投资于京都信用的基金比例

我们已经观察到一些早期阶段（在提交项目设计文件甚至项目构思记录阶段）就列入购买者信用的项目。表 3.4 显示了已经保证在项目准备阶段购买信用的主要企业或机构。首先，有两个咨询和经纪公司专门经营 CERs 领域的创始工作和交易——它们分别是英国益可环境国际金融集团公司（Ecosecurities）和瑞典碳资产经营公司 Tricorona。其次，有世界银行，通过它的金融分部——

国际复兴开发银行（IBRD）成为投资清洁发展机制项目的首批参与者之一。最后，主要的欧洲能源公用事业机构随之跟进。他们最经常投资的是他们在非附件 I 国家的子公司，他们期望获得 CERs 用于 EU ETS。其他的是较新的和 / 或较小的专业公司。

表3.4 清洁发展机制项目主要核准的购买	
公司 / 机构	项目数量
英国益可环境国际集团公司	306
瑞典碳资产经营公司	134
艾格色特公司（AgCert）	97
法国电力公司	87
国际复兴开发银行（IBRD）（世界银行）	82
莱茵集团	82
嘉吉国际	82
三菱	82
交易排放	72
维多集团	70
意大利国家电力公司	69
碳资源经营公司	63
卡姆科碳资产管理公司	62
卢森堡碳投资组合公司	61
丸红商事	61

来源：UNEP RISOE，www.cdmpipeline.org

今天大多数商业零售银行都在其内部创建了专门经营排放交易的碳金融部门和交易人。在 2007 年 3 月至 2008 年 11 月期间，CERs 的价格在 14—25 欧元。随着全球经济危机的发生，2009 年 2 月的 CERs 价格暴跌至 8 欧元，如图 3.8 所示这对项目开发者和碳减排项目的投资者造成了一定威胁。

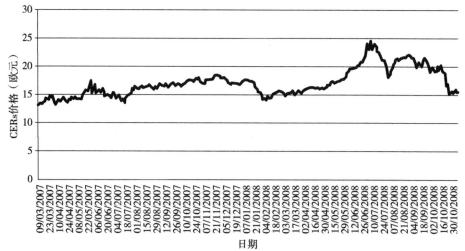

来源：路透社

图 3.8 次级市场的 CERs 价格

关于清洁发展机制的焦点分析

清洁发展机制遭到诸多批评。该机制的目的是通过技术和资金转让帮助发展中国家以低碳和可持续的方式实现其发展。许多人质疑清洁发展机制能否达成这个雄心勃勃的目标。对清洁发展机制项目的常见批评我们总结概述了以下 5 个方面。

交易成本

能够证明确认、注册、监测、核查和认证程序导致的交易成本是项目开发者面临的不可逾越的障碍，尤其对于小型项目而言。另外，这些活动通常由发达国家的咨询机构承担。这种批评不是新发生的，《马拉喀什协定》正本为小型项目提供了简化程序。允许小型项目采用简化的方法学和监测计划。此外，可能允许同一个指定经营实体一并进行确认、核查和认证阶段的工作（对于普通的清洁发展机制项目不能这样做）。

在《马拉喀什协定》中定义了三种类型的小型清洁发展机制项目：①最大产出能力不超过 15MW 的可再生能源项目；②每年从供给方面和／或需求方面

降低能源消费最多不超过 15MW 的节能改造项目；③每年降低人类活动引起的源的排放和直接排放低于 15000 吨二氧化碳当量的其他项目。

尽管采取了这些措施，但是交易成本依然居高不下，根据估算，小型项目的交易成本在 16000—100000 欧元（详见表 3.5）。在某些情况下，交易成本相对于每单位颁发的 CER 达到 3 欧元之多（没有将来自项目开发者的资本投资和潜在的边际利润考虑在内）。

表 3.5 小型清洁发展机制项目的交易成本				
交易成本小型清洁发展机制项目	试点研究	试点研究	益可环境国际集团	特克贝尔工程公司
	KEUR	EUR/tCO$_2$	KEUR	KEUR
	2005	2005	2004	2004
前期执行成本	11–51	0.08–1.28	85	65
前期可行性研究	3–17	0.04–0.39	20	5
撰写项目设计文本	3–15	0.01–0.30	35	35
确认成本	3–14	0.03–0.51	15	15
指定的国家主管机构许可	–	–	–	10
注册	1–7	0.02–0.09	15	–
实施成本	4–25	8	15	
CERs 转让	1–19	0.04–0.05	7	5
其他成本	1–5	0.01–0.07	–	10
合计	16–100	0.19–2.85	100	95

来源：pype，2006

这些成本可能随着时间的推移、实施程序的经验积累和协调的和谐而降低。譬如，2004/2005 年，被批准的方法学的数目仍然相对较低，项目开发者经常不得不撰写自己的方法学并请求批准，这就增加了专家咨询的时间。然而，当前实施程序导致的交易成本的存在被证明将一直是清洁发展机制所鼓励的小型项目的沉重负担，这一点是不可避免的。

项目的地理分布

另一个备受批评的问题是项目的地理分布（因此亦指资金转移）（见图

3.9）。大约超过 85% 颁发的信用额来自 5 个国家（中国、印度、巴西、韩国和墨西哥）。这 5 个国家是吸引外资困难最少的国家。只有 3% 的信用额来自非洲国家，而且大部分来自南非或者马格里布国家（指摩洛哥、阿尔及利亚和突尼斯三国）。清洁发展机制实质的雄心勃勃的目标是希望有助于非洲和世界上最贫穷的国家的可持续发展，在这些国家还没有实现利用风力发电机和光伏板。然而，这些统计不应该低估印度和巴西的现实状况，在这些国家由于存在高度两极分化，电力和新技术的利用分布极不均衡。因此对于很多清洁发展机制项目允许在照常营业情境下的国外投资难以在极端贫穷的地区进行额外投资，这一点很少受到质疑。总的来说，许多项目有利于环境改善和当地的人们，但是这些项目并不一定能够产生最大数量的 CERs。

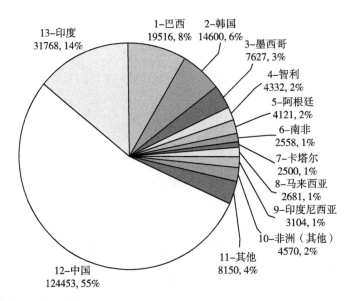

来源：UNFCC（2008 年 12 月）

图 3.9　各主办国注册的 CERs 项目

项目类型

信用来源也遭受了批评。事实上，大型项目专心于最有利可图的活动（如图 3.10）。经济和环境上的合理性是创建排放市场的基础。然而，清洁发展机制也试图实现第三个目标——至少为可持续发展建立切实的支柱，即改善当地社区的社会状况。虽然在能源（如小型水电项目、风力发电场等）或者废弃物（如废弃物循环利用、甲烷的回收利用等）利用等领域在项目现场附近改善了社会状况，但是对于包括破坏氟化气体或者大型堤坝的大型工业项目而言却不是这样。但是，至今这些大型项目所获得的颁发的信用额占据了极大份额。

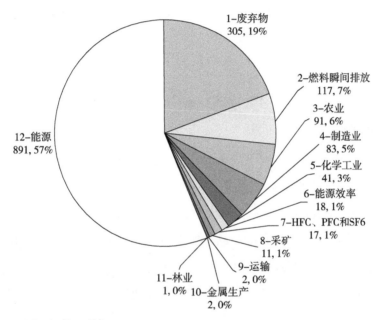

来源：UNFCCC（2008 年 12 月）

图 3.10　各行业注册项目数量

　　例如，氢氟烃和全氟化碳的破坏项目仅占已注册项目的 1%，却产生了超过 30% 的 CERs，被认为是利润高而风险低的投资项目（如图 3.11）。此类项目的成功也在于它具有明显的额外性。在没有清洁发展机制的情形下，不存在消除 HFCs 的激励（它不会导致节省能源、生产清洁电力或生物燃料的结果）。因为信用的获得是投资者收益的唯一来源，因此这些项目活动一直是额外的。在可再生能源项目（如风力发电场）中，产生的电力依然是主要的收入来源，而且通常投资者难以证实在没有清洁发展机制的情况下不会进行投资。

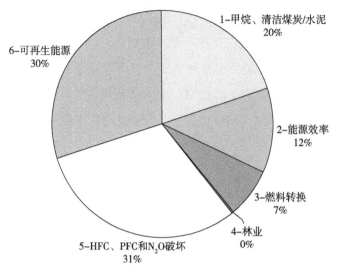

来源：UNEP RIOSE

图 3.11 由活动产生的 CERs 期望值

《自然》杂志上发表的一篇论文（Wara，2007）使得人们对三氟甲烷排放项目对温室气体影响的大量争论首次公布入世。该论文宣称，三氟甲烷是生产空调制冷剂原料产生的一种副产品，对碳市场造成了严重干扰。利用 2007 年 2 月的经认证的减排单位的市场价格——大约 10 欧元计算，获得大量金融支持的清洁发展机制项目产生的三氟甲烷的价值预期达到 47 亿欧元。更为令人不安的是，产生三氟甲烷的制冷剂清洁发展机制项目的开发者获取的利润是制冷剂本身（他们的核心业务）所获利润的两倍多。这造成碳市场的严重扭曲，制冷剂制造商热衷于提供超过市场需求的制冷剂，只是因为他们的生产被清洁发展机制所补贴。迈克尔 . 瓦拉指出，如果对捕获和破坏氢氟烃的设施全部并直接补贴的话，可能仅花费 1 亿美元，而若通过清洁发展机制项目，其花费将超过 60 亿美元。另外，清洁发展机制执行委员会也宣称，为了阻止资本不转移，鼓励一些发展中国家不要对氢氟烃采取严厉的限制措施。事实上，如果印度等国家立法强制对氢氟烃进行限制，那么，这些产生三氟甲烷的减排项目将不再看作是额外的。迈克尔·瓦拉提出的解决方案是把清洁发展机制项目单纯限定在二氧化碳减排领域。

对新技术的使用缺乏充足的金融支持

一些批评家指出，清洁发展机制似乎未能对新技术进行有力的支持
（Salter，2004；Pearson，2007）。这些批评广泛分布于可再生能源项目领域中。
表 3.6 来自 2004 年但在 2007 年的学术文献中依然被用来论证这种观点。

表 3.6 发展中国家可再生能源资金来源	
资金来源（2004 预测）	资金数目 US 万美元 / 年
发展中国家可再生能源项目投资，2005—2010 年，年均投资额	300000
可再生能源方面的发展援助，1989—1999 年，年均援助额	98600
全球环境基金包括杠杆投资	29500
至 2012 年的可再生能源清洁发展机制项目，包括碳信用和杠杆投资	12400
全球环境基金可再生能源项目支出	5900
2002 至 2012 年的可再生能源清洁发展机制项目的碳信用	1500

来源：Salter，2004

虽然在 2004 年这一评论是适当的，但是，当前由于最新的发展提高了可
再生能源在清洁发展机制中的地位，该观点遭到反驳。2008 年 2 月的数据表明，
预期的每年可再生能源项目颁发的 CERs 约为 6500 万单位，可再生能源领域获
得的支持可达 15 亿美元，相当于 2004 年估计的 2005—2010 年年度投资的一
半。由于杠杆效应的影响，向发展中国家可再生能源领域流动的资金相当高，
表明清洁发展机制无疑比直接援助的作用更为显著，具有重要的影响。

综合气候影响

由于清洁发展机制习惯被视为一种补偿机制，因此充其量是气候中性的。
若清洁发展机制投资的一些项目并不是额外于其照常营业水平，那么这些项
目对全球排放就产生一种负面影响。如果清洁发展机制可能在 2012 年后占据
核心地位，那么必须进行一些必要的改革以确保清洁发展机制的环境一致性

（Lutken.S. & Michaelowa.A.，2008）。特别是，欧盟委员会认为应该逐步取消对先进的发展中国家和高度竞争的经济部门的排放不被计入的计划，用覆盖所有部门的信用机制来代替。更为明确的是，清洁发展机制也可能为像中国、印度和巴西等国家的限额交易体系的发展铺平道路。

联合履约机制

与清洁发展机制的差异

联合履约（JI）灵活机制的规则和实践在 2001 年 11 月的《马拉喀什协定》中明确提出。联合履约项目确定由附件 I 国家实施。为了避免重复计入，减排单位（ERUs）的颁发量必须与相应分配数量单位（AAUs）的扣除量相当。通过要求联合履约产生的信用必须来自主办国分配数量单位储备库，确保了附件 I 国家的排放信用总量在《京都议定书》第一承诺期内不发生改变。举例说明，假定英国在俄罗斯投资了一个减排量为 10000 吨二氧化碳当量的项目，则英国就可获取 10000 吨的减排单位。由于对于这个项目，俄罗斯只需要较少的分配数量单位（其真实的减排量为 10000 吨，但对于俄罗斯来讲并不需要 10000 吨的分配数量单位）。为了避免重复计入减排量（即两个国家从同一个减排项目中获利的情况），俄罗斯颁发的减排单位必须来自它储备的分配数量单位。鉴于减排单位和分配数量单位之间的联系，减排单位只能在承诺期内，即 2008 年和 2012 年之间的时期颁发。

与清洁发展机制相比，联合履约项目必须满足额外性标准。批准非额外性项目的风险被限制在所储备的分配数量单位减少的信用范围；批准不具有额外性的项目不利于主办国，但是它不会增加排放限额数量。

开发联合履约项目只需要在程序中心签订国家之间的协议，被认为简单而且快速。然而，这一程序的使用只有在主办国满足联合国制定的所有资格标准，并且确实接受了承认联合履约项目指南的情况下才能够实施。在实践中，当前在进行中的大多数联合履约项目是受清洁发展机制启迪产生的第二条路径（联合履约路径 2）实施的。

联合履约路径 2 项目的实施规则

当主办国不能满足所有的标准而缺乏资格时，《马拉喀什协定》允许利用第二种方法开发联合履约项目，即著名的"路径 2"。这一路径是在清洁发展机制的启迪下产生的。在联合履约路径 2 框架下开发的项目由联合履约管理委员会（JISC）实施监督，联合履约管理委员会类似于清洁发展机制执行委员会。

只有当某主办国满足所有的资格标准时，才能在自愿基础上利用第 2 条路径开发联合履约项目。如果项目主办方不能满足资格标准，则该项目只能在路径 2 框架内开发。指定经营实体（DOE）的角色由经授权的独立实体（AIE）所担任。在 2008 年之前，联合履约项目只在路径 2 下开展，这也是担心基于主办国在额外性评估和减排量确定方面起到的重要作用，而"漂绿"俄罗斯或乌克兰在 1990 年后由于经济严重衰退而产生的分配数量单位剩余。

联合履约路径 2 项目的项目实施程序实质上与清洁发展机制相同。指定经营实体称为经授权的独立实体，而确认阶段称之为确定阶段。官方认可的非政府组织以及公众也能够对项目进行评价（见图 3.12）。

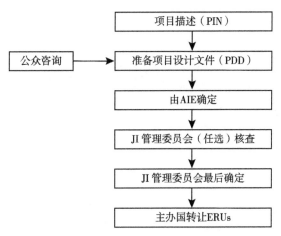

图 3.12　联合履约项目实施周期

必须确保环境的一致性，以避免产生的信用不是增加了减排量，而是对分配数量单位的替代。利用联合履约机制，主办国有责任确保项目产生有效且可测量的减排量。否则，主办国将比实际的减排量转让更多的减排单位，从而削弱了主办国达成其减排目标的能力。换句话说，利用联合履约机制，主办国没有选择高排放基准线的兴趣。这一点和清洁发展机制项目的情况不同，在清洁发展机制下，不管是项目开发者还是主办国都要求尽可能多的减排，因此，由指定经营实体和清洁发展机制执行委员会进行公平地核证是确保清洁发展机制制度可靠性的先决条件。

联合履约项目的分布

俄罗斯和乌克兰将颁发大部分的减排单位 86%，德国是唯一的已开发联合履约路径 2 项目的欧盟国家（见图 3.13）。新西兰和其他发达国家计划实施的一些项目有可能将遵照路径 1 程序。对外国投资者而言，在经济合作和发展组织国家低价格的减排日渐稀少。附件 I 中的经济合作与发展组织国家已经转向通过获取减排量以节省分配数量单位。

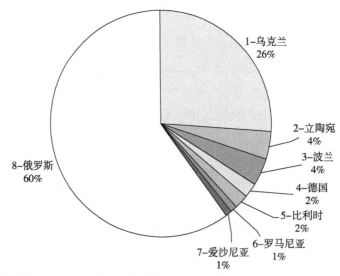

来源：UNEP RISOE

图 3.13 各主办国产生的 ERUs 的期望值

在 2008 年 3 月列出的 113 个项目中，与甲烷回收（或者避免天然气田的甲烷损失）以及水泥／煤炭生产和使用有关的部门占总项目数的 40% 以上，与能源有关的项目（可再生能源、改善能源效率以及燃料改用）占总项目数的一半以上（见图 3.14）。

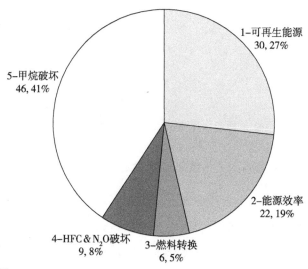

来源：UNEP RISOE

图 3.14 按项目活动发生的温室气体减排分布

如果根据项目类型分析预期的减排单位份额，能源项目所占比例很低，而甲烷回收和煤炭／水泥生产和利用项目占极大的比例（见图 3.15）。

《京都议定书》下的排放交易

《京都议定书》下排放权的供给和需求将由 2008—2012 年承诺期内附件 B 国家的实际排放水平所决定。图 3.16 有助于说明"碳减排的地缘政治"，该图比较了 2008 年各国获得的分配数量单位和 2005 年的温室气体排放量（根据最新年份可获得的官方发布的排放数据）之间的差异。由于欧盟减排的努力以及俄罗斯与乌克兰的经济增长使得国家之间的差距缩减。但是总体上这些变化

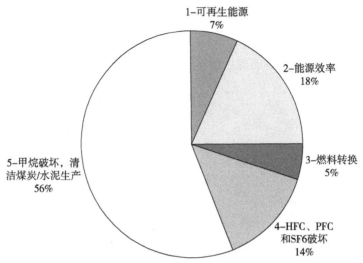

来源：UNEP RISOE

图 3.15　各项目活动产生的 ERUs 期望值

仍然很少，对排放排名不会产生显著的影响。若不考虑始于 2006 年实施的政策和监测值，俄罗斯和乌克兰将存在排放权盈余，而欧盟 15 国、日本和加拿大则存在排放权赤字（即年度排放量高于分配的年度分配数量单位）。欧盟 25 国的排放权赤字显著低于欧盟 15 国，因为大多数欧盟新成员国（如罗马尼亚、保加利亚和波兰）拥有盈余的分配数量单位。

　　总体上，市场存在盈余的情况可能将是长久的，但如果美国批准《京都议定书》，则市场将出现短缺。2005 年，美国排放了 14.48 亿吨二氧化碳当量，多于美国若批准《京都议定书》所能够分配得到的排放权数目。正如已提及的，巨大的排放权盈余来自前东欧集团的国家，是由这些国家的重工业崩溃所带来的。逻辑上，利用基于历史排放水平的制度，那些遭受工业衰退的国家或地区可能存在排放权过量。2012 年之前，应该颁发超过 10 亿吨的经认证的减排单位，即在承诺期内每年颁发了超过 2 亿吨二氧化碳当量的额外信用。

　　由于俄罗斯和乌克兰在供给方面的优势地位，一些学者相信，这些国家有可能形成类似于石油输出国组织（OPEC）的卡特尔组织（Grubb，2004）。虽

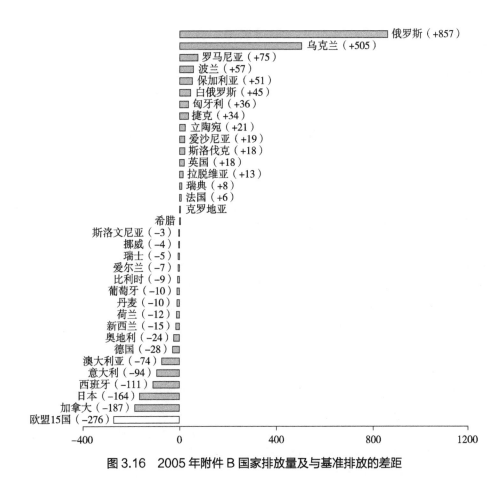

图 3.16　2005 年附件 B 国家排放量及与基准排放的差距

然这种比喻是合理的，但是其背景显著不同，涉及的资金数量也更低。

　　国际碳市场的诋毁者经常批评对转型国家排放权的过度分配。许多国家可能通过购买俄罗斯和乌克兰的分配数量单位就可以实现其目标。但是如果不给两国分配如此大量的排放权，那么这两个转型国家可能仍然不能够被包含在《京都议定书》之内。为了解决这一问题，一些购买者在购买俄罗斯和乌克兰的分配数量单位之前，试图寻求俄罗斯和乌克兰保证他们为之支付的货币将被用于环境改善。

　　持有最大的京都账单（信用购买量）的国家是加拿大，加拿大的年度减排成本占其国内生产总值的 0.2%，可能人均高达 60 欧元。

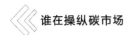

参考文献

Bonduelle, A. (2002) Les dix défauts du Protocole de Kyoto, in Y. Petit (dir.), *Le Protocole de Kyoto: Mise en oeuvre et implications*, Presses Universitaires de Strasbourg, Strasbourg, 74.

Breidenich, C., Magraw, D., Rowberg, A. and Rubin, J. W. (1998) The Kyoto Protocol to the United Nations Framework Convention on Climate Change. *American Journal of International Law* 92: 315–331.

United Nations Framework Convention on Climate Changes, *American Journal of International Law*, vol 92, no 2, 315–331.

Cochran, I. T. and Leguet, B. (2007) Fonds d'investissement CO_2: l'essor des capitaux privés, *Note d'étude de la Mission climat de la Caisse des dépôts*, no 12, 33.

Den Elzen, M. G. J. and De Moor, A. P. G. (2002) Analyzing the Kyoto Protocol under the Marrakesh Accords: Economic effectiveness, *Ecological Economics*, vol 43, no 2–3, 141–158.

Den Elzen, M. G. J., Schaeffer, M. and Lucas, P. (2005) Differentiating future commitments on the basis of countries' relative historical responsibility for climate change: Uncertainties in the "Brazilian proposal" in the context of a policy implementation, *Climatic Change*, vol 71, no 3, 277–301.

EU Council (1998) Document 97/02/98 du Conseil de l'UE du 19 juin 1998, reflétant les résultats des travaux du conseil 'environnement' des 16 et 17 juin 1998 annexe I.

Grubb, M. (2004), The economics of the Kyoto Protocol, in A. D. Owen and N. Hanley (ed) *The Economics of Climate Change*, Routledge, London, 72–114.

Höhne, N. and Blok, K. (2005) Calculating historical contributions to climate change–discussing the "Brazilian proposal", *Climatic Change*, vol 71, no 1–2, 141–173.

Joskow, P., Schmalensee, R. and Bailey, E. M. (1998) The market for sulfur dioxide emissions, *American Economic Review*, vol 88, no 4, 669–685.

Lutken, S. and Michaelowa, A. (2008) *Corporate Strategies and the Clean Development Mechanism*, Edward Edgar, London.

Meyer, A. (2000) *Contraction & Convergence: The Global Solution to Climate Change*, Schumacher Briefings, vol 5, Green Books, Bristol, UK.

Müller, B. (1999) Justice in global warming negotiations: How to obtain a procedurally fair compromise, *Journal of Energy Literature*, vol 5, no 2, www.oxfordclimatepolicy.org/publications/j2ed.pdf.

Pearson, B. (2007) Market failure: Why the Clean Development Mechanism won't promote clean development, *Journal of Cleaner Production*, vol 15, no 2, 247–252.

Pype, J. (2006) Opzetten van projecten onder het mechanisme voor schone ontwikkeling. Vroege analyse sleutel tot succes, *Revue E tijdschrift*, vol 122, no 4, 36–41.

Salter, L. (2004) A clean energy future? The role of the CDM in promoting renewable energy in developing countries, WWF International, July, 11.

Starkey, R. (2008) Allocating emissions rights: Are equal shares, fair shares?, Tyndall Working Paper 118, www.tyndall.ac.uk/publications/working_papers/twp118.pdf.

Stone, C. (1992) Beyond Rio: Insuring against global warming, *American Journal of International Law*, vol 86, no 3, 445–488.

UNEP RISOE (2009) www.cdmpipeline.org, accessed 17 February 2009.

UN General Assembly (1990) Protection of Global Climate for Present and Future Generations of Mankind, G.A. Res. 45/212.

Wara, M. (2007) Is the global carbon market working?, *Nature*, vol 445, 595–596.

第 4 章

欧盟排放交易计划

引言

为了获得温室气体减排的成本有效性,《京都议定书》确立了国家间碳排放交易的原则。然而，最重要的排放者不是国家本身，而是其国内的工商企业、家庭和运输系统。因此，有效的碳市场需要这些行动者的参与。

《欧盟排放交易计划（EU ETS）》是迄今为止世界上建立的最大的碳交易计划。本章从建立该市场的政治和经济背景入手，描述了市场的原则要素，包括如何确立排放上限，如何确定和分配排放权，如何报告和执行排放等。

本章首先简要概述了与排放许可有关的价值会计核算和征税等（仍然在进行中的）问题；然后对碳市场的发展，包括价格和交易量以及碳市场如何影响能源部门进行了简短地描述；最后描述了《欧盟排放交易计划》。本章自始至终强调《欧盟排放交易计划》的创新性，对于所有的参与者而言都是一个学习的机会。

通过考虑和斟酌欧盟其他的碳政策工具，分析了碳市场和这些政策工具之间的相互作用，并得出了相关结论。同时对包含有小规模排放者的碳市场这种更为激烈的变革模式的前景进行了审视和评价。

政治背景

批准《京都议定书》

欧盟通过批准《京都议定书》承诺，在 2008—2012 年承诺期内温室气体排放量在 1990 年基础上降低 8%。尽管在 20 世纪 90 年代，英国 [①] 和德国 [②] 都进行了显著的减排活动，然而，许多欧盟国家在控制它们的排放时都面临巨大的困难。因而，欧盟决定对其主要的工业区域确定一个排放限额，并实施碳市场交易计划，以达成二氧化碳减排目标和完成《京都议定书》承诺。

《京都议定书》生效的不确定性

2000—2003 年，关于《京都议定书》是否生效的不确定性确实存在。美国已经宣称它不会批准议定书，俄罗斯的参与就对能否凑足议定书生效的法定数量起到至关重要的作用。俄罗斯花费精力和时间认真彻底地评价了批准议定书的收益，而且俄罗斯似乎可能利用其关键地位对那些最强烈支持议定书的国家施加压力（Henry & Sundstrom，2007）。

欧盟希望在应对全球变暖中起到领导作用而且面临着这种不确定性，因此，它建议为其工业体系建立一个排放交易计划，计划的实施与《京都议定书》的未来情景不相联系。在建立排放交易计划过程中，欧盟清晰地指出它的方向是持续应对气候变化的挑战。一旦确认《京都议定书》正式生效，欧盟认可（在某种确定情形下）通过清洁发展机制和联合履约灵活机制将其颁发的信用在欧盟市场和京都机制之间建立一种联系。

---

① 部分是出于燃料由煤炭向天然气转换的原因。
② 主要是因为民主德国重工业的崩溃。

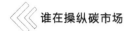

碳税政策的失败

20 世纪 90 年代，欧盟委员会为欧盟研究并提出了采取充分协调的能源 /
碳税政策（Commission of the European Communities，1996）。能源 / 碳税政策的
思路是希望同经典的庇古税一样对所有能源部门的节能工作提供激励，尤其
是为解决各个欧盟成员国电力生产中产生的极为不同的碳排量提供一种折中方
法。然而，这种建议由于一系列原因而失败，其中主要原因是欧洲的能源产业
担心在美国和亚洲缺乏相似措施的情况下进行征税会影响其竞争力；同时，欧
洲不同国家税收政策的传统差异，如企业和个人税收之间的平衡问题，导致在
达成一致立场的问题上存在困难；另外，一些国家担心失去对诸如税收等国家
政策核心领域的控制而使得困难增加。实质上，如果欧盟协议不存在内部协调
一致的财政政策，那么达成统一的能源 / 碳税政策是不可能的。

随着对气候变化严重程度的担忧日益增强以及国家层面的排放交易计划的
实施，欧盟委员会认为针对大型工业污染者，利用排放交易制度代替需要征得
各方同意的环境政策相对容易，更易被工业企业和其他利益相关者所接受。

各种国家方案的发展

欧盟成员国在其国家层面上实施的碳市场计划的发展是欧洲决定发展自身
交易计划的另一个原因。迥然不同的国家计划可能导致复杂的制度，并且侵蚀
欧盟追求更加和谐的愿望基础。正如一份绿皮书（Commission of the European
Communities，2000）上所说明的，欧盟委员会为了避免竞争扭曲而希望建立一
个共同的排放市场。本节以下部分描述了两个最超前的国家排放交易体系：丹
麦排放交易计划和英国排放交易计划。

丹麦排放交易计划被限制在电力部门，丹麦电力部门的二氧化碳排放量约
占其 2002 年总排放量的近 40%。欧盟委员会认为该交易计划实际相当于国家
援助，因为排放权是基于原始使用免费分配的（Alexis，2004）。尽管存在这种
批评，但欧盟委员会最后接受了丹麦的交易制度，尤其是该制度设定了一个有

限的生命周期，可能为欧盟提供一个有益的学习机会。欧盟委员会也指出，原始使用的做法和实践对新进入者而言是一个问题。尽管如此，欧盟委员会仍然坚持未来应该为新进入者保留一定储备（CEPS，2002）。

英国排放交易计划（以下简称"计划"）是世界上第一个大规模的温室气体排放交易计划，该计划包括激励措施和排放权分配。虽然该计划的开发得到英国政府的财政支持，但是它的发起主要是一个利益相关者团体——排放交易组织设计和推动的，参与该计划是建立在自愿基础之上。计划最初的目的是获取温室气体减排的成本有效性，并让英国公司获得排放交易的早期经验，以及鼓励建立伦敦排放交易中心。随着欧盟排放交易计划的建立，基于英国排放交易计划处理工业部门二氧化碳排放的情况就不复存在，但是，该机制被重新应用在欧盟排放交易计划没有涉及的大型排放者的排放交易上。

在最初的英国排放交易计划中，同意对绝对的温室气体减排给予激励。该计划有三种类型的参与者。第一种是31个直接参与者（DPs）。政府为那些同意基于其历史水平（1998—2000的平均基准线）进行绝对减排的组织提供了2.15亿英镑的财政激励。2002年3月通过网络竞标的方式为每一个直接参与者分配了减排指标，而且每个直接参与者都接收了各自的财政激励份额。直接参与者涵盖了一系列规模不等的企业和部门，从英国石油公司、壳牌等全球跨国公司到银行、超市，直至伦敦自然历史博物馆这样的较小的参与者。这些直接参与者宣称到2006年计划期末兑现在基准线基础上减排1.1兆吨碳（4兆吨二氧化碳）的承诺。第二种是气候变化行动计划参与者（CCAPs）。这些参与者是能源密集部门的企业，根据部门气候变化行动计划（CCA）要求完成减排目标，这些企业有资格享受气候变化税额（CCL，英国企业能源税）80%的折扣。通过参与英国排放交易计划，这些企业可以通过排放交易实现承诺。第三种是其他不承担减排承诺的实体作为交易者参与该计划，以便于任何个人或组织都能够自由进入该市场（交易参与者）进行排放权交易。直接参与者参加该计划出于各种不同的动机。其中一个共同的理由是参与排放交易计划能为他们熟识该计划的可能影响提供一个宝贵的机遇。在任何情形下，政府提供财政激励是必要的，它可以对参与计划有关的成本和风险进行补偿。同时，气候变化行动计划参与者除了享受 80% 的气候变化税收折扣外，不能再要求和接受财政激励——参与仅仅允许采取更有效的途径达成气候变化行动计划的相关承诺。制度设计与气候变化行动计划基本上保持一致，如对电力生产产生的排放量的测度要考虑电力使用量。这为提高电力使用效率提供了一个直接激励，同时也避免了在欧盟排放交易计划的第一阶段让电力生产者攫取数量可观的横财（详情见下文）（Sijm et al.，2006）。但是在英国，该计划（甚至对于气候变化税收政策）的主要政策推动者都努力避免将额外成本外溢到家庭使用的电力。

欧盟委员会也将英国排放交易计划视为国家援助（正如欧洲共同体协议第 87 条款所确认的）。另外，该制度被认为与欧盟委员会所推荐的交易计划具有很大的差异（因为英国采取的是自愿和下游的制度）。尽管如此，基于各种各样的原因，欧盟委员会也批准了这一计划，主要是因为该计划的有限期限以及它提供了一个极好的学习机会。英国排放交易计划至 2006 年 12 月结束，并在 2007 年 3 月完成最终的对账工作。

关于英国排放交易计划所获得的温室气体减排量的问题受到激烈的批评。该计划使得碳价格降到极低水平（2 英镑 / 吨二氧化碳），这意味着，在欧盟排放交易计划的第一阶段，对一部分参与者而言几乎不需要采取任何额外的行动（NERA，2004）。这对于诸如氢氟烃等非二氧化碳温室气体排放者而言似乎尤为明显，因为氢氟烃等气体在计划开始之前就已经发生了极为显著的减排，但并没有作为确定基准线的考虑因素。而对于那些低于历史基准线的减排的财政激励金额高达 50 英镑 / 吨二氧化碳，这一补贴远远高于市场价格。在气候变化行动计划期末碳交易价格呈现下降趋势，这可能源自气候变化行动计划参与者过量出售排放权，当然，也有可能是源自直接参与者自我选择成本有效性减排技术，使得温室气体减排成本降低或者基准线下降。这似乎成为自愿计划不可避免的结果，这与清洁发展机制中以项目为基础的制度建立公平而透明的基准线过程所表明的困难相类似。

欧盟排放市场的特征

一般原则

欧盟委员会2003/87/EC号文件建立了欧盟温室气体排放权交易计划[①]。该计划就是著名的欧盟排放交易计划（EU ETS）。该计划成文于《京都议定书》正式生效之前，因此它不依赖于任何国际协议。即使没有《京都议定书》，欧盟也会发展其自身的碳市场，虽然《京都议定书》的交易条款无疑将对该计划产生影响。

欧盟排放交易计划是第一个国际排放交易制度，截至目前已经覆盖了欧盟能源和工业部门超过 1 万套的设备。欧盟排放交易计划属于限额交易计划，即限定了总体排放水平，直至达到该限额为止，允许受到限制的参与者根据他们的需要购买或出售排放权（定额）。该计划覆盖了欧盟将近一半的二氧化碳排放量和欧盟温室气体排放总量的40%。2006 年 12 月，欧盟委员会颁布了一个立法提案，建议在 2011 年或者 2012 年将航空部门包含在欧盟排放交易计划内，在 2008 年 7 月 8 日该法案得到了欧洲议会立法决议的进一步支持。

欧盟排放交易计划为碳确定了一个价格，并且规定了工商企业如何进行温室气体排放交易（Soleille，2006）。第一阶段是建立适当的政策基础。因为大部分欧盟成员国对许可证的过度发放而使得环境收益受到了制约，这主要是由于对工业排放的基准线预测过高的原因造成的（Ellerman & Buchnet，2007）。一旦关于 2005 年排放量的官方数据证实了这种许可证的过度分配问题，当供给远远大于需求时，市场可能像人们预测的那样做出反应：价格暴跌（详见下文）。尽管存在这些问题，但是欧盟排放交易计划的第一阶段走出了成功的第一步，为以后阶段的工作和世界范围内其他排放交易计划的建设做出了示范。

除了需要可靠和能够证实的排放数据外，第一阶段也显示出，对成员国之

---

① 欧洲议会以及 2003 年 10 月 13 日理事会议制定的 2003/87/EC 指令建立的共同体内部的温室气体排放权交易计划，并修正了欧洲共同体理事会的 96/61/EC 指令。

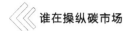

间的竞争扭曲、协调监测、核查和报告规则以及把限制经认证的减排量（CERs）和减排单位（ERVs）的进口作为计划设计的一部分等问题加以考虑是非常重要的。

限额和计划期限

计划期限

欧盟排放交易计划是在 2005 年 1 月 1 日发起的。第一阶段持续了 3 年时间直到 2007 年末。这一时期被欧盟委员会描述为"干中学"阶段，并为第二交易时期进行准备工作。从 2008 年 1 月 1 日开始，第二阶段的时间安排直到 2012 年末，为期 5 年。第二阶段一个非常重要的特征是它与《京都议定书》的第一承诺期在时间上相一致，在此期间，欧盟和其他工业化国家必须达成温室气体排放目标。对于第二交易期，欧盟委员会通过与 2005 年核准的排放量相比较，将总排放量按照平均降低 6.5% 进行分配，从而缩紧了排放限额。其目标是确保各成员国满足它们各自在《京都议定书》下的减排承诺，并且促进形成一个对减排形成激励的碳价格。

排放限额

分别为每一套设备确定一个最高的排放限额是所有成员国的国家配给计划（NAP）的组成部分。因此，限额总量就是逐个分配给每一套设备排放权的总和。每一个欧盟成员国在它们各自的国家配给计划基础上负责确定分配额以达成欧盟委员会制定的国家排放目标。

包括在欧盟排放交易计划范围内的设备有：①额定热输入超过 20 兆瓦的燃烧设备；②矿物油精炼设备；③炼焦炉；④钢铁生产及工艺设备；⑤采矿设备；⑥玻璃制造设备；⑦陶瓷制品生产设备；⑧纸浆和纸生产的工业设备。

20 兆瓦的门槛相对较低，因而可以把许多相当小型的燃烧设备包括在内。一些单独的大型建筑物（譬如，位于布鲁塞尔的欧洲议会大厦）由于它们的锅炉功率而被包括在该体系中。因此，在该规定中没有单独列出的许多工业企业（如纺织、食品、建筑业以及工程技术等）也被欧盟排放交易计划所覆盖。

包含在该计划中占排放者总数的 7% 的 740 个最大的排放者的排放量占排放总量的 80%，而 7400 个最小的排放者的排放量占排放总量不超过 5%（EEA，2007b）。1100 个最小的排放者仅仅排放了 9.3 万吨二氧化碳，在统计上几乎可以忽略（占所包含的排放总量比例少于 0.01%）。

确定排放权

欧盟排放交易计划承认的权利被称为欧盟限额（EUA）。1 单位 EUA 等于 1 吨二氧化碳当量。2004/101/EC 指令（通常称作联系指令）在欧盟排放交易计划和《京都议定书》和联合履约灵活机制（CDM 和 JI 项目）之间建立了一种联系[①]。该指令在 EUA、可认证减排（CER）和减排单位（ERU）三者之间建立了平等关系。该指令也详细说明了排放交易计划中使用 ERUs 和 CERs 的确定情形。例如，来自土地利用、土地利用变化和林业（LULUCF）项目颁发的信用在欧盟排放交易计划体系内不被允许。来自发电容量超过 20 兆瓦的水力发电项目颁发的信用必须遵从特定的可持续标准，包括在世界水坝委员会的最终报告中提及的标准。

由于欧盟是国际碳市场的最大玩家，这些额外的标准会对国际排放权的替代性施加影响。来自没有遵从世界水坝委员会指南的大型水力发电项目颁发的信用或者林业信用可能因为市场对这些信用的弱需求而贬值。另外，欧盟排放交易计划标准要求对京都信用的最初来源进行严密的跟踪，并且必须与注册信息保持一致。

每一个国家配给计划都对可能进口的信用数量确定了一个上限。在第二阶段的国家配给计划中，上限被表示为对设备设定上限的百分比，从爱沙尼亚的 0% 到西班牙、德国和立陶宛的 20% 不等。在比利时，这一数字根据地区差异而不同，平均为 8.4%。

配给

对于每一个阶段的欧盟排放交易计划，要求各成员国准备它们的国家配给计划（NAP），以获取允许它们的排放总量以及位于其领土之上的每套设备的排放上限。

---

① 欧洲议会以及 2004 年 10 月 27 日理事会议制定的 2004/101/EC 指令修正了 2003/87/EC 指令建立的共同体内部的温室气体排放权交易计划，涉及《京都议定书》项目机制。

每年年末，每套设备必须兑现和它们的排放量相等的排放权数目。那些将其排放保持在他们所拥有的排放定额之下的企业可以出售剩余排放权；对于那些排放超出其排放定额的企业，可以采取减排措施（譬如，投资于更有效的技术或使用低碳能源），或者在市场上购买额外的排放权。

每个参与者的排放目标由所在的国家排放目标（比利时是地区水平）决定。国家配给计划在叙述其他有关事务的同时，对国家如何在不同的行业和每个行业的企业之间分配排放权进行了描述。

如果不能够进行认真的管理，地区途径可能导致保护主义、环境破坏和竞争扭曲（Grubb et al.，2005）。举例而言，来自德国、瓦隆地区或卢森堡的三个技术相似的电厂若没有获得相同数目的排放权，成员国对排放权分配的宽容行为已经成为新工业企业选择厂址的主要标准之一（Grubb & Neuhoff，2006）。除了徇私的明显风险外，地区途径也因为其极端的复杂性而广受批评。由于环境政策的区域性特征以及本该属于联邦当局管辖的核设施被排除在外，比利时国家配给计划由四个独立的部分构成，使得比利时成为唯一的根据设备所处的地理位置的差异而为其设备制定不同规则分配排放权的成员国（Luypaert & Brohe，2006）

为了降低成员国向其工业企业免费分配排放权的影响，拍卖是经常被提议使用的解决方法（Hepburn et al.，2006）。拍卖曾经是最初的两个阶段的选择方法之一，但是几乎没有国家使用。在第一阶段，匈牙利在 2006 年末和 2007 年初举办的两次销售中拍卖了 2400 万排放权单位，爱尔兰通过两次销售拍卖了 1200 万排放权单位，立陶宛在 2007 年 9 月出售了 500 万排放权单位（当时价格低于 10 分）（Vertis 环境金融咨询公司，2008）。然而，从总体看，在第一阶段仅有 0.12% 的排放权单位通过拍卖方式分配。欧盟排放交易计划拍卖程序的目标是为所有成功的投标人制定一个统一的价格——出清价格。为了做到这一点，排放权被喊出价所追捧，然后将收到的各种喊出价根据价格高低按降序排列（如果出价相同，先出价者的出价为高），拍卖依照从高到低的排列顺序依次接受。将成功的竞标量进行合计使其竞标总量达到所出售的排放权总量。最后的成功拍卖价格被认为是出清价格，并且所有成功的竞标者都以此价格购买排放权。如果竞标总量少于所出售的排放权总数，最低的有效竞标价格即是出清价格。在竞标阶段结束后，所提交的喊出价可能没有被收回或者改变，则拍卖就是"失明的"，即竞标不能发现竞争的投标者。

除将排放权分配给现存企业外，国家配给计划也为新进入者，即计划实施后创立的企业提供了一定的储备额。

排放监测和报告

每年不晚于 4 月 30 日，每个企业必须兑现上一年与其实际排放量相一致的排放权数目。排放的监测和报告由 2007/589/EC 号决议（2004/156/EC 修正决议）所规制 ①②。

设备的排放监测可以在两种方法之间进行选择，一种是基于计算的方法，一种是基于连续测量的方法 ③。如果采取后者，设备操作员必须说明方法的可靠性，并且得到具有法定资格的权威机构批准。因为排放交易计划范围受到严格限制，因此排放测算的不确定性要少于《京都议定书》框架中测算的不确定性，因为监测一台设备的能量流和气体排放浓度比监测一个国家更加容易。

最近对指南的修订通过采用商业燃料的排放因子和放松对小型企业（每年二氧化碳排放量低于 25000 吨）的监管使得对设备的报告更加容易，因此降低了减排的实施成本。

注册

为了跟踪排放权单位的交易并且满足《京都议定书》的要求，计划强制要求每一个成员国建立一个国家注册处。这一点由欧洲议会的 280/2004/EC 决议所规定。作为《京都议定书》的签约国，欧盟也迫使各个成员国拥有独立的注册

---

① 2007 年 7 月 18 日的欧盟委员会决议按照欧洲议会及其理事会的 2003/87/EC 指令建立了温室气体排放的监测和报告指南。

② 29/01/2004 号委员会决议按照欧洲议会及其理事会的 2003/87/EC 指令建立了温室气体排放的监测和报告指南。

③ 利用这种方法，应用以下等式计算 CO_2 排放：$CO_2 = $ 活动数据 * 排放因子 * 氧化因子。

活动数据包括物质流、燃料消费、输入原料或产品的信息。排放因子是基于燃料或者入境原料的碳含量，通常用 tCO_2/TJ（燃烧排放）、tCO_2/t 或者 tCO_2/Nm^3（过程排放）来表达。氧化因子是燃烧过程中碳氧化形成 CO_2 的比例。

处。这些注册处确保对《京都议定书》下的所有信用单位和欧盟排放交易计划下的所有排放权能够进行正确的核算。不仅是企业，而且公民可以在任何欧盟成员国的注册处查阅账册。

欧盟独立交易系统（CITL）记录了发生在注册处（欧盟注册处和成员国注册处）的排放权颁发、转让、取消和银行业务。当欧盟委员会接受了国家配给计划时，该信息就在欧盟独立交易系统进行编码（Halleux et al.，2006）。

目前，欧盟独立交易系统管理欧盟排放权的转让，并且自2008年起与跟踪分配数量单位和其他京都单位交易的国际交易记录（ITL）互为补充。举例而言，从2008年起，当一个法国企业向一个德国企业出售了一定量的欧盟排放单位，那么等量的分配数量单位就要从法国注册处转移到德国注册处。被欧盟排放交易计划覆盖的设备对经认证的减排量或者减排单位的购买增加了设备所在地国家可获得的排放权数量。

处罚措施

参与企业必须在次年的4月30日前提交替代排放的排放权。如果某企业没有交出足够数量的排放权，那么就对2005—2007年要求企业按每吨二氧化碳40欧元支付罚金。从2008年起，罚金达每吨二氧化碳100欧元。处以罚金是对企业延迟交出排放权的处罚，它不应该被看作是一种价格上限，因为它并没有免除企业未完成的排放权，即违约的企业必须在下一年依旧补偿未完成的排放权。

与欧盟排放交易计划有关的法律和会计问题

欧盟限额的法律地位

欧盟排放交易计划也提出了执行之前未考虑的法律问题（Peeters，2003）。欧洲2003/87/EC号指令没有确定排放权的法律性质。关键问题是排放权应该被看作是商品或物品或是一种权益或金融工具？2003/87/EC号指令对此模糊不清，因此，排放权在欧盟不同成员国中的法律地位也存在差异，有的国家将其归类为商品，而另一些国家将其归类为金融工具。类似的问题亦被提起，即排放权是否应该被视为产权或许可证。保持这些问题的一致性是有益的，但是，在实践中却难以使法律定义协调一致。排放权的衍生物，如期货和期权的交易明显是金融工具，而且对于征税和会计目标亦是如此看待。法律性质是排放权的重要特征，因为它决定了欧盟限额单位的会计处理。欧盟委员会没有提供所使用的会计规则的具体细节。缺乏清晰度是引发各个企业诸多讨论的问题，而且这些不确定性确实增加了执行成本。实际上，在欧洲总体水平上，我们发现在年度账户中很少详细说明会计处理问题，而且关于排放权的性质的法理学问题依然不清晰。来自欧盟委员会的初始定义或在实施前增加一些对利益相关者的咨询能够降低不同国家解释差异的风险。

国际财务报告解释委员会第三号报告（IFRIC 3）

2004 年 12 月 2 日，国际会计准则委员会（IASB）颁布了国际财务报告解释委员会第 3 号报告，涉及排放权的会计处理问题。按照如下解释。

（1）排放权（定额）是无形资产，应该根据国际会计准则第 38 条款关于无形资产的财务报表予以承认。这意味着，在市场上获得的排放权以它们的购置成本进行估价。当排放权以低于其公允价值的价格（如免费）获得时，那应该以其公允价值进行估价。注意一项资产的公允价值的大小是在信息充分和竞争情形下通过各方自愿的交易形成的。

（2）当政府以低于其公允价值的价格将排放权颁发给参与者时，所实际支付的金额（若有的话）和公允价值之间的差异是政府资助金，这一点依据国际会计准则 20 条款政府资助金说明书和政府援助信息披露书予以解释。

（3）当某参与者产生了排放，它即承认依据国际会计准则 37 条款规定为其交付排放权承担义务，或有负债和或有资产。这一条款的正式测度按照所需要的排放权的市场价值予以处理。

如果像国际会计准则 38 条款所定义的买卖活跃的市场准备就绪的话，企业可能选择再评估模型，再评估模型作为与成本模型相对的模型，鼓励直接依据衡平法记录账面价值和公允价值之间的差异。

上述解释已经招致了各种各样的批评。譬如，2005 年 3 月 6 日，欧洲财务报告咨询组（EFRAG）在向欧盟委员会提交的建议（建议不要采纳 IFRIC 3）

中指出，同时使用不同的标准会产生协调不一致的影响。按照欧洲财务报告咨询组所言，采用国际财务报告解释委员会第 3 号报告将并不总是导致所反映的经济现实，"因为在国际财务报告解释委员会第 3 号报告中国际财务报告解释委员会所需要的会计被国际会计准则 38 条款无形资产、国际会计准则 20 条款政府资助金说明书和政府援助信息披露书以及国际会计准则 37 条款——或有负债和或有资产等现有标准的相互作用的解释所限制。"这导致了失谐现象，一些项目按照成本测度（国际会计准则 38 条款和国际会计准则 20 条款），另一些项目按照公平价值测度（国际会计准则 37 条款）；基于此，一些得失按照利润或亏损报告（国际会计准则 37 条款和国际会计准则 20 条款），另一些则依据衡平法报告（国际会计准则 38 条款）。这些会计上的失谐现象都受到更广泛的批评，因为在涉及该计划的资产和负债之间存在经济独立性：经认可的排放权允许实体根据额定水平确定的排放量来安排它们的债务；排放权是为排放进行的债务安排唯一合乎条件的资产。

例如，在国际财务报告解释委员会第 3 号报告给定的成本模型下，排放权根据成本估价，而相应的债务根据公平机制估价。当排放权的市场价格出现变化时，收益表可能由于混合测度模型造成的失谐而受到影响。在采用国际财务报告解释委员会第 3 号报告的再评估模型的情形下，在年中和年末存在和收益表有关的失谐现象，因为在利润或亏损中承认与债务有关的支出的同时，直接依据衡平法承认了再评估收益。作为这些批评的结果，2005 年 6 月 25 日国际会计准则委员会投票表决停止使用国际财务报告解释委员会第 3 号报告。

增值税的处理

关于增值税（VAT）的处理问题，欧盟已经声明温室气体排放权的转让就像 2003/87/EC 指令中第十二条款所描述的那样，当纳税人考虑增值税时，应按照 77/388/EEC 指令中的 9（2）（e）条款的范围内的应税劳务供给处理。在 77/388/EEC 指令中不提供税收豁免的 13 条款可以应用于这些排放权的转让。

需求和价格的形成

在第一阶段的第一年，对排放权的需求并没有依据实际的排放水平。在

2005 年 1 月（计划发起日）和 2006 年 4 月间，由于设备的风险规避行为可能
造成的过量排放权，以及经纪公司或银行的投机行为所致，当第一次审计报告
的合并结果公布后，排放权价格一直以准连续的方式上升。2005 年 6 月出现的
价格暴涨主要是来自瑞典的水力发电处于休止状态和对冷冬的担心而使得天然
气的期货价格显著攀升的结果。据报道，2005 年排放权价格唯一的一次显著下
降（30%）发生在 7 月，当时的天然气价格回归到 3 月份的水平，使天然气比
煤炭更具竞争力而导致的。此次价格下降由于新成员国关于排放权过度分配的
第一次传言所夸大。排放权价格到 2007 年末戏剧性下降至 3 分，主要是由于
许多成员国对许可证的过度分配导致排放权供给大于需求的局面造成的（具体
见图 4.1）。

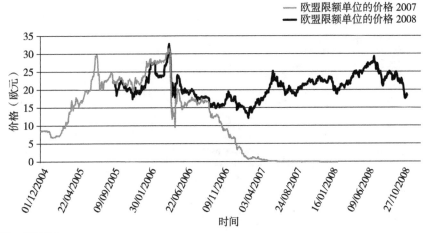

来源：点碳基金

图 4.1　欧盟限额单位价格的形成

　　实际上，第一阶段的试验已经表明了确保规则一致性以及当由各成员国
独自进行分配时对过度分配问题进行限制存在困难。在第二阶段对国家配给
计划进行回顾和评估过程中，欧盟委员会强调指出该问题非常严重。在第一
阶段，参考数据的缺乏和担心损害企业竞争力，导致一些成员国更多地将信
心建立在工业企业的预期增长数字上。当前，已经知道了对于每一台设备的
审核数据，而且已经接受了可观察到的排放剩余的设备通常在第二阶段获得

的排放权更少。

图 4.2 和图 4.3 指出了各成员国过度分配的程度。首先在英国、爱尔兰、意大利、瑞典和奥地利等 5 个国家，企业排放量超过了它们所获得的排放权。在这些国家许多部门也获取了过多的排放权，我们可称之为部门过度分配。譬如，瑞典获得超量排放权的企业获取的排放权数量平均比其排放量高 13%。企业获得的排放权总量不足相当重要，在英国、爱尔兰和瑞典这一数字超过 20%。爱沙尼亚、拉脱维亚、立陶宛三个波罗的海国家最为慷慨，分配的排放权数目高出其实际排放量的 29%—46%。然而，按绝对价值计算，由于立陶宛、拉脱维亚和爱沙尼亚等国家的排放规模相对较小，这些国家进行的这些大规模的过度分配几乎不产生什么影响。

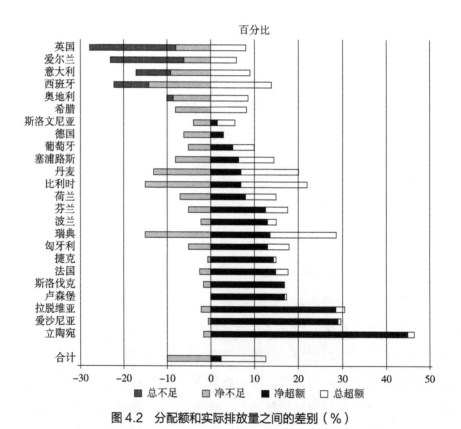

图 4.2　分配额和实际排放量之间的差别（%）

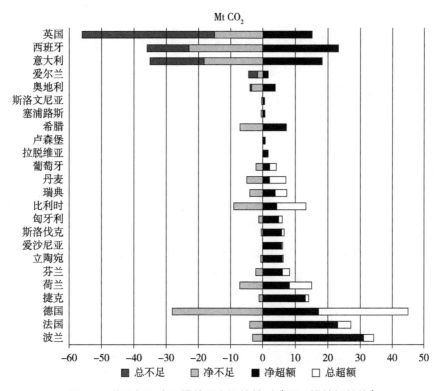

图 4.3 分配额和实际排放量之间的差别（百万排放权单位）

　　欧盟的排放权过度分配数量平均高达总限额的 2.5%。按绝对值计算，排在前三位的过度分配的国家分别是波兰（盈余 3100 万排放权单位）、法国（盈余 2200 万排放权单位）和德国（盈余 1700 万排放权单位）。总部设在英国的企业遭受了最严重的赤字，排放权不足额超过了 4000 万排放权单位。

　　在英国，注意到几乎仅仅是由电厂负担排放权短缺这一点很有益处。电力企业在 2006 年负担了 4600 万排放权单位的赤字（ENDS Report，2008）。列入英国国家配给计划的英国工业中的处于国际竞争的部门并没有受到压力。例如，化学工业和炼油行业各自获得了 200 万排放权单位的过度分配。冶金行业获得了超过其实际排放量的 300 万排放权单位，近海产业（石油和天然气）获得的超过 200 万排放权单位。英国排放权分配貌似苛刻，实际上，它仅仅是避免了欧洲大部分电力生产者继续获得曾经的暴利而已。

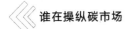

交易平台

交易平台在发出价格信号和确保市场流动性方面起到一个基础作用（Fremont，2005）。这些集中的电子市场的基本功能是促进市场流动性并为顾客提供以下收益：①降低交易成本；②降低风险；③匿名保证；④及时交易；⑤价格透明。

欧洲气候交易所（ECX）是总部设在伦敦的最大的专业公司，也是洲际交易所（ICE），即以前国际石油交易所（IPE）的子公司。它的基本业务是与石油产品交易相关的交易平台。另一个专业公司欧洲能源交易所总部位于柏林，欧洲能源交易所是德国最重要的能源交易平台。北方电力交易所（Nordpool）、泛电力交易所（Powernext）和奥地利能源交易所分别是挪威、法国和奥地利的能源交易平台（详见图4.4）。然而，在排放交易计划中，尽管这些不同的交易平台之间的竞争为参与者扮演了一个有益的角色，但是，大部分交易依然采取场外交易方式达成协议（场外交易是各个企业相互直接达成交易）。

考虑到二氧化碳排放权市场日益增长的兴趣，在2008年1月，全球最大

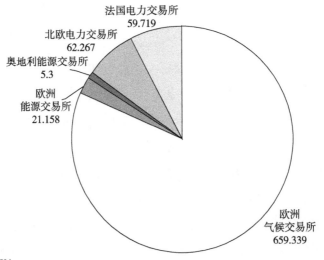

注：单位：千EUAs
来源：点碳基金

图4.4　不同交易平台的交易量

的股票市场——纽约泛欧交易所与法国国家银行，法国环境交易所联合发起了致力于环境产品的专业交易平台。应该注意到，纽约泛欧交易所是一个股东，它在发起法国环境交易所之前，法国电力交易所、法国电力碳交易所和法国电力气候交易所被出售给纽约泛欧交易所。

排放权单位的价格对能源部门的影响

能源部门（电力和供热）大约占排放交易计划覆盖的排放量的一半。因此，评价该制度如何影响技术选择、电力价格和部门利润等令人很感兴趣。

对优先顺序的影响

电力企业的设备使用很少达到全负荷运转。装机总容量大幅度超过平均产能，因为电力需求多变，电力储存昂贵，而且供给安全性要求负荷存在盈余以满足意想不到的需求尖峰。譬如，由于干旱而使得水力发电设备瓦解、由于诸如主要运动赛事使得电力需求的迅速激增以及无计划的"电力中断"等。这意味着在大部分时间，电力生产企业选择以最低的边际生产成本，以"优先顺序"运行其设备。

实际上，核电厂由于安全停止和重启反应堆需要高昂的成本，因此核电设施必须保证设备持续运行。风力发电机和其他可再生能源习惯于以可获得的全负荷运行，因为这些设备运行成本极低。因而，"优先顺序"通常会沦为煤炭和天然气之间的竞争（出于经济因素的考虑，在大部分欧洲国家很少使用石油动力发电厂）。然而，最近对生物质能源（粒料、橄榄核、污水沼气等）利用的增长使这一点更为复杂。用电力部门的行话来讲，燃煤电厂的利润指标是通过"黑暗传播"得来的。黑暗传播是燃煤电厂出售每单位电力在理论上所获得的毛收入、生产这一单位电力所需要购买的燃料以及诸如运行和维护成本、资本和其他融资成本等。实际上，黑暗传播是电力价格（如欧元/千瓦时）减去煤炭价格（使用同样的单位）除以电厂效率。燃气电厂与黑暗传播相对应的行话称为"火花传播"。随着排放交易计划进入正式生效阶段，电力生产者把排放权价格加入这些决策参数中——对"清洁的火花传播"和"清洁的黑暗传播"进行比较来决定它们的优先顺序。生产相同数量的电力，燃煤电厂的二氧化碳排放量大约是燃气电厂的两倍，这与排放交易计划实施之前的情形相比，天然气具有一种相对优势。当排放权价格越高，这种相对优势就越明显。

图 4.5 清晰地显示出，英国在 2005 年当排放权价格高于 25 欧元时，天然气比煤炭更有竞争力。从 2008 年起，由于天然气高价，据估计，排放权单位的价格由于清洁的火花传播超过清洁的黑暗传播而需要达到 40 欧元。这解释了欧洲，包括德国、法国和荷兰的燃煤电厂建设迅速扩张的原因（因为 20 世纪 80 年代末期和 90 年代，新建电厂以天然气作为参考燃料进行数据对比）。

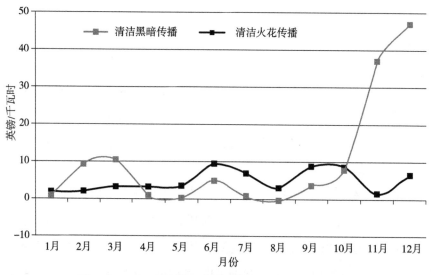

图 4.5　2005 年英国的清洁黑暗传播和清洁火花传播

暴利

排放交易计划对电力价格的影响取决于两个因素：与每一单位电力生产相联系的排放权成本；该成本传递给电力消费者程度的大小。

使用煤炭每生产 1 兆瓦时电力产生的二氧化碳排放量大约为 1 吨，使用天然气每生产2—2.5兆瓦时电力排放1吨二氧化碳[①]。当电力批发价格为30欧元/兆瓦时时，意味着，对维持2007年排放权5欧元以下的低价受到限制性影响。因此，排放交易计划对电力部门排放产生的最大的潜在影响是通过差别价格进行燃料的选择，而不是通过增加成本来影响需求。

随着许可证按原始使用的方式分配给电力生产者，电力生产企业的总成本并没有因为分配进程而增加。因而，可以预期消费者成本不会受到影响。然而，这不是市场运作的方式。分配给电力生产企业的排放权表现为一种资产，它不受到有关混合生产或者定价等决策的影响。同时，额外排放权的成本受到这些决策的影响，因此构成了可变生产成本的一部分。在一个竞争性市场中，可以预期，价格将由这些可变成本所决定，因此，不管许可证是按照原始使用分配还是竞拍获得，碳排放权价格会传递给消费者。这一现象发生程度的大小依赖于实际的市场状况。欧盟排放交易计划第一阶段的试验表明，二氧化碳成本明显从生产者传递到最终消费者，尤其对于住宅供电，即使能源企业并没有为按照原始使用方式分配的许可证进行过任何支付。对第二阶段竞拍不足的担心将是这一问题的重演（Sijm et al.，2006）。

欧盟排放交易计划的发展

关于最近发展的介绍[②]

自从2005年1月发起欧盟排放交易计划，该计划已经过修订，而且为了对计划的一些缺陷做出反应，从2013年起将引入更多的改变（如过度分配、暴利等）。最近的一个变化是从2008年起，该计划所涵盖的国家超出了欧盟界限，包括欧洲经济区（EEA）的其他成员国。

---

① 精确的数量取决于燃料质量和发电机效率。

② 欧盟委员会，Q & A 关于委员会的建议提出修改欧盟排放交易计划，MEMO/08/35，布鲁塞尔，2008年1月23日。

2008 年 1 月 23 日，欧盟委员会透露了关于气候变化问题的一揽子建议，确定了到 2020 年的减排目标，以及各成员国发展可再生能源的目标[1][2]。这一揽子建议也包括关于修订欧盟排放交易计划和二氧化碳的地质学处理[为捕获和储存二氧化碳而进行的碳捕获和碳吸收（CCS）]的建议[3][4]。在 2008 年 12 月 11—12 日，欧盟理事会对最后修订的能源和气候变化一揽子建议达成协议。12 月 17 日，欧洲议会投票通过了能源和气候变化"一揽子计划"，其中 610 票赞成，60 票反对和 29 票弃权。

关于温室气体减排的努力总目标划分为欧盟排放交易计划和非欧盟排放交易计划部门两个部分：

（1）与 2005 年的排放相比至 2020 年前，欧盟排放交易计划部门的减排占 21%。

（2）与 2005 年的排放相比，未包括在欧盟排放交易计划的部门的减排约占 10%。

综合考虑，与 2005 年欧盟的排放量相比，上述努力结果导致欧洲总体减排 14%，与 1990 年相比减排 20%。因为是单一的，欧盟排放交易计划下的欧盟限额将从 2013 年起引入（详见下文），对成员国之间的分配安排的努力已经确定，仅是为没有被包括在欧盟排放交易计划内的部门减排进行的安排。

上述总体目标要求与 1990 年的排放水平相比，到 2020 年至少减排 20%，在全球协议框架中其他工业化国家承诺进行同等努力而提供 30% 的减排，该计划希望在 2009 年末期的哥本哈根《京都议定书》缔约国大会进行讨论并期望

---

① 对欧洲议会及其理事会决议的建议，关于欧盟成员国努力减少温室气体排放以满足共同体至 2020 年的温室气体减排承诺，布鲁塞尔，2008 年 1 月 23 日，最终定于 COM（2008）30。

② 对欧洲议会及其理事会指令的建议，关于促进可再生能源的利用，布鲁塞尔，2008 年 1 月 23 日，最终定于 COM（2008）19。

③ 对 2003/87/EC 指令提出修正指令的建议，目的是改善和扩展共同体的温室气体排放权交易体系，布鲁塞尔，2008 年 1 月 23 日，最终定于 COM（2008）16。

④ 对欧洲议会及其理事会指令的建议，关于二氧化碳的地质学储存，以及修正理事会 85/337/EEC 号指令、96/61/EC、2000/60/EC 指令、2001/80/EC、2004/35/EC、2006/12/EC 和 1013/200 号管制（EC），布鲁塞尔，2008 年 1 月 23 日，最终定于 COM（2008）18。

得出结论。

对欧盟排放交易计划进行修订的建议受到共同决策程序的影响，意味着这些修订上升到法律层面必须得到欧盟部长会议和欧洲议会的批准。由于部长会议和欧洲议会都已经表示赞成该文本，建议能够及时成为法律，将对排放交易计划下一阶段的执行和后京都谈判产生影响。

向其他国家的扩展

欧盟排放交易计划不仅应用于欧盟27个成员国，而且自2008年也扩展至欧洲经济区的其他3个成员国（挪威、爱尔兰和列支敦士登）。欧盟委员会的目标是使排放交易计划更加容易操作和透明，以鼓励其他国家和地区的参与。

欧盟委员会把欧盟排放交易计划看作是全球排放交易体系网络发展的重要的奠基石。将排放交易计划和其他国家或地区的限额交易计划联系起来会创造一个更大的市场，能够降低温室气体减排的总成本。理论上讲，它可以增加市场流动性并降低价格波动，二者的影响将有利于排放市场功能的充分发挥。这有助于支持建立一个全球网络的交易体系，该网络的参与者将能够购买排放权

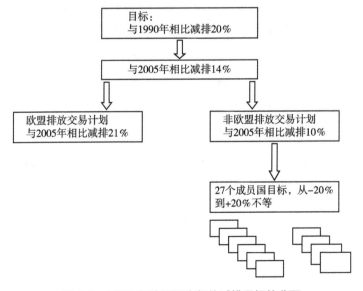

图4.6　2020年欧盟温室气体减排目标的分配

以满足他们各自的减排目标。

尽管现行的 2003/87/EC 指令考虑欧盟排放交易计划和其他批准《京都议定书》的工业化国家相联系，实际上，只要这些制度的设计要素不会削弱欧盟排放交易计划的环境一致性，欧盟委员会希望将它扩展至包括任何已建立限额交易制度的国家或行政实体。这对于美国加利福尼亚及其东北部各州发起建立的排放交易计划是一个明显的信号。

这种国家间的联系计划可能被证明是现行的《京都议定书》下国际制度的一个替代。它也为缺乏建立雄心勃勃的目标以及烦于通过无休止的国际谈判达成一致意见而提供了一种解决途径。

将航空部门纳入排放交易计划

2006 年 12 月，欧盟委员会把从 2012 年排放交易计划包括航空部门的指令的建议公布于众。这一建议的正式文件在 2009 年 1 月 13 日的官方公报上予以发布 ①。这是一个关键的变化，因为目前的计划不包括来自运输的排放。

在过去 20 年，航空运输出现了戏剧化的增长。根据联合国政府间气候变化专门委员会的估计，航空部门的排放量占全球排放总量的 2%，而且是推动气候变化的温室气体来源增长最快的部门。尽管欧盟涵盖在《京都议定书》下的总排放从 1990 年至 2006 年下降了 4%，但是来自国际航空的温室气体排放增加了 96%（EEA，2007a）。虽然飞机制造技术（譬如，在过去的 40 年飞机噪声降低了 75%，燃料使用效率提高了 70%）和运行效率有了巨大的改进，但这并不足以抵消增加的航空运输的排放效应。

如果航空部门继续增长并继续保持被排除在缓解气候变化政策框架外，其他部门的减排活动会受到严重的削弱。图 4.7 显示了在通常情境下航空部门与对于其他来源的欧盟长期减排目标（至 2050 年温室气体排放降低 60%）的比较，突出强调了碳规制包含航空部门的必要性。

---

① 欧洲议会及其 2008 年 11 月 19 日理事会议的 2008/101/EC 指令修正了 2003/87/EC 指令，目的是把航空业包括在共同体的温室气体排放权交易计划框架内。

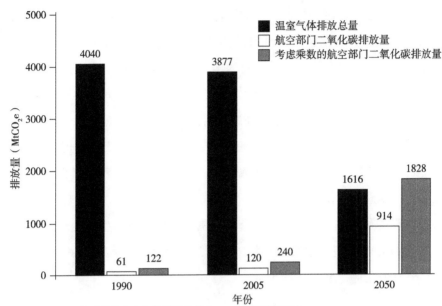

来源：1990—2005年欧共体温室气体排放清单和2007年的清单报告

图4.7 欧盟15国航空部门排放量和总排放量的对照

来自国际航空运输的温室气体排放的另一个重要方面是《京都议定书》未将其包含在内（请参阅第1章）。官方文件为引入航空部门提供了两个步骤[①]：从2011年开始，涵盖来自所有国内航班以及欧盟机场之间的国际航班产生的排放；从2012年开始，范围将扩展至涵盖从欧盟机场出发或到达的所有航班。

向其他部门和气体的扩张

欧盟排放交易计划涵盖执行特定活动的设备。从一开始起，它就包括（在某一容量阈值之上）电厂和其他燃烧设施、炼油设备、炼焦炉、钢铁厂和水泥厂、玻璃、石灰、制砖、陶瓷、纸浆、纸和纸板等。直至现在，计划仍然仅仅包含二氧化碳排放。修订的欧盟排放交易计划从2013年开始将涵盖其他的部门和温室气体。它将包括石油化工、氨和铝制造产业产生的二氧化碳排

[①] 对欧洲议会及其理事会指令关于修正2003/87/EC指令的建议，目的是共同体内的温室气体排放权交易计划包括航空活动，布鲁塞尔，2006年12月20日，最终定于COM（2006）818。

放，硝酸、肥酸和乙醛酸生产产生的氧化氮气体以及铝制造部门产生的全氟化碳（PCFs）的排放。温室气体排放的捕获和地质学储存也被当作产生排放信用的来源涵盖在计划范围内。欧盟对这项新技术的发展抱有很大的期望，虽然到目前为止该技术并没有实现工业化利用。尽管这项技术尚处于早期阶段，但是 2007 年 1 月欧盟委员会认为，到 2030 年前，电力和供热的生产日益需要通过低碳能源和大规模使用二氧化碳捕获和封存方式使得化石燃料电厂实现"近零"排放[①]。那么，欧盟排放交易计划将作为二氧化碳捕获和封存的经营者的支持计划而起到重要的作用。

据欧盟委员会估计，所提议的计划范围的扩展，将产生增加约 6% 的净减排，这与当前的欧盟排放交易计划阶段（2008—2012）相比，相当于增加了1.20 亿—1.30 亿吨二氧化碳减排量。

小型设备的排除

目前，欧盟排放交易计划涵盖的大量小型设备只是排放了相对少量的二氧化碳。这些设备参与该计划的成本有效性受到了质疑。在新的气候变化一揽子建议中，欧盟委员会计划允许各成员国在某种情形下把这些小型设备排除在外。因此，额定热输入低于 35 兆瓦的设备，若在提出申请的前三年中，每一年的报告排放量少于 2.5 万吨二氧化碳，只要这些设备接受对其减排的某种测度，就可以被排除在计划之外。在欧盟委员会最初的建议中，门槛分别设定为25 兆瓦和 1 万吨二氧化碳。这种选择性退出涵盖了大约 4200 台设备，合计排放量约占整个排放交易计划排放量的 0.7%。在新的计划安排下，预期可能有超过一半的原来涵盖的设备选择退出。

确定欧盟的排放限额

由于第三阶段欧盟 27 个成员国的分配计划面临引致竞争扭曲的批评，各

---

① 从欧盟委员会到欧洲理事会和欧洲议会的信息交流，"欧洲能源政策"，布鲁塞尔，2007 年 1 月 10 日，最终定于 COM（2007）1。

国的排放限额将由欧盟限额所取代，该限额从 2013 年起以线性方式降低。欧盟委员会将在规则协调的基础上分配排放定额，将不再需要国家配给计划。

对于排放限额分配的改变是把更多份额的排放权进行拍卖，而不是免费分配。各成员国依然承担组织拍卖的责任。拍卖权在各成员国之间的分配主要是以历史排放为基础。然而，一些拍卖权将从人均收入高的成员国向人均收入低的成员国进行再分配。

2013 年计划减少的排放限额起始点是各成员国为 2008—2012 年阶段颁发的总排放限额的平均值，加以调整后以反映从 2013 年开始的扩展计划。确定的线性折减系数为每年 1.74%，计算的温室气体排放的总减排与 1990 年排放水平相比达到 20%（与 2005 年相比减排 14%）。欧盟委员会提出，欧盟排放交易计划应该要求更高的减排水平，因为它比仍然被排除在计划范围之外的运输部门或家庭的减排更廉价、更容易。根据欧盟委员会的说法，至 2020 年欧盟排放交易计划涵盖的部门减排 21%（与 2005 年排放水平相比），而没有被欧盟排放交易计划覆盖的其他领域减排约为 10%，这样一种减排分担方式会使总减排成本最小化。欧盟也建议，至 2020 年交易末期后应该继续应用 1.74% 的线性系数，而且应该确定第四交易阶段（2021—2028）乃至以后的排放限额。

一些排放限额可能依然免费分配，但这只是在特定情况下。从 2013 年起，拍卖将成为基本的分配原则。按照欧盟委员会的说法，拍卖方式更加简单、有效和透明，降低了前面所讨论的发生暴利的风险。排放交易计划打算在 2013 年将以拍卖方式分配排放限额总量的大约 20%，并且拍卖比例将逐年增加，到 2020 年希望达到 70%，2027 年达到 100%（而在第一阶段，排放限额拍卖比例仅占 0.12%）。对于电力生产者的拍卖比例将更高，在 2013 年将达到至少 30% 的比例，并逐年增加，到 2020 年达到 100%。在最初的方案中，2013 年对于电力部门拍卖比例设定为 100%，其他部门设为 60%。

免费分配的排放限额将根据欧盟范围的规则进行分配，以便于欧盟范围内所有活动相似的企业受到同等待遇。例如，可以使用一个基准，该基准根据历

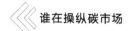

史排放数据和未来排放估计数据相比较以确定排放限额数量。这样的规则有助于对早先采取行动的经营者给予奖赏。

把具有"碳泄漏"高风险的部门排除在计划之外，导致那些存在国际竞争压力的部门迁移至欧盟之外。根据新的气候一揽子协议，排放限额总量的5%将为新设备或2013年后与计划接轨的航空部门（新加入者）储备起来。任何保留的排放限额应该分配给各成员国进行拍卖。从2013年1月1日起颁发的排放限额也将在欧盟注册处进行，而不是在国家注册处。

清洁发展机制 / 联合履约灵活机制信用使用的共同门槛

排放交易计划承认（在某种情形下且受到某种限制）清洁发展机制和联合履约灵活机制项目颁发的信用。另外，各成员国之间关于使用这些信用的规则也有所不同。欧盟利用修订的指令协调了这些规则。

新的规则把清洁发展机制和联合履约灵活机制信用的使用限制在欧盟2008—2020阶段减排量的50%。实际上，这意味着参与者将能够在2008—2012阶段使用这些信用最大可达到它们分配限额的11%。可能允许参与者利用最低比例的免费分配限额对2008—2012阶段的限额进行补充。在2013—2020时期的第三交易阶段，新部门和新加入者将保证对清洁发展机制 / 联合履约灵活机制项目信用的利用达到最小值，占它们可核实的排放量的4.5%；对于航空部门，最低的利用比例将为1.5%。

基于在良好的国际协议背景下更为严格的减排，欧盟委员会已经发出信号允许利用其他另外的信用，同样也包括利用国际协议下其他类型的项目信用或者创建的其他机制所获得的信用。

新的机制项目

根据修订的欧盟排放交易计划，欧盟成员国可以为未包含在计划内的部门实施的温室气体减排项目颁发信用。为了保证整个计划的可交易性，国内基准线和信用项目要按照共同的欧盟规则进行管理。

新国际协议的作用和许可证分配

当某一国际协议达成时，欧盟委员会出于竞争考虑，将修订或废除关于免费分配排放定额的欧盟规则。另外，如果其他国家采取重大行动，那么欧盟排放限额可能降低至与 1990 年排放水平相比的 30%。

2020 努力共享

欧洲议会于 2008 年 12 月 17 日通过了温室气体来源未被涵盖在欧盟排放交易计划中的欧盟成员国的 2020 年目标（与 2005 年水平相比较的目标描述）[1]，具体见表 4.1。这些限制主要是针对来自道路运输、供热和农业等非欧盟排放交易计划部门。

表 4.1　与 2005 年排放水平相比，非欧盟排放交易计划部门至 2020 年的温室气体排放的限制					
与参考年相对照的排放百分比（％）（2005）					
奥地利	84	德国	86	荷兰	84
比利时	85	希腊	96	波兰	114
保加利亚	120	匈牙利	110	葡萄牙	101
塞浦路斯	95	爱尔兰	80	罗马尼亚	119
捷克	109	意大利	87	斯洛伐克	113
丹麦	80	拉脱维亚	117	斯洛文尼亚	104
爱沙尼亚	111	立陶宛	115	西班牙	90
芬兰	84	卢森堡	80	瑞典	83
法国	86	马耳他	105	英国	84

根据欧盟委员会的说法，相对于共同的参考基准年 1990 年，把 2005 年作为参考年份具有两个优点。第一是这些目标更容易理解，因为它们指的是当前的现状；第二是由于排放监测手段的进步，2005 年的数据比 1990 年的数据更

---

① 欧洲议会首先采取的立场，于 2008 年 12 月 17 日宣读对欧洲议会及其理事会的决定 /2009/EC 号指令关于欧盟成员国努力减少温室气体排放以满足共同体至 2020 年的温室气体减排承诺所采取的观点。

准确。经过改革，第三阶段的排放交易计划也承认利用经认证的减排量实现这些目标的权利，最多可使用 2005 年排放量的 3%（几乎占非排放交易计划部门所要求的 10% 折算的三分之一）。各成员国必须降低它们的非排放交易计划部门的排放，或者仅仅允许它们增加 5% 的排放，但各成员国也可以使用额外的 1% 的经认证的减排量信用额（奥地利、芬兰、丹麦、意大利、西班牙、比利时、卢森堡、葡萄牙、爱尔兰、斯洛文尼亚、塞浦路斯和瑞典）。这些信用只能来自最不发达国家和小岛屿发展中国家的清洁发展机制项目，并且必须是银行不能接受的和不可转让的。

欧盟排放交易计划补充完善的发展历程

国家交易计划

欧盟排放交易计划为完成气候目标而涵盖了国家交易计划中的所有部门，如今看起来似乎是无须如此复杂而且是无益的。然而，利用交易计划设法处理欧盟排放交易计划之外的部门问题具有潜在意义。英国是目前唯一的积极贯彻实施这一方法的欧盟成员国，英国排放交易计划（现在已终止）使用的是相同的立法基础。

英国排放交易计划将被升级为碳减排承诺计划（CRC）[①]。该计划涵盖了没有被欧盟排放交易计划包括进去的部门中的企业和其他组织，但是它要足够大，是重要的能源使用者。像欧盟排放交易计划一样，碳减排承诺计划将是一个强制性的限额交易计划，但仅仅在英国受到制约。它的目标是到 2020 年减排 4400 万吨二氧化碳，低于预期显著增长的基准线。确定是否合乎碳减排承诺计划的资格是通过检验电力使用是否超过 600 万千瓦时／年，而且该计划将涵盖所有的能源使用，包括电力。因此，它是一个类似于早期英国排放交

---

① CRC 最初被称为能源履行承诺（EPC），但为了避免和构成英国由建筑物能源履行指令所要求的建筑物证书制度中的能源履行证书相混淆，改成现在的名字。

易计划的关于下游领域的限额交易制度，主要目标是改善能源最终使用效率，这样做通常能够发现最低的减排成本。

规定 600 万千瓦时的资格门槛意味着只有大型组织被包含进来。预期约有 4000—5000 个参与者。这些参与者将是大型商业组织（譬如银行、宾馆和饭店连锁、超市）、政府办公楼、医院和大学等。为了避免加入碳减排承诺计划而发生的策略重构现象，私人部门"组织"将被确定为公司组织。把小型组织排除在外主要是想降低行政监管成本和减少政治反对压力。当该计划需要欧盟国家援助的认可时，由于其所涵盖组织的低能源集中度，所受到的可能影响也会受到限制。该计划将由英国环境署进行管理，环境署也充当欧盟排放交易计划的管理者。任何已经被包含在英国气候变化协议的欧盟排放交易计划中的排放都被排除在外，除了来自参与者使用的电力生产的过程排放之外。至此情形，将发生两个计划的"双重覆盖"，但在两个计划内具有不同的责任——欧盟排放交易计划关注上游领域，碳减排承诺计划关注下游领域。

为了实现计划的环境有效性和避免出现欧盟排放交易计划发生的暴利问题，所有的碳减排承诺计划排放权分配被建议使用拍卖方式。为了避免由此而引起的竞争问题，根据提议，将从计划开始时所得的拍卖收益按照与排放总量的比例返还给参与者。这种方法在保持碳价格激励时，使得可能产生的再分配效应最小化。收益返还的替代选择，即通过降低劳务税或者以部门基准线为基础，可能产生更大的环境和经济效益，但可能遭到利益受损者的更大反对风险。另外，有人提议，通过与欧盟排放交易计划建立"购买唯一的联系"，在计划内对碳价格实施一个"安全阀"。换句话说，即使计划参与者的表现较差，其价格也将仅仅被允许提高到欧盟排放交易计划的许可证价格水平。由于参与者的非能源集中性质（典型能源成本所占比例少于总成本的 3%），竞争影响可能很小。然而，这一安全阀也被认为可能降低机制的有效性。联系的唯一购买性质也保护了欧盟排放交易计划的一致性。所有的企事业单位（很小的除外）将继续支付气候变化税（CCL）。

该计划将于 2010—2012 的 3 年阶段的初期开始发起，计划从 2013 年起，即

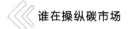

后京都时期，所有的分配将利用适当的完全拍卖制度，以固定的价格进行出售。

对可再生能源的支持和碳市场

对可再生能源的生产和／或利用的国家支持机制遍布整个欧洲，尤其是对来自诸如太阳能、风能和生物质能的新型可再生能源的电力。一些市场自由主义经济学家已经宣称，这些支持措施当前毫无必要，因为欧盟排放交易计划以最有效的方式使得碳成本内在化。但这些论点忽略了对两点重要因素的考虑。

第一，他们假定目前碳市场上现存的碳价格是充分竞争性的。实际上，大部分气候变化成本的评估模型指出，要完全内在化气候变化成本需要更高的价值，而且，气候变化固有的不确定性使得确定任何单一的"正确价格"都存在困难。因此，目前的碳市场本身可能不足以确保低碳燃料和技术竞争的改善，而这些低碳燃料和技术是向低碳经济转型所必需的。

第二，存在其他的理由支持创新和新技术开发。人们已经对技术成本由于研究开发和技术市场的成长而下降产生了良好的认同感。因此将证实对于满足我们在低碳世界中的能源需求的技术集成的态度是相当乐观的，虽然该技术集成尚不存在，或者目前仅仅能够在没有竞争成本的情况下获得。尽管私人发明者、开发者和投资者出于对未来销售前景的考虑存在一定的激励因素，但是因为智力资产在长期会得到极为广泛的扩散，最初的开发者无法确保获得创新带来的所有经济效益。这就是政府对所有类型的存在潜力的有益创新的早期阶段进行扶持的经典案例。该案例对低碳技术而言尤为典型，显而易见，可持续能源体系需要进行技术开发和创新（详见第 2 章，图 2.7）。

可再生能源技术明显能够通过市场扩张，或者"干中学"而获得成本降低的好处。尤其是在电力市场，它们生产一种可输送的商品，而与已被广泛接受的化石和核燃料的利用技术展开竞争。有人辩称，对可再生能源的目标支持是"不公平的"，当考虑到历史上对竞争者技术发展进行公共支持的结果时，它显然是无效的。20 世纪的大部分时间，化石燃料电厂受益于垄断电力系统承担的研究开发工作，同样也受益于政府对其他部门的其他独特技术的直接支持，譬如航空部门的燃气涡轮机技术。核电厂虽然开发利用时间离现在较近，但得到政府实质的支持时间超过了 60 年，尤其是在寻求发展核技术用于军事目的的国家。因此，集中给予可再生能源一个实质阶段的支持是为实现"公平竞争环境"进行的修正，而不是非公平竞争。

尽管在欧盟研究、技术和示范（RTD）项目中对可再生能源技术具有巨大的支持力度，但是，对技术开发进行早期阶段部署的最大支持者是国家。这实质上部分反映了产业政策推动者对国家可再生能源的内在支持。一旦所有国家的支持机制都要求遵守欧盟立法，从创新政策推动者的角度考虑，发起国将国家支持设计成为获得经济效益增长机会最大化的机制是不可避免的。

另外，产业成功的故事显然起因于国家支持。尽管丹麦是一个相对小的经济体，但却是全球风能产业的主要玩家，这应部分归因于 20 世纪 70 年代发起的丹麦国家支持项目推动丹麦小型风能生产企业促成的"率先行动者优势"带来的机遇。最近，德国在欧洲光电（PV）部门中的领导地位某种程度上应归功于建立德国光电一体化大型市场，这是由于有相对充分的支持机制而实现的。

对于早期阶段的部署，对可再生电力进行支持存在两种明确途径：价格优惠［通常被称为"可再生能源上网电价补贴"（FITS）］和容量义务［通常通过对可再生能源证书（RECs）的要求，有时被称为可交易的绿色证书（TGCs）］[①]。实质上，这些部署把这两种途径映射为碳定价。一种途径是价格通过规则固定而数量允许变化（碳税和可再生能源上网电价补贴）；另一种途径是，总量固定（碳限额和交易或者可再生能源证书）而允许价格变化并由此产生的商品交易。关于在理想的供给确定情况下的均衡，以及不确定情况下采取的不同途径的相对优势的一切相同的论述，请参阅第 2 章。

实际上，关于对碳税和碳交易之间的选择问题，通常是根据政治可行性或权宜之计而做出的。尽管选择可再生能源上网电价补贴的"价格固定"途径在理论上是等价的，但对承诺尽量不干预市场的政府似乎没有吸引力，如美国、

---

① 或者在美国，美国对垄断市场进行管制更为普遍，可再生能源投资标准，RPS。

英国和澳大利亚；但对具有干预市场传统的欧洲大陆国家更具吸引力。在欧洲，对可再生能源上网电价补贴途径的优点似乎至少在分析上形成的一致意见日益增多（Mitchell & Connor，2004）。该观点主要基于两点考虑：第一是纯经验主义——可再生能源生产，尤其是风能，使用可再生能源上网电价补贴（如德国和西班牙）使其市场扩张迅猛，显著快于那些使用可再生能源证书的国家（如英国）。当然，这可能是由于包括需要大量文件证明的土地利用变化的获批手续等一系列不同因素的影响。第二是更理论化的论述，但被市场玩家所支持。这是因为当项目现金流依赖于可变的价格证书而不是固定的价格关税时，为获得金融机构的支持更加困难。

正如碳一样，存在可再生电力的自愿市场。这些自愿市场对确立，如电力等，在根本上无差别的商品市场上"绿色能源"概念的合法性是有帮助的。许多监测和认证体系要求建立可再生能源上网电价补贴系统，或者是可再生能源证书系统，它们的产生存在企业家和支持机构早期努力确立绿色能源产品优惠的历史渊源。在某些情况下，会指定几个百分点的市场份额。这样的自愿产品计划可能继续存在。尽管如此，在由管理干预产生的大量产品的市场上发生的"额外性"问题使得自愿绿色产品不可能到达主流消费者手里，至少在欧洲如此。

在欧盟背景下可能不可避免的是，关于建立一个协调统一的欧洲计划与基于不同途径、定义和规则各自建立的国家计划相对照，哪一个计划更为可取仍然存在争论。在欧洲电力市场，建立一个欧盟计划似乎是合乎逻辑的结果。然而，可再生能源政策的目标、资源的可获得性和成本以及现存的支持计划不同，以致建立完全统一的制度似乎不可能满足所有成员国的需求。

基于上述原因，欧盟已经建立了关于可再生电力功能协调的确定性制度——可再生能源原产地保证（REGO）制度。该制度要求成员国根据可再生能源电力企业的要求，在各自的领土范围内识别并认证生产的可再生电力。然而，并没有要求其他成员国是否在它们自己的可再生电力支持计划内的认证体系必须接受可再生能源原产地保证。因此，可再生能源原产地保证为进口电力是否属于可再生的真实性声明提供了一定信心①，但是它们自己不能为通过国家支持项目促进财政激励提供相应的依据。

2008 年，欧盟委员会已经为利用可再生能源原产地保证作为建立一个更加和谐的支持制度的基础做了一些努力。与具体数量的可再生电力的输送相联系的可交易可再生能源原产地保证制度将是朝此方向发展的一个行动步骤。然而，它可能是向欧盟可再生能源证书制度发展的步骤之一。它要求支持机制发生细致且重要的改变以达成一致定义而又可调整的目标。它也可能存在逐渐削弱可再生能源上网电价补贴制度基础的倾向，这一点是不受欢迎的，因为人们广泛地认识到可再生能源上网电价补贴制度比可再生能源证书制度更为有效，尤其是在那些使用可再生能源上网电价补贴制度的成员国。因此可能无法达成这方面的协议。至少在短期内，重点可能在于对国家计划的加强和改善。

本章的重点不仅是对利用支持可再生能源政策工具对欧盟排放交易计划加以补充的原因进行了思考，而且对诸如此类的支持计划和欧盟排放交易计划之间的相互作用和影响也进行了权衡。在欧盟排放交易计划问世之前，人们广泛地认为可再生能源支持计划是努力使气候变化内在化的一部分。从狭隘的意义上说，关税或者包含碳减排价值的证书价值在当前电力制度受到碳限额的割裂碳市场支配的背景下难以证明其正当性。

也不应该忘记可再生能源具有其他潜在的目标。可再生能源也在大部分污染方式和其他环境压力方面提供了减排。事实上，一些政策目标并不具有环境特征。丹麦对风能的早期支持，现今看起来是一个气候政策典范，它的发起是希望通过干预脱离对石油的依赖而使能源供应多元化。能源安全性是许多国家可再生能源政策的重要目标之一。通过发展多样化的可再生能源也提供了诸如创造就业和发展本地产业等社会和经济的好处。

在欧洲，可再生能源支持计划依然应该被看作是碳减排整体战略的主要部分。正如上文所解释的，两种外部效应（碳和创新投资不足）之间的相互作用

---

① 更多信息请参考：www.ofgem.gov.uk/Sustainability/Environmnt/REGOs/Pages/REGOs.aspx

证实，更加动态的碳政策途径比通过单一的碳价格进行供给的途径更为合理。长期的碳政策不仅需要目前最低的碳减排成本，而且需要进行创造性的选择，以便为在将来实现更廉价的、非增量的减排提供可能性。

对能源效率的支持和碳市场

欧洲各国和欧盟已经各自独立地发展了针对提高能源效率的支持机制。就可再生能源而言，在欧盟排放交易计划假定碳定价将以最有效的方式使碳成本内在化的背景下，这些支持机制已经受到质疑。

碳定价政策的设计主要是建立在，整个经济的"正确"定价将以最低的成本履行减排的假设基础之上。在提高能源效率的市场干预情况下，需要提出两个重要观点：第一，欧盟排放交易计划不可能将碳定价应用于所有的能源效率决策中；第二，大量的证据表明，完全市场理论对许多能源利用决策并不适合。譬如，出现市场失灵，这不同于适当的碳定价的失灵问题。我们将分别讨论这些问题。

上文已经阐明了欧盟排放交易计划的范围。欧盟大约60%的碳排放量依然被完全排除在该计划范围之外：它们包括运输、家庭、农业和大量能源非集中的产业、商业以及公共部门。事实证明，提高和改善这些部门的能源利用，对产生碳减排具有巨大的潜力。因为下文阐述的理由，极有可能使这些部门的能源效率潜力大于能源部门本身以及涵盖在欧盟排放交易计划中的能源集中产业。关于对改革欧盟排放交易计划的倡议，将通过在2011/2012年把航空部门包括进来这一举措，在一定程度上改善这个问题，但是这并没有改变这一涉及广泛的问题——欧盟大量能源利用被排除在欧盟排放交易计划体系范围之外。由于欧盟排放交易计划范围的限制，对这些部门改善能源效率采取干预措施是合理的。

一系列市场失灵问题制约了成本有效性技术的投资，因而对整个经济的能源效率进行干预也被认为是合理的。这些市场失灵以及设法消除市场失灵的政策干预与对气候变化的关注无关并早于对气候变化的关注。关于提高能源效率的障碍存在许多分类（Sorrell et al.，2004）。其中最重要的包括不完全信息、缺乏深谋远虑的投资、缺乏对提高能源效率及其效益的一致责任（如地主和佃户之间）以及成本有效性产品借贷的资本市场的失灵等。上述这些障碍是能源市场的固有特征，这是成本效率分析者们达成的广泛的一致意见。尤其是，经济学理论中的"经济理性行动者"的假设无法对所观察到的人类行为提供一个非常彻底的解释，而且似乎没有理由期望它在将来能够做到。

这些市场失灵的结果造成大量提高能源效率的成本有效性的机会损失甚至不存在一个正的碳价格。换句话说，碳减排的边际减排成本曲线有一部分成本显著为负，这一观点已经由麦肯锡公司推广普及（Endquist et al.，2007）。该项分析的具体细节受到了公正的评价，虽然没有被麦肯锡公司引用，但是其基本分析却已被广为接受，对于许多国家和部门的详细分析可追溯到20世纪70年代。这些分析经过彻底地同行评议，并被联合国气候变化专门委员会广泛接受（Levine et al.，2007）。

文献被如此广泛接受的原因很重要，即对能源效率的政策支持早于对气候变化和碳排放的关注。作为对能源政策、经济、社会和有关安全问题以及环境政策等一切关键目标的支持，能源效率的提高被广泛接受。因此，支持能源效率的政策和措施被很好地解读，虽然对碳排放的关注明显加强了它们的重要性。

市场失灵的存在意味着以市场为基础的解决方案并不一定是在市场内实施干预的最有效方法，来自对能源利用产品市场的实际干预证据支持了这一理论观察。一些具有最高成本有效性的手段是相对直接的"命令控制"管制方式。最著名的是关于建筑物和能源使用设备（如锅炉、电冰箱和汽车等）的标准。大部分发达国家在受到20世纪70年代的石油冲击导致的后果后，引入了建筑物能源标准，目前得到非常广泛地使用，而且大部分国家出于对气候变化的关注采取了更高的标准。与此相似，目前电器设备标准使用也十分广泛。直接的管制方法不仅降低了管制（交易）成本，假如能够对未来的标准给予充分注意，它也可以为产业发展提供一个清晰的框架，在该框架内以成本递减的方式开发新产品并进行大批量生产。没有任何地方对政策制定者提出过不具备最低标准的市场化手段是更可取的严肃建议。

尽管能源效率管制是"非市场"手段，但是它对碳市场依然具有重要的意义。提高能源终端利用效率，常常会降低任何排放交易计划限额内的碳排放，尤其是电力。在一定程度上，这是由以标准形式呈现（或者诸如谈判协议等相关政策）的政策干预推动的，政策制定者必须确保制定的碳排放限额是建立在对未来市场结构变化的良好认知基础之上。能源效率管制的影响是显著的，例如，对欧洲和其他一些国家逐步淘汰传统白炽灯照明的建议将改善能源效率，从而降低了有关的碳排放，降低的额度是目前白炽灯仍然占据重要地位的照明市场的 4 倍。这些变化在碳市场政策中能够得到允许并起到示范作用。

以项目为基础的碳市场产生的可能影响更为复杂。诸如联合履约和清洁发展机制等手段的逻辑是，项目信用应该建立在"额外"能源和 / 或温室气体减排的基础之上。因此，在这些工具中，额外性的量化十分关键，通常采取的方法是根据最低法定标准的基准线或者当前的市场平均值确定额外性的大小。这可能提高了对能源效率不恰当激励的预期，尤其是清洁发展机制 ①。如果清洁发展机制项目主办国监测的额外性高于最低标准，那么，该国将通过收紧能源效率标准从而降低任何已安排好的能源效率项目的清洁发展机制信用的合格门槛。在清洁发展机制下，主办国为了使其碳信用收入最大化，将产生设法制定松懈标准的激励。显而易见，该问题能够通过将信用建立在更客观和国际标准的基础上来加以处理。然而，使用"最便利技术"的基准线无疑淘汰了所有项目，甚至使根据"当前具有成本有效性"技术制定的标准高于没有受到干预的市场实际可能产生的标准。

能源企业承担能源效率责任，是能源效率政策的一个方面。利用能源零售商作为改善能源效率的机制已有很长的历史。它起源于美国受管制的垄断电力市场，特别是在 20 世纪 80 年代市场自由主义盛行之前。干预通常被看作是"最低的成本规划"或者"综合资源规划（IRP）"，这意味着，与增加新的供给

---

① 实际上，至今 CDM 现存规则极大程度地阻止了能源效率的利用，这已经承认是存在问题的。

相比，如果投资于提高能源效率能够实现更低的成本（因为提高能源效率的障碍始终不变），垄断企业应该选择设法提高能源效率。许多国家为了处理能源供给市场的竞争结构问题开始采取政府干预，干预的方式开始于英国，并经过逐渐修正，一直扩展到欧洲其他国家。与其说该政策是一个成本最低的资源规划，不如说是通过明确能源零售商或批发商的能源效率责任，从而提出节约能源或降低碳排放。它的发展趋势是通过"能源效率证书"的方法使得这些责任能够交易。该证书通常被称作可交易的白色证书（TWC），以与碳交易（黑色证书）和可再生能源交易［绿色证书（TGCs）］相区别。

最初英国采取的是供给者承担责任的方式，这种方式在欧洲其他国家产生了更明显的交易，其中法国和意大利最为著名，目前经济合作和发展组织其他成员国也开始了这种交易[①]。最初的经验总体上是积极的，虽然许多国家由于政策刚刚实施而来不及进行完全的评估（Lees，2006）。

在一定程度上，欧洲可交易的白色证书（TWC）计划在电力上的应用，与欧盟排放交易计划关于可再生电力交易的应用具有同样的关系，即欧洲可交易的白色证书并没有完全获得碳价值。假如干预政策大大促进了成本有效性技术的使用，那么它是因为其他因素而获益。欧洲可交易的白色证书计划降低实际的碳排放几乎是确定的。英国欧盟排放交易计划中关于电力发电机的碳排放限额清晰地假定能源效率责任可以完全让渡，而且，欧盟关于2013年后欧盟排放交易计划政策预期可能遵循同一途径。重要的是，欧洲可交易的白色证书普遍被应用到涵盖在能源效率责任中的部门所使用的一切燃料，而它们大部分被排除在欧盟排放交易计划范围之外，因此，对于这些燃料而言，能够推断出欧洲可交易的白色证书包括能源节约产生的碳价值。

至今，实现能源效率的这种途径仅仅被限制在欧洲可交易的白色证书指定的能源效率项目的机制方式上。在大多数情况下，能源效率项目的信用属于事前确定，即投资于某一特定技术（譬如，额定功率的冰箱）的证书数目依据有

---

① 请参照 Vine & Hamrin，2008；Bertoldi & Rezessy，2008；Pavan，2008。

关技术效率及其基准线竞争者的知识，由计划管理者提前确定。对于了解清晰的技术，出现失误的情况可能较小，并且由交易成本降低所获得的收益远远超过失误造成的损失。一些计划没有遵循这种方式，清洁发展机制最为明显，它需要昂贵的事后监测费用，尽管能源效率项目存在最优成本有效性的碳减排机会，但依然没有开发。欧洲可交易的白色证书计划的这一方面工作对有计划展开的清洁发展机制具有重要的借鉴意义。

到目前为止，没有人试图实施关于能源供给者对其能源使用者的"限额与交易"的途径。然而，关于采取此类途径的想法已经被提及，其中最有名的是英国政府的咨询协议。有证据表明，能源供给者不可能对他们的顾客的能源使用量产生影响，而且需要确定这一方式是否切实可行（Eyre，2008）。

对交易范围激进扩张的建议

上文所述，当前关于排放交易的计划和规划集中包括电厂等大型工业来源，并且有扩张至航空业的计划。然而，大量的并且日益增长的碳排放，部分是来自建筑物、陆地交通工具和照明工业等小型来源。虽然还没有出现关于碳交易扩展至这些排放者的案例，但有人已经建议这样做。这种大体相同的概念具有几个不同的版本，但是最基本的有两个模型：

（1）最初的建议被称为可交易能源定额（TEQs）。该建议要求，所有的经济都要确定碳排放上限，并将定额免费分发给个人，然后拍卖给各个企业（Fleming，1997）。方法总体上相同，但相匹配的各种不同的分配机制被用于其他的建议计划中，诸如"限额和分享"以及"天空信托"等（Barnes，2003；Matthews，2007）。

（2）在个人的直接控制下，分配方式被限制在能源利用领域，譬如，家庭能源和私人交通，现在一般称为大类私人碳交易（PCT）（Hillman & Fawcett，2004；Fawcett et al.，2007）。

可交易能源定额（TEQs）具有只要求在能源链的顶端实施的特点。譬如，化石燃料的开采点或进口点。这使得在管理原则上相当直接（Fleming，2008）。

它的目标是确定整个经济的碳价格，并进行许可证的最初公平分配。该建议的假设前提是，许可证的供给能够紧跟以某种公平而有效的方式控制排放——该计划被看作是一种气候减缓的"银弹"政策。然而，该建议的范围和欧盟排放交易计划的范围存在部分重叠，目前大多数分析者把它看作是政策"假设"。即使欧盟排放交易计划可能向可交易能源定额建议逐渐转变，它也不会是一种直接的改变（Anderson & Starkey, 2005）。一般而言，这些不同的版本建议已经由经济改革者加以设计，使其从政策进程中分离出来。虽然已经开始筹划计划的设计问题，但是，还没有具体讨论有关管理、实施和政策可接受性问题的实际挑战。

相比之下，私人碳交易（PCT）已被设计成为欧盟排放交易计划的补充[①]。该建议需要下游监测和实施，其目标是保证能源使用者更加积极地开展碳减排。确实，私人碳交易的支持者通常并不把该计划当作一种纯粹的经济工具。恰恰相反，有人认为，在品质上私人碳交易与碳税和上游交易不同，它是通过个人化的碳分配，作为改变私人态度并致力于能源和碳问题的一种方法。

任何一种版本都具有直接和透明地设法处理私人碳排放的吸引力，上游的缺陷通过保证最终消费者的产权而得到弥补。原则上，任何分配制度都可以使用，虽然明显出于公平原因，从任何细节上考虑的唯一选择是人均公平分配定额。通常所建议的范围涵盖个人交通，比家庭能源供给者的责任更宽泛。

在英国，私人碳交易在涉及广泛范围和概念上的简单性的结合引起了政治上的关注，导致了一系列的详细研究（Accenture, 2008；CSE, 2008；Defra, 2008；Enviros, 2008）。这些研究的大概结论是私人碳交易制度在技术上是可行的，但是制度的建立和维持需要付出高昂的费用。公众接受度是未知数，而且在缺乏制度制订和运行的情况下难以判断。英国政府得出结论称，除了收益高于其他减排途径外，难以证明私人碳交易的成本是合理的。如果假设私人碳交易纯粹作为一种经济工具运行，该结论似乎符合逻辑，因为上游替代同样有

---

① 私人碳交易计划包括欧盟排放交易计划内的电力使用，但是，施以激励的碳减排措施的两种方法是不同的——欧盟排放交易计划针对上游，而私人碳交易针对下游。

效，同时它的实施简单廉价（譬如，澳大利亚排放交易计划中处理运输排放的方法，碳污染减低计划）。然而，私人碳交易的支持者宣称，私人碳交易有效性的获得可能更多的是通过心理和社会因素，而不是价格弹性。在缺乏证据的情况下，这种意见差异无法解决。在任何司法管辖范围内，实施私人碳交易的决策可能最终取决于政治状况。把排放权分配给居民并将他们置于承担减排责任的义务之下，标志着应对环境问题的政治经济将产生重要转变。

结论

本章勾勒了碳交易在欧盟气候政策中所扮演的角色。最初采取该政策是由于一系列特定的背景——《京都议定书》的交易条款、对欧盟在处理气候变化问题上领导作用的期盼、碳税建议存在困难以及避免竞争性的国家倡议的需要等。

虽然当前欧盟排放交易计划的存在已为人们广泛接受，实际上最初它是一项有争议的政策。它的设计反映了它要获得广泛的利益相关者的支持，包括各国政府和具有不同优先权的产业部门，或者至少被接受的需要。最初的限额范围反映了一种政治协商的结果，而不是经济或环境产出的最优化。这解释了现今广受批评的一些问题。这些问题包括允许成员国确定限额的决议、过度分配导致的碳价格崩溃、电力生产者从免费分配的许可证中获得的暴利等。

尽管欧盟排放交易计划的发展是好坏交替，但无疑是气候政策的一个里程碑。与任何其他碳市场相比，欧盟排放交易计划的规模无与伦比，而且和清洁发展机制相联系，给发展中国家带来了巨大的碳资金，尽管这种联系会降低碳价格。虽然欧盟排放交易计划许可证呈现出不同的价格，但现今这已经引起了相应的变化，如对某些投资和经营决策产生了影响。更进一步地说，以市场为基础的途径的内在灵活性允许价格针对目前的经济危机进行调整。免费分配所获取的经验导致了拍卖的增加。简而言之，随着欧盟排放交易计划的扩展，逐渐包括欧盟的新成员国、航空排放以及其他温室气体，对拍卖需求的承认是一个学习的过程。

排放交易或者任何的碳定价方式，从来没有被期望成为一个彻底的碳政策。欧盟及其成员国继续实施其他激励政策进行补充，其中最有名的是推动低碳技术的创新，因为目前低碳技术的发展过于昂贵而无法从碳市场获益（尤其是可再生能源）；促进能源效率的提高，因为这受到其他市场失灵的制约。

参考文献

Accenture (2008) An analysis of the technical feasibility and potential cost of a personal carbon trading scheme, Report to Defra, UK.

Alexis, A. (2004) Protection de l'environnement et aides d'État: La mise en application du principe du pollueur–payeur, R.A.E.–L.A.E, 629–640.

Anderson, K. and Starkey, R. (2005) Domestic Tradable Quotas: A policy instrument for reducing greenhouse gas emissions from energy use, Tyndall Centre Technical Report No. 39.

Barnes, P. (2003) Who Owns the Sky? *Our Common Assets and the Future of Capitalism*, Island Press, Washington DC.

Bertoldi, P. and Rezessy, S. (2008) Assessment of White Certificate Schemes in Europe, Proceedings of ACEEE Summer Study on Energy Efficiency in Buildings.

CEPS (2002)Greenhouse gas emissions trading in Europe: Conditions for environmental credibility and economic efficiency, CEPS Task Force Report No 43.

Commission of the European Communities (1996) Energy: Consequences of the proposed carbon/energy tax, SEC (92).

Commission of the European Communities (2000) Green Paper on greenhouse gas emissions trading within the European Union, COM (2000) 87 final, 8–20.

CSE (2008) Centre for Sustainable Energy. Personal carbon trading: Equity and distributional impacts, A report to Defra, UK.

Defra (2008) Personal carbon trading: An assessment of the potential effectiveness and strategic fit, Defra, UK.

EEA (2007a) Annual European Community greenhouse gas inventory 1990–2005 and inventory report 2007, Technical Report no 7, EEA.

EEA (2007b) Application of the Emissions Trading Directive by EU Member States, reporting year 2006, EEA Technical Report No 4/2007.

Ellerman, A. D. and Buchner, B. K. (2007) The European Union Emissions Trading Scheme: Origins, allocation and early results, *Review of Environmental Economics and Policy*, vol 1, no 1, 66–87.

Endquist, P.–A., Nauclér, T. and Rosander, J. (2007) A cost curve for greenhouse reduction, *The McKinsey Quarterly*, vol 1, 36–45.

ENDS Report (2008) Two thirds of UK EU ETS installations in surplus, *ENDS Report*, vol 397, 9.

Enviros (2008) Enviros and opinion leader research: Personal carbon trading – public acceptability, A report to Defra, UK.

Eyre, N. (2008) Regulation of energy suppliers to save energy: Lessons from the UK debate, Proceedings of the British Institute of Energy Economists, Oxford.

Fawcett, T., Bottrill, C., Boardman, B. and Lye, G. (2007) Trialling personal carbon allowance, UKERC Research Report DR/2007/02.

Fleming, D. (1997) Tradable quotas: Setting limits to carbon emissions, Discussion Paper 11, *The Lean Economy Initiative*, London.

Fleming, D. (2008) DEFRA's pre–feasibility study into personal carbon trading: A missed opportunity, The Lean Economy Connection, London.

Frémont, R. (2005) Les plates–formes de marché et le fonctionnement du système de quotas CO_2, *Note d'étude de la Mission climat de la Caisse des dépôts*, no 3, www.caissedesdepots.fr/IMG/pdf/note3_plateformes_210605.pdf.

Grubb, M. and Neuhoff, K. (2006) Allocation and competitiveness in the EU Emissions Trading Scheme: Policy overview, *Climate Policy*, vol 6, 7–30.

Grubb, M., Azar, C. and Persson, U. (2005) Allowance allocation in the European Emission Trading System: A commentary, *Climate Policy*, vol 5, 127–136.

Halleux, J. F., Velghe, R. and Pype, J. (2006) The development of the Kyoto Protocol and European Union Emissions Trading Scheme Registry Systems, *Revue E tijdschrift*, vol 122, no 4, 29–34.

Henry, L. A. and Sundstrom, L. M. (2007) Russia and the Kyoto Protocol: Seeking an alignment of interests and image, *Global Environmental Politics*, vol 7, no 4, 47–69.

Hepburn, C., Grubb, M., Neuhoff, K., Matthes, F. and Tse, M. (2006) Auctioning of EU ETS phase II allowances: How and why?, *Climate Policy*, vol 6, no 1, 137–160.

Hillman, M. and Fawcett, T. (2004) *How We Can Save the Planet*, Penguin Books, London.

IPCC (1999) *Aviation and the Global Atmosphere*, Cambridge University Press, Cambridge.

Lees, E. (2006) Evaluation of the Energy Efficiency Commitment 2002–2005, Report to Defra, Eoin Lees Energy.

Levine, M. D., Ürge–Vorsatz, D., Blok, K., Geng, L., Harvey, D. and 8 others (2007) Residential and commercial buildings, in *Climate Change 2007: Mitigation,* Contribution of Working Group III to the Fourth Assessment Report of the Intergovernmental Panel on Climate Change, Cambridge University Press, Cambridge.

Luypaert, N. and Brohé, A. (2006) Les plans d'allocations de quotas en Belgique: Entre objectif environnemental et réalisme économique, *Revue E tijdschrift*, vol 122, no 4, 22–28.

Matthews, L. (2007) Memorandum of evidence to the UK House of Commons Environmental Audit Committee, www.capandshare.org/download_files/C&S_EAC_submission.pdf, accessed 1 March 2009.

Mitchell, C. and Connor, P. (2004) Renewable energy policy in the UK 1990–2003, Centre for Management under Regulation, Warwick Business School, University of Warwick.

NERA (2004) Review of the first and second years of the UK Emissions Trading Scheme, Defra, UK.

Pavan, M. (2008) Not Just Energy Savings: Emerging Regulatory Challenges from the Implementation of Tradable White Certificates, Proceedings of ACEEE Summer Study on Energy Efficiency in Buildings.

Peeters, M. (2003) Emissions trading as a new dimension to European environmental law: The political agreement of the European Council on greenhouse gas allowance trading, *European Environmental Law Review*, vol 12, no 3, 82–92.

Sijm, J., Neuhoff, K. and Chen, Y. (2006) CO_2 cost pass–through and windfall profits in the power sector, *Climate Policy*, vol 6, no 1, 49–72.

Soleille, S. (2006) Greenhouse gas emission trading schemes: A new tool for the environmental regulator's kit, *Energy Policy*, vol 34, no 13, 1473–1477.

Sorrell, S., O'Malley, E., Shleich, J. and Scott, S. (2004) *The Economics of Energy Efficiency: Barriers to Cost-Effective Investment*, Edward Elgar, Cheltenham.

Vertis Environmental Finance (2008) www.vertisfinance.com, accessed 20 October 2008.

Vine, E. and Hamrin, J. (2008) Energy savings certificates: A market–based tool for reducing greenhouse gas emissions, *Energy Policy*, vol 36, 467.

第 5 章

美国碳市场

引言

奥巴马成功入住白宫预示着美国的气候政策将向更为有利于开展排放交易的方向做出结构性转变。美国作为世界上最大的温室气体排放国之一，这一转变意义重大，因为排放交易在美国的建立将会对欧洲及其他地方的市场产生强大的影响。

尽管美国是在 1990 年左右就开始开展二氧化硫排放交易的先驱（Feldman & Raufer，1987），但其国内碳市场的发展可谓步履蹒跚。近来联邦政府的不作为并不意味着美国将完全停止参与二氧化碳交易。过去的十多年间，美国的排放交易在国家层面上鲜有的进步掩盖了在州的层面上开展的行动。三个区域性排放交易体系，加上加拿大的一些省份，至少有 17 个州已经建立了州层面的排放目标，并且各州通常在目标上相互竞技。例如，纽约州制定了到 2020 年减排 5%的目标（相对于 1990 年的水平），新英格兰等多州制定了到 2020 年减排 10%的目标（相对于 1990 年的水平）。还有很多州（比如加利福尼亚、佛罗里达、新墨西哥州、俄勒冈州、马萨诸塞州和佛蒙特州）已经通过了到 2050 年实现 75%到 85%不等的减排目标（相对于 1990 年的水平）。并且，近年来，很多碳交易的法案已经在国会进行讨论，若干个区域性的总量控制和交易类型的交易体系也已经出现。其中包括温室气体区域倡议（RGGI）、西部气候行动计划和中西部温室气体减排协议，一旦这些体系完全贯彻实施，它们将会涵盖美国大部分的排放。

可能的情况是，这些计划将汇集于一个新的经济体范畴的国家排放交易体系，此体系致力于实现到 2050 年减排 80% 的长期目标（White House，2009）。这可能通过两种宏观形势实现，一种自下而上的统筹发展的区域排放交易体系，或者开展从联邦到州的自上而下的新体系。这里可能会出现各州在区域性共识的基础上采取更有力的协同行动所带来的益处之间的矛盾，前者体现在更多的本地偶发行动，后者体现在如避免州与州之间的碳泄漏上。

有人曾说，新总统的能源政策让人回忆起富兰克林·罗斯福的"绿色新交易"，该交易是罗斯福在 1933 年大衰退后推出的经济和银行部门的改革计划。罗斯福的新交易以转变性改革为特点，体现在第一社会保障体系制度、激进的新银行制度和美国田纳西河流域管理局在基础设施上大规模的公共开支（和政府债务）上。

排放交易只是奥巴马—拜登新能源计划的一部分。在最初的计划中，新政府制定的目标为：在 10 年内支出 1500 亿美元，在新能源领域创造 500 万个工作机会，至 2015 年投放 100 万辆充电式混合动力车，至 2012 年可再生能源发电占到 10%。这些改革措施与美国减少对石油进口依赖性的能源安全目标密切相关（尤其是来自俄罗斯、中东和委内瑞拉的进口）。当然，能源安全应当与气候政策放在一起考虑，以便于对排放交易的发展模式做出全面的判断。

如今，美国已经对未来勾勒出了新的愿景。历史将会评判美国在履行其目标的道路上走了多远。本章跟踪了排放交易在美国迈向未来清洁与安全能源的第一步中所作出的贡献。

政治背景

前京都时代

美国早已跃居世界第一排放大国，只是近来这个位置被中国取代。美国人口只占世界人口 5%，而其排放却占到了世界温室气体排放的 20%[①]（Bang et al., 2007）。2006 年，美国的排放为 7054 兆吨二氧化碳，自 1990 年以来增长了 14.7%。因此，世界希望美国担当起气候变化领导者的角色，正如在其他领域的国际关系中一直表现的那样。

20 世纪 90 年代初期，里约地球峰会的五个月后，美国总统乔治·布什在 1992 年 10 月签署了联合国气候变化框架公约，得到了参议院 2/3 比例的支持，对国际上的温室气体行动予以支持。该公约是对签署国政府承诺为降低大气中温室气体的浓度的非约束性公约。公约对发达国家和发展中国家在降低温室气体排放的努力上设定了神圣的"共同但有区别的责任"的原则，这一原则对后续的谈判起到了至关重要的作用。布什第一届政府对于利用总量控制和交易体系政策解决环境问题也曾是积极的支持者，支持了 1990 年的清洁空气修订法案，此法案是构建强制性排放交易体系的第一个法定行动。

怀着降低国内温室气体排放的宏伟计划，尤其是关于征收能源税的提案，克林顿—戈尔政府在 1992 年执政初期，通过征税把使用化石燃料的外部成本内部化，征税得来的收入用于鼓励能源节约。此项提案遇到了强大的阻力，很多利益集团全力阻止这项立法取得成功，最终以在参议院银行委员会遭遇失败而告终（Lisowski, 2002）。1993 年，政府尝试开展气候变化行动计划（CCAP），

---

① 仅在 2006 年之后，人口超过美国人口 4 倍的中国，在排放量上超过了美国。正如我们在第 1 章中看到的，美国的人均排放超过欧盟平均值的 4 倍、印度的 15 倍。考虑到规模因素的话，中国和美国排放的对比经常成为气候变化争论的焦点。人均排放上的悬殊也经常会引发争论，因为中国占世界人口的 22%，美国只占世界人口的 5%。因此，人均排放目标相对于绝对排放目标，作为在气候政治中更为合适的基点受到了人口众多的发展中国家的青睐。

主要建立在自愿性计划的基础上寻求为希望提高能源效率的公司提供技术援助。气候变化行动计划旨在通过国内行动实现到 2000 年把美国的温室气体排放降低到 1990 年的水平的目标。但是，他们也意识到其他国家在成本效益减排上的巨大潜力（Clinton & Gore，1993）。行动计划为美国的联合履约（JI）计划设定了基础性规则，此试点计划直接对《京都议定书》的灵活机制［包括基于项目的清洁发展机制（CDM）和联合履约机制（JI）］带来了灵感。此计划的目的如下。

（1）鼓励迅速开展与实施美国与国外合作伙伴共同致力于降低温室气体排放，尤其是那些能够促进跟发展中国家和转型经济体的技术合作和促进这些国家可持续发展的协作的且双方自愿的项目。

（2）促进在更大范围内合作双方自愿的项目，对测量、跟踪和核证减排成本和效益的方法学进行测验和评估。

（3）建立一套基本经验，帮助联合履约机制制定国际标准。

（4）鼓励私有部门在温室气体净减排技术发展和传播上的投资和创新。

（5）鼓励各参与国实施更为完善的气候保护计划，包括国家排放清单、基准线、政策和措施以及适当的专项投资。

联合国气候变化框架公约在 1994 年生效之后，克林顿—戈尔政府坚持采用一套全面的国际性手段实现减排，囊括了排放源、碳汇和一揽子温室气体。1995 年在柏林召开的第一次缔约方大会上，各参与国达成了"柏林授权"（Berlin mandate），此授权免除了所设想的非附件 I 国家承担的约束性排放义务。1996 年在日内瓦召开的第二次缔约方大会上，美国的谈判代表同意与其他附件 I 国家共同承担"法定约束性中期排放目标"。

1997 年 7 月 25 日，也就是《京都议定书》定稿之前（尽管已经进行了充分的谈判，但也只是完成了终稿前一版本的草案），美国参议院以 95 比 0 的选票全体通过了伯德·哈格尔决议（S.Res.98，第 105 次美国国会），决议声明美国参议院不会签署没有对发展中及工业化国家设定约束性目标和时间表的或会对美国经济造成严重危害的任何议定书（Bang et al.，2007）。

利用交易排放许可的国际体系对碳排放进行管理的想法在 1997 年《京都议定书》达成过程中第一次被美国谈判代表宣扬，他们积极（对比于欧盟早期的抵制）支持排放交易。美国谈判代表拿出在利用有别于需求—控制的传统方法来管理燃煤电厂二氧化硫排放和汽油中铅的成功经历来支持他们的观点。

美国和《京都议定书》

伯德·哈格尔决议的通过发生在京都会议的 5 个月前，却有力地制约了美国在京都会议上的谈判立场。在京都，美国的谈判代表不能为公约中的发展中国家作出量化承诺。这使得会议主席无法在评议会上对《京都议定书》进行投票表决。然而，尽管因美国谈判代表而失败，《京都议定书》最终版本的成型却大大地受到了美国的影响。特别是，《京都议定书》中所涵盖的所有灵活机制最初是由美国提议的。1998 年 11 月 12 日，尽管美国副总统象征性在《京都议定书》上签了字，但戈尔和参议员约瑟夫·利伯曼都表示在发展中国家参与之前，议定书将不会递交给参议院进行批准。2001 年，总统乔治·布什明确表示他将不会把这份"注定有缺陷的"《京都议定书》提交参议院批准，并表明在他的任期之内美国也不会执行京都设定的目标（Chirstiansen，2003）。

乔治·布什时代

乔治·布什在成为总统候选人期间曾支持一项新的多种污染物管理体系，为抑制碳排放，此体系将对公共事业单位的二氧化碳排放进行强制性总量控制。然而，布什在当选之后却改变了他的方式，转而支持自愿性方案。不对温室气体排放进行总量控制的原因是，他担心使用更清洁但更昂贵的能源代替相对便宜的燃煤发电将导致更高的电价。布什政府认为"当前围绕气候变化的不确定性意味着切合实际的政策应当是一个循序渐进的、慎重的反应，而不应该是一个冒险的、鲁莽的反应"（美国经济顾问委员会，2002；克里斯琴森，2003）。

2002 年 2 月，布什政府发布了全球气候变化计划。这项计划的关键性政策目标是在 2002—2012 年间美国经济的温室气体强度，即单位国内生产总值的温室气体排放降低 18%。在布什政府看来，这个目标与 "《京都议定书》参与国需要完成的平均减排水平是相当的"。但是，很多分析师认为这项计划只相当于照常营业（BAU）情景。例如，范维伦等人（2002）研究表明温室气体强度降低 18% 的目标在很大程度上与技术按照历史趋势发展所取得的进步是一致的，即使不采取任何行动也会照样实现。而且，这项计划仅仅依靠自愿性合作和技术补贴实现。当局建议排放的监测和报告应该是自愿的，尽管建立一套确保排放交易体系和基于项目的机制有效实施的程序对于促进将来美国与国际气候战略间的链接是至关重要的（Chirstiansen，2003）。

在国际进程上，布什政府与几个工业化和发展中国家，包括中国、印度、日本、澳大利亚、加拿大、意大利和欧盟（EU）签署了一系列针对气候变化的双边协议；但是，这些协议只限于科学和技术上的研究合作关系，并没有设定任何量化的排放目标。

美国公众舆论上的明显变化并没有引起布什政府在其第二任期内在气候变化政策上的转变。尽管在 2000 年的时候，美国对气候变化的怀疑态度占了主流，但 2007 年的民意调查发现，84% 的美国人认为人类活动无论如何促进了气候变暖，80% 的无党派人士和 60% 的共和党人认为需要立即采取行动（Broder & Connelly，2007）。美国纪录片对民众对气候变化的转变起到了关键性作用，即转而承认气候变暖是一个重要议题并会对人类生活造成严重影响。2007 年，联合国政府间气候变化专家委员会和戈尔被授予诺贝尔和平奖，以表彰他们为引起对气候变暖危害的关注而做出的广泛而深远的努力。

2007 年底，布什总统签署了 2007 年《能源独立和安全法案》。这项法律要求在美国经济中进行一系列的能源改进，包括新推出的针对汽车、电器和燃料的效率和环境标准[1]（自 19 世纪 70 年代第一次在燃料经济标准上的提高）。通过这项法律的实施，到 2020 年汽车和货车的燃料效率标准将会提高 40%，

---

[1] 1975 年，国会通过了公司平均燃料经济性（CAFE）标准。在 1973 年的石油禁运之后，这些联邦法规志在提高美国市场上的汽车和轻型货车（卡车、面包车和运动型车）的平均燃料经济性。2007 年美国市场上汽车和轻型货车的总体燃料经济性为 26.7（美国交通部，2008）。

从每加仑 25 英里提高到 35 英里（或者是从 9.4 升 / 百千米降低到 6.71 升 / 百千米）。但是，仅靠这些措施将不足以转变美国的排放趋势。2007 年 12 月，戈尔在批判布什时代时指出，"不幸"的是，美国"成了在取得解决全球气候危机进展上的主要绊脚石"（引自戈尔 2007 年在约旦的表述）。

尽管布什政府一贯反对以任何方式对美国的温室气体排放加以强制性限制，他们系统性的并错误地把排放总量控制跟限制经济增长混淆在一起，但在国会已经有很多总量控制和排放交易体系的立法性提案，专门为设法解决温室气体排放而设计。接下来的几节将介绍最近的几个法案，这些法案已催生了针对这个议题的立法争论。这些法案是在召开的第 111 届国会和奥巴马政府为排放交易发展设定的场景下建立的。此外，具有决定性意义的国会行动和总统领导力的缺失，驱使很多城市、州、地区，甚至个别的企业①公开并直接要求对联邦的排放进行限制。

不同于《联合国气候变化框架公约》指导下的国际体系，美国普遍采取了"自愿性"的手段管理排放。尽管"自愿"这一提法早在 19 世纪 90 年代初期起源于国会（当时乔治·布什总统支持采取更为有力的行动），但自此之后被转到决策层，布什总统敦促采用自愿性的措施，并且国会愈加强调政府的干预。同样的，国会也从过去 20 世纪 90 年代（当时国会拒绝签署《京都议定书》）从阻碍美国参与国际气候协议中的绊脚石的角色转变为推动者，以自 21 世纪早期以来，大量关于建立国家总量控制和排放交易体系的法案和提案为证。

自 2007 年以来的联邦总量控制和排放交易体系法案

所有提议的气候变化立法都具有相同的特征（联邦立法程序见专栏 5.1）。

---

① 美国气候行动合作组织是由像壳牌石油、克莱斯勒汽车、通用电气这样的大型企业以及像皮尤全球气候变化中心、环境防卫基金和美国自然资源保护协会这样有影响力的非政府组织组成的联盟。他们积极请求国会制订一项强制性和全面性的温室气体总量控制和交易体系，通过此体系实现到 2050 年在 2007 年的水平上降低 60%—80% 的目标。

首先，每一项立法都需要美国环保局（EPA）公布《京都议定书》中列出的每年温室气体的排放总量（需要指出的是这些法案并不针对《京都议定书》但却列举了相同的六种气体或其中一类气体），并使用《联合国气候变化框架公约》中阐述的全球增温潜势值（GWP）将各温室气体排放总量统一转换为二氧化碳当量。其次，所有法案都要求国家排放总量按照规定的时间表在一定时间内下降，这个时间表是按照使得大气中的排放水平低于预测会引起意外或失去控制的气候变化的排放水平设定的。在第 110 届国会期间（2007 年 1 月 3 日—2009

专栏 5.1 美国联邦立法程序

美国国会的两院协同制订、辩论和通过新的法律，并每年在参议院和众议院中提出数以百计的提案——但只有少数几个会变成联邦法律。在送到总统的办公桌签署成为法律之前，提案必须历经多道程序。提案在递交到一个议院之后，会提交给一个或几个对法案的主题有裁判权的委员会处理。管辖气候政策主要的委员会为参议院的环境保护和公共工程常设委员会和众议院的商业委员会（Hight & Silva-Chávez, 2008）。

作为多数党成员的相关委员会的主席，决定委员会是否考虑这项提案。如果一个委员会选择不考虑此项提案，则此提案将胎死在委员会并停止进入立法程序。如果委员会选择考虑此提案，它将会收集信息以便能够做出通过或拒绝此提案的决定[1]。如果一个委员会通过了一项立法提案，提案将会被送交参议院或众议院正式议员进行考察，并按照各自议院的规则进行辩论[2]。一旦一项法案被一个议院通过，将会送往另外一个议院，此议院可以通过、拒绝或修订法案。如果众议院和参议院通过了不同的版本，通过协商委员会（包括了两个议

---

[1] 委员会通过召开公众听证会，在听证会上邀请专家共享他们的观点；私下会见各利益相关方团体做到。

[2] 在众议院辩论需要遵守由多数党领导的规则委员会所制订的规则。这些规则对发言人和发言时间做出了规定。在参议院，只要参议员愿意讨论这份提案辩论就可以一直持续下去，或者直到五分之三的参议院成员投票表决终止辩论。如果没有这样做的话，参议员可以通过"谈论至死"封锁一项提案。

院的成员）的安排，两个议院必须达成同一个版本。在经过了两个议院之后，法案的最终版本将递交给总统，总统可以选择签署法案而使之成为法律，或者否决法案，连同反对理由把它退回到国会中。在后一种情况下，只有每个议院在投票表决时以三分之二的多数压倒否决一方，此法案才能变成法律。最后，总统可以不需要做任何工作，既不签署也不否决法案。在这种情况下，宪法声明此法案在 10 天之后将自动变成法律，假如国会在 10 天内休会（结束会议）此法案将自行死亡。因此，总统可以仅仅通过不予理睬就可以否决在一个国会会议后期通过的立法，即通常所说的"口袋否决权"的策略。

年 1 月 3 日），共提交了 10 项覆盖整个国民经济体的总量控制和排放交易体系的法案（Pew Center，2008a）。在此我们列出了最近的五项出自参议院的提案（表 5.1）和五项出自众议院（表 5.2）的提案，按时间先后顺序排序。

表 5.1　参议院法案对比表				
	麦凯恩－利伯曼 S.280	桑德斯－博克瑟 S.309	克里－斯诺 S.485	宾加曼－斯佩克特 S.1766	利伯曼－华纳 S.2191
范围	交通部门从上游控制；大型排放源从下游控制（包括电力公共事业单位）	控制点未具体说明	控制点未具体说明	天然气和汽油从上游控制；煤从下游控制	交通燃料和天然气从上游控制；大型煤使用商和温室气体制造者从下游控制；HFC 排放上限单独设定
总量控制额	2012 年为 2004 年的水平；2020 年为 1990 年的水平；2030 年比 1990 年降低 20%；2050 年比 1990 年降低 60%	2010 年为 2010 年的水平；2020 年为 1990 年的水平；2030 年比 1990 年降低 27%；2040 年比 1990 年降低 53%；2050 年比 1990 年降低 80%	2010 年为 2010 年的水平；2020 年为 1990 年的水平；2020—2029 年每年降低 2.5%；2030—2050 年每年降低 3.5%；2050 年比 1990 年降低 60%	2012 年为 2012 年的水平；2020 年为 2006 年的水平；2030 年为 1990 年的水平；总统可能设定 2050 年比 2006 年降低 60% 以上的长期目标	2012 年比 2005 年降低 4%；2020 年比 2005 年降低 19%；2050 年比 2005 年降低 71%

续表

	麦凯恩—利伯曼 S.280	桑德斯—博克瑟 S.309	克里—斯诺 S.485	宾加曼—斯佩克特 S.1766	利伯曼—华纳 S.2191
分配方式	由管理者决定在免费分配与拍卖间进行分担	准许但不要求总量限制和交易	由总统决定在免费分配与拍卖间分担	有些部门的分配是具体说明的，包括：州9%，工业53%；增加拍卖：2012—2017为24%；2030年提高为53%；5%的配额留给农业	2012年部门配额75.5%；逐年增加拍卖：由2012年的24.5%上升到2032—2050年间的58.75%；4.25%留给国内农业和林业
抵消和其他的波动控制机制	最多30%可使用抵消；3种类型的抵消额（国际、国内和碳汇）；允许借用	可以使用生物碳汇产出的抵消额；如果价格相对于技术方案过高的话，"技术指数止损价"冻结最高限额	可使用生物碳汇产出的抵消额	生物碳汇和工业抵消额；最高10%可使用国际抵消额；从2012年开始最高限价为12美元/吨，然后以高于通货膨胀率5%的比例逐年上升	最高30%可以使用国内和国际抵消额；利用未来年份的配额创建了"成本控制拍卖"；每个公司最多可借用15%的配额

来源：皮尤全球气候变化中心，2008a

表 5.2 众议院各法案对比表				
	奥尔弗–吉尔克里斯特 H.R.620	韦克斯曼 H.R.1590	马基 H.R.6186	道格吉特 H.R.6316	丁格尔–布歇讨论草案
范围	交通部门从上游控制；大型排放源（包括电力公共事业单位）从下游控制	控制点没有具体说明	交通部门从上游控制；大型排放源（包括电力公共事业单位）从下游控制	天然气和汽油从上游控制；煤和大型排放源从下游控制	交通燃料和天然气从上游控制；电力公共事业单位和大型排放源从下游控制
总量控制额	2012年降到2004年的水平；2020年降到1990年的水平；2030年比1990年降低22%；2050年比1990年降低70%	2010年降到2009年的水平；2020年降到1990年的水平；2020—2050逐年降低5%；2050年比1990年降低80%	2012年降到2005年的水平；2020年比2005年下降20%；2050年比2005年下降85%	2012年维持本年度的水平；2020年降到1990年的水平；2050年比1990年降低80%	2020年比2005年降低6%；2030年比2005年降低44%；2050年比2005年降低80%

153

续表

	奥尔弗 – 吉尔克里斯特 H.R. 620	韦克斯曼 H.R. 1590	马基 H.R. 6186	道格吉特 H.R. 6316	丁格尔 – 布歇 讨论草案
分配方式	由管理者决定在免费分配和拍卖之间进行分担	由总统决定在免费分配和拍卖之间进行分担	逐渐增加拍卖：2012—2019 年为 94%，2020—2050 年间上升到 100%；50% 以上的拍卖收益用作承受能源成本升高的居民的税收信用 / 返还	2012 年分配 5% 的配额给发电厂，10% 给高能源强度的生产商（到 2020 年降为 0）；85% 的拍卖收益直接用于消费者援助、适应、技术、早期行动等的基金	四个选择：①大部分收益给予覆盖的实体；②小部分收益给覆盖的实体，大部分给强制性温室气体减排计划；③一部分收益用作适应资金；④大部分收益用于返还消费者资金。所有四个选择都到 2026 达到 100% 拍卖
碳抵消和其他的波动控制机制	使用抵消额的上限为 15%；3 种类型的抵消额（国际、国内和碳汇）；允许偿付利息的借用	为具体说明	使用国内抵消额的上限为 15%；使用国际抵消额的上限为 15%；允许偿付利息的借用	使用抵消额的总体上限为 25%，对具体类型有进一步限制；预计允许借用	逐渐增加对碳抵消额的使用：以 5% 开始到 2024 年达到 35%；使用未来年度的配额储备进行成本控制拍卖；每个公司借用的上限为 15%，并需偿付利息

来源：皮尤全球气候变化中心，2008a

麦凯恩 – 利伯曼气候责任和创新法案

提案简介

2003 年，参议员约瑟夫·利伯曼（民主党）和约翰·麦凯恩（共和党）引入了气候责任法案，此法案是第一个在国家层面利用总量控制和排放交易体系控制温室气体排放的立法提案[1]。气候责任法案略过了基于委员会的正常程序，

---

[1] 2001 年的清洁电力法案和清洁空气计划出现在气候责任法案之前，但它们的范围却极为有限，它们将只对电力部门的二氧化碳排放进行总量控制。

在 2003 年 10 月直接由所有参议院成员进行投票表决，表决的结果以 43 比 55 被否决。但是，参议院投票支持此项提案的参议员在针对强制性排放上限的设定上表现出了开放的态度（Hight & Silva – Chávez, 2008）。很多关键性条款，包括总量控制和排放交易、储存以及使用抵消额降低履约成本，成了美国解决温室气体问题的后续提案的基础。最初的气候责任法案通过对电力、运输、工业和商业部门设置排放上限并允许对排放权进行交易的方式寻求把 2010 年的排放量降低到 2000 年的水平。

经过对法案名称稍做修改，但仍保持相似的条款下，气候变化责任和创新法案（S. 1151）在 2005 年新的国会上重新提交。从根本上新法案与 2003 年的版本并无差别，都要求联邦政府在包括核电的新能源技术的研究和商业化上扮演更有力的角色。另外，新法案原计划把覆盖下的部门在 2010 年的总排放量控制在 2000 年的水平上，但在共和党以 49 比 6 的差额反对和民主党以 37 比 10 支持的投票结果下，这项法案最终在 2005 年夏天以失败告终。

然而，另一版本的气候责任和创新法案（美国参议院，2007a）（S. 280）于 2007 年出台，法案包含了有关排放限额的条款，排放上限在开始保持不变，然后逐渐降低。该法案由总统候选人约翰·麦凯恩和巴拉克·奥巴马共同发起，这里我们将对此法案展开分析。

范围的界定

2007 版本的法案包含了《京都议定书》中的六种气体。要求专门并指定的实体从 2012 年开始把每排放一吨温室气体所对应的一个交易配额递交给环保局，这些实体是拥有或控制着美国经济体中电力、工业和商业部门的排放源的实体。提案建议把交通部门囊括在内，从上游（即精炼厂）控制温室气体的排放，电力公司和其他大型排放源在下游（即接近排放源的地方）对温室气体进行控制。

总量控制和分配

提案要求美国经济体中的所有部门在 2012 年的温室气体排放量降到 2004 年的水平。此后排放总量逐渐降低，到 2050 年降到 2004 年排放水平的三分之一。以此有效地实现减排目标：到 2012 年达到 2004 年的水平，2020 年达到

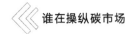

1990 年的水平，2030 年比 1990 年降低 20%，2050 年比 1990 年降低 60%。

惩罚、抵消和其他波动控制机制

法案覆盖下的任何机构如果在一年内不能完成减排任务将会受到民事处罚，罚金相当于此机构在构成违反之日时为完成义务所需的可交易配额的市场价值的三倍（以未完成任务所在年的最后一天的价格计算）。该提案允许可交易配额进行出售、交换、购买、退出、借用（有五年的远期限制和利息偿付）或者抵消。

该提案设定了使用抵消额的最高上限为 30%。此体系下可以识别出的不同种类的抵消包括：①如果满足特定标准的话，来自其他国家的市场配额（这个国家的体系要完善、准确、透明，要有强制性限制，在这个国家的市场上可以对配额进行撤销）；②已注册的净增的碳汇；③已注册的不受此体制减排约束的个人所产生的减排额；④国际碳信用额。

国际碳信用额指在发展中国家开展的可以产生的可核证减排额（Certified emissions reductions）的活动中获得的可交易配额。需要指出的是，尽管这个信用额的名称与清洁发展机制中的名称一模一样，但本提案中完全没有提及《京都议定书》。这意味着，这里的可核证的减排与清洁发展机制执行理事会签发的可核证的减排不能自动替代。同时需要指出的是，本提案允许在将来与清洁发展机制进行链接，因为提案中提及应该确保其他类似的国际计划的减排额的可交易性。

其他方面

本法案同时也包含了在 2010 年实施总量控制之前试图鼓励低碳能源技术发展和推广的条款。这些条款包括支持清洁汽车和燃料，以及发电的各种选择，比如煤炭气化和核能发电。

桑德斯－博克瑟《全球变暖污染控制法案》

提案介绍

《全球变暖污染控制法案》（美国参议院，2007b）同样于 2007 年 1 月出台，通过加入控制温室气体排放的条款对《清洁空气法案》进行了修订。按照作者的说法，法案借助于总量控制，但对交易的使用不是必要的，允许对配额进行交易但不依赖于此，法案着重于鼓励技术的发展与改进。

范围的界定

该计划同样针对《京都议定书》中的六种气体。值得一提的是，法案要求汽车工业满足排放标准，包括 2016 年生产的每一辆车。在电力部门，同样也提议所有发电厂满足与新的天然气联合循环电厂类似的排放标准。

总量控制和分配

法案提议从 2010 年开始对排放水平进行总量控制，到 2020 年逐渐把排放收紧到 1990 年的水平。因此，同麦凯恩－利伯曼法案相比，本法案的目标更加宏伟，具体为到 2030 年，排放在 1990 年的基础上降低 27%；到 2040 年，排放在 1990 年的基础上进一步降低 27%；到 2050 年，排放最终达到比 1990 年水平低 80%。同 2007 年气候责任和创新法案一样，美国环保局将会选择在免费发放与拍卖之间对配额进行分配。

惩罚、抵消和其他波动控制机制

未能完成目标的公司将会受到特定的惩罚。再次指出的是，尽管提案中包含了生物碳汇抵消的内容，但由于交易不是本项提案的主要特征，本法案几乎没有涉及履约方面的内容，而这一点通常是形成有效碳市场的基石。本法案提案中设置了一个被称为"技术指数止损价"的安全阀。如果配额的价格上涨到高于技术指数止损价，设定的排放总量将保持不变，并且也不会降低，直到价格降至止损价以下或者在三年之后，以最先发生的时间为准。

其他方面

本计划承认早期的减排量，只要它们的产生符合州或当地的法律。

克里－斯诺减缓全球变暖法案

提案简介

代表两党的 2007 年克里－斯诺法案（美国参议院，2007c）是美国参议院支持旨在应对美国日益增长的排放总量控制和排放交易体系的另一个证明。

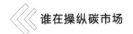

范围的界定

同前面提到的提案一样，本立法同样是针对所有的六种《京都议定书》中的温室气体。但是，关注点在于，提案对电力部门列出了关于能源效率和降低峰值的要求。另外，法案直接要求美国到2020年可再生能源发电量达到20%。

总量控制和分配

如果法案予以通过，将要求美国从2010年开始对排放进行总量控制，然后逐渐降低排放上限。第一个目标是到2020年排放降低到1990年的水平。此后，到2029年，每年降低2.5个百分点排放，在2030—2050年间，每年降低3.5个百分点。总体上，所追求的目标是2050年的排放要在20世纪90年代的基础上降低62%。本提案对通过拍卖和免费发放对配额进行分配的比例没有做出具体说明，截至本书写作时一部分未指明数量的拍卖配额将由总统来决定。

惩罚、抵消和其他波动控制机制

对每单位超出的排放额施加的民事处罚相当于在配额不足的日历年度的12月31日配额市场价的两倍。克里－斯诺法案支持林业和农业碳汇。但是，本提案没有对抵消在帮助降低履约成本方面所扮演的角色给出定义，也没有包含限制价格波动的规则。

其他方面

该法案将会设立一项用于鼓励环境友好型创新的技术、研究和发展基金。针对交通工具、能源效率和可再生能源的各类标准会扮演突出的角色。本法案还要求证券发行者对某些在发行者看来与气候变化相关的风险信息披露给投资者。

宾加曼－斯佩克特低碳经济法案

提案简介

宾加曼－斯佩克特低碳经济法案（美国参议院，2007d）是一项代表两党的总量控制和交易类型法案。在完成显著降低排放水平目标的同时，本法案还希望有益于并保护就业和消费者。尽管本法案在2007年的夏天引来了媒体的关注，但在利伯曼－华纳法案公布之后却不再是参议院气候辩论的焦点。作为能源委员会的主席，参议员宾加曼被期望在美国未来的气候变化政策中扮演关键性角色（Rosenzweig et al.，2008）。

范围的界定

本法案把所有六种《京都议定书》中的温室气体囊括在内，通过着眼于天然气和石油部门上游的排放和煤炭部门下游的排放，对石油和天然气生产商、煤炭消费者以及非二氧化碳温室气体排放者进行管控。

总量控制和分配

这项总量控制和交易法案在 2012 年才开始对排放进行控制，法案要求，到 2020 年排放降到 2006 年的水平，到 2030 年排放必须降到 1990 年的水平。

按照法案原计划，大约四分之三（76%）的可用配额将进行免费分配，剩余的 24% 通过拍卖的方式进行出售。计划拍卖得来的收益用于技术研究、开发和推广，并用作气候变化适应资金。本法案规定进行拍卖的配额比例将会从 2012—2017 年的 24% 提高至 2030 年的 53%。

惩罚、抵消和其他波动控制机制

同麦凯恩 - 利伯曼法案一样，法案覆盖下的任何实体如果未能递交配额〔或称为信用额，亦或支付"技术促进支付金"（TAP）作为每单位配额的替代〕，将在相应的日历年度受到相当于三倍于技术促进支付金价格的民事处罚。在实际中，政府将允许企业以固定价格进行支付，作为递交配额的替代。这项费用，即技术促进支付金（TAP）在计划开始的第一年以每吨二氧化碳 12 美元的价格起价，然后每年以高于通胀率 5% 的比例稳步上涨。如果出现技术迅速进步和额外的温室气体减排政策被采纳，技术促进支付金将不再被使用。相反，如果技术进步速度低于预期，并且项目计划开支超出预期，公司可以以技术促进支付金价格把支付额交给"能源技术开展基金"，用以代替他们部分或全部需要上交的配额。这个类似安全阀的条款在提交的总量控制和交易体系的法案中是独一无二的，并有可能对未来的计划具有启发意义。

国内的可用作抵消的包括生物碳汇和工业碳抵消，也可以利用一些国际体系抵消内部排放，但有 10% 比例的使用上限。

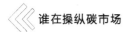

其他方面

本法案把主要的激励给予了具有碳捕获与吸收（CCS）的发电厂。每储存 1 吨 CO_2，就会自动分配一单位的信用额。这项体系也适用于在 2030 年前建造或改造的设施，但只限于它们运行期的前十年。总体上，每年 250 亿美元的技术基金将用于针对技术改进的研究与开发和适应措施。这项基金的 20% 将用于支持在发展迅速的国家达到促进出口和减排的双重目标。为了鼓励迅速的行动，1% 的配额将会在法令颁布之前免费给予正在注册中的温室气体减排额。

博克瑟－利伯曼－华纳气候安全法案

提案简介

博克瑟－利伯曼－华纳气候安全法案（美国参议院，2008）是提交美国参议院环境委员会批准的第一个总量控制和交易体系类的法案（美国参议院，2007e）。本法案是 2006/2007 年度在参议院形成的几个总量控制和交易体系法案的融合体。2008 年 6 月 6 日，尽管有两党的鼎力支持，法案仍以 12 票的悬殊差距未能达到足以克服共和党人阻挠的 60 票的门槛[①]。48 比 43 的选票结果是在经历了激烈的辩论后产生的，在辩论中，反对方指控这项提案会损害美国的经济并且会抬高汽油和其他能源的价格。民主党支持者指责共和党人散布关于法案的错误信息。由于各方面的原因，这项立法最后还是失败了，其原因包括对法案进行讨论的时机不合时宜，当时正是很多国家被聚焦在创历史纪录的每加仑汽油处于 4 美元的高价状态上。6 月 2 日，白宫发布了承诺否决这项法案的声明。按照布什总统的说法，"实际上，S. 3036 和这项博克瑟修订案，构成了美国历史上最大的税收和消费账单之一，美国人为此承担的成本比 1993 年国会拒掉的英热单位（BTU）能源税还要高"（美国白宫行政管理和预算局，2008）。据白宫预测，这项法案将会危害到美国的竞争力，把工作机会驱逐到国外，结果只会造成碳排放泄漏到其他国家。尽管这项法案受到了阻碍，却可

---

　　① 阻挠议案通过是一种故意妨碍立法机关或其他决策制定机构通过议案的形式；另一种是通过无限延长对一项提案的辩论，为的是推迟进程或完全阻碍对提案进行投票表决。

能同众议院以丁格尔和布歇为代表提出的草案共同为未来的立法提案奠定基础（Hight & Silva-Chávez, 2008）。本法案还突出论证了碳泄漏在政治舞台所发挥的强大作用，同时也预示了试图通过边境税解决此问题的提案的命运。

范围的界定

本法案对大型煤炭消费商、天然气和石油加工商、生产商和进口商，以及氢氯氟碳化物制冷剂生产商所排放的温室气体进行管理。据本法案的发起人估计，这些部门产生的排放占据了美国温室气体总排放量的80%。交通燃料和天然气产生的排放将从上游进行控制（即燃料的批量销售点，比如精炼厂），而排放大户将被包括在下游（即靠近排放源的地方），并且法案还将对氟氯烃单独设定排放上限。

总量控制和分配

本法案从2012年开始对其覆盖下的排放源的温室气体排放进行总量控制。旨在实现到2020年其覆盖下设施的温室气体排放降低到2005年水平的19%以下，到2050年降到2005年水平的71%以下的目标。按照本法案，将在2012年第一次进行温室气体排放总量控制，总量设定在5775兆吨CO_2e的水平上（低于基线情境下预测排放量的4%）。

同利伯曼－华纳法案一样，本法案原计划把大约四分之三的可用配额免费分配给受影响的行业和用于特殊用途，剩余的四分之一进行拍卖。进行拍卖的份额从2012年的21.5%开始，逐渐提高至2031年及其后的各年的69.5%。所得收益将用于能源技术开发，援助低中收入水平的能源消费者，美国在适应气候变化上的各种努力以及用于支持能源独立及国家安全的各种计划。本法案同时将为每年在拍卖中进行出售的配额设定一个最低限价。2012年的最低限价设定为10美元，每年以高于年通货膨胀率5个百分点的比例逐年上升。

2012—2030年间，各部门免费分配到的配额的比例为：发电企业19%，生产企业10%，燃料生产商及进口商2%，乡村电力合作单位1%，二氧化碳的捕捉和封存（CCS）活动4%。2012—2017年间，5%的配额将分配给早期行动者。2012—2050年间，将留出约30.5%的配额给其他的实体，包括州、负荷服务实体及其他。

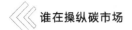

惩罚、抵消和其他波动控制机制

本法案规定，其覆盖下的任何实体若在任一年未能提交一个或以上排放配额则需要为额外的排放买单。每缺少一单位配额需要赔付的额度为 200 美元或以美元计算的排放配额在其所欠年度的平均市场价的 3 倍，两者之间取较大值。鉴于法案覆盖下的实体使用不同种类的抵消额来履行每年排放义务的比例达到30%，抵消成了本法案重要的组成元素。

本法案将制定一项鼓励农场和林场通过创造被核证的国内抵消信用额（通过能增加碳汇的活动如植树或参与农田实践）而获得收入的计划。各实体每年排放承诺的 15% 可以通过使用这些（国内的）信用额来实现。如果国内可使用的抵消额的数量不足以达到 15%，环保局可以允许实体使用国际上的有强制减排计划的国家的排放配额或国际上的森林碳汇信用额来弥补其差额。如果15% 的指标当年没有用完，实体可以被允许把未使用的国内配额的指标转入下一年度。除了国内抵消的条款，法案也允许其覆盖下的实体使用国际上的抵消信用额和国际上的配额。实体每年用以履约可使用的国际碳抵消信用额（即通过《京都议定书》下的清洁发展机制和联合履约机制产生的信用额）最高可以达到实体当年排放控制总量的 5%。如果可用的国际碳抵消额不足 5%，环保局允许其使用来自有温室气体减排义务计划的国家的配额。如果 5% 的份额没有用完，可以允许实体把未使用的国际配额指标转入下一年度。

本法案同时还包含一项通过减少毁林活动而产生碳抵消信用额的计划。在国家层面上有减少毁林的承诺，并进行碳审计的国家才有资格开展此类项目。实体每年 10% 的承诺额可以通过使用此类型的国家计划下产生的国际森林碳信用来完成。

配额的交易和储存不受限制。借用配额的上限为实体每年强制减排义务的15%，借用的年限不超过自履约年之后的 5 年。另外，按年利率 10% 的利息对借用的配额进行偿付。

本法案将设定每年一度的"成本控制拍卖"，在拍卖上如果配额价格涨至期望值以上，公司可以购买一定数量的借自本拍卖之后年度的排放配额。从2030—2050 年度借来的配额可以在拍卖会上以预先约定好的"成本控制拍卖价格"进行购买。2012 年的价格为 22—30 美元，然后以此价格为起点以高于每年通胀率 5 个百分点的比例上涨。如果配额在成本控制拍卖上被出售，70% 的收益将用于实现控制总量之外的补充减排，剩余的 30% 将用于援助低收入者。

一方面，允许对配额进行借用和储存的灵活性处理使得排污者随着时间的推移可以顺利适应排放交易体系所带来的影响；另一方面，如果管理不慎的话，它可能会损害到体系的环境完整性。比如，企业可以借用未来年度的配额仅仅是为了其后游说获得更多的排放许可，而所对应的减排企业在未来的时间才能实现。

为了控制对环境整体性造成的风险，法案设定了成本控制拍卖任一指定年份可以出售的配额的上限。2012 年的上限设为总配额量的 8%，然后按 1% 的比例每年递减。从 2022 年开始，在成本控制拍卖中未使用的配额将会返还到一般性配额账户中进行出售。

博克瑟 – 利伯曼 – 华纳气候安全法案是比较具有独创性的，因为它是唯一一个设立了价格下限的总量控制和交易体系的法案。最低价从每吨 10 美元开始，每年以高于通胀率 5 个百分点的比例上涨。如果配额价格跌破价格下限，将指示环保局通过减少每年签发的配额数量来收紧控制的总量（这样此条款仍可保持与政府收入持平）。

其他方面

本法案也通过"国际储备配额"来解决碳泄漏的问题（详见专栏 5.2）。从 2014 年开始，美国进口的初级产品的进口商，如果该初级产品来自没有进行温室气体控制的国家，那么进口商将需要购买指定的国际储备配额用以补偿与进口产品生产相关的温室气体排放。这些配额独立并额外于每年总量控制的配额。经认可的其他国家碳市场上的国际配额或者是经认可的国际补偿信用额也可以被用来代替国际储备配额。

法案要求美国证券交易委员会（SEC）指导证券发行商告知投资者与气候变化相关的重大风险，可以看出，这一条款来自自愿碳信息披露项目（CDP，2008）。本法案最后一项附加的特点是它将对碳捕捉和封存项目和可再生能源项目提供奖金分配。

专栏 5.2　排放交易和边境税收调整

　　按照出口国存在的碳价格水平"国际储备配额"与边境税调整的逻辑如出一辙。如此设计条款是为了防止"碳泄漏"的发生，指的是据宣称的产品的生产从具有碳约束的国家转到没有约束的国家。这通过对进口产品征收与进口国国内的碳价格水平相当的税额来实现。在世界贸易法的背景下执行这样的体系很可能是备受争议的，并且可能冒着引发报复行为的危险。例如，对出口到美国的中国出口商来说，他们将可能需要购买这样的许可（因为美国的碳成本高于中国），从而相同产品的美国生产商则会获益（尽管以升高的通货膨胀率和消费者价格为代价）。相对于欧洲，美国具有相对较低的碳价格，如果欧洲实行类似的计划，美国的出口商将会面对这个额外的贸易壁垒，并将可能必须购买同等的欧洲"国际储备配额"。这样的边境税调整同样冒着被政治意愿而非环境意愿利用的风险，把某些国家锁在国际贸易的大门外。

　　这说明了在考虑使用边境税调整时为什么需要非常谨慎。理论上，套用被经济学家称之为局部均衡的分析，对国外生产商出口的产品征收完全的成本（环境的）是合情合理的。但是在实践中，遍及不同的国家已经存在了很多隐性的碳价格，这可以使得由这个简单的分析支撑的有力的理由落空。更多的担心仍旧是，这样的调整将会服务于贸易保护主义而非环境——为了少数几个具有高度组织性的行业集团的权益而损害了普通公民的福利。

奥尔弗 – 吉尔克里斯特气候责任法案

简介

　　奥尔弗 – 吉尔克里斯特气候责任法案（美国众议院，2007a）是代表两党的气候责任法，由韦恩·吉尔克里斯特（共和党人）和约翰·奥尔弗（民主党人）为代表在 2004 年 3 月推出，本法案是参议员利伯曼和麦凯恩 2003 年在国会推出的法案在众议院的姊妹法案。这个 2007 版本是 S. 280 气候责任和创新法案的姊妹法，不同的是本法案减少了对新技术的援助资金。

范围界定

奥尔弗－吉尔克里斯特法案涉及了所有的六种《京都议定书》中的温室气体。交通部门的排放从上游进行控制（例如，精炼厂的燃料销售点），电力公司和大型排放源的排放将从下游进行控制（靠近排放的地方）。允许所有实体注册其产生的温室气体减排额，实体可以从 1990—2012 年间产生的碳汇中受益。此项附加说明同样适用于法案覆盖范围外的实体。

总量控制和分配

本法案的中期目标同麦凯恩－利伯曼提案类似，即到 2012 年排放降到 2004 年的水平，到 2020 年降到 1990 年的水平。2030 年和 2050 年的目标比参议院的姊妹法案中设定的目标更为远大，2030 年和 2050 年分别在 1990 年的基础上减少 22% 和 70%（相比于参议员法案中的 20% 和 60%）。同麦凯恩－利伯曼法案一样，美国环保局将决定在拍卖和免费分配之间对配额按比例进行分配。

惩罚、抵消和其他波动控制机制

法案的惩罚体系同麦凯恩－利伯曼法案中规定的类似，惩罚额度相当于可交易配额在相应年度最后一天的市场价的 3 倍。碳抵消信用额的类型也同样类似，但本法案要求更为苛刻，它规定使用碳抵消的最高限度为 15%（仅为参议院姊妹法案中的一半）。允许配额借用，期限最多为 5 年，以偿付当年的利率进行利息偿付。法案同样允许对配额的存贮。

其他方面

本法案规定，受法案管理的每个实体必须提交一份关于其温室气体活动以及进口自其他国家的可能产生温室气体排放的产品的报告。法案也将提供用于技术研究和开发的基金和激励措施，以及专门支持针对发展中国家和贫困人群的适宜的气候变化减缓战略和计划。本法案对减排给美国低收入公民带来的影响给予了重点考虑。

韦克斯曼安全气候法案

简介

2006 版的安全气候法案，由在加利福尼亚的享利·韦克斯曼（民主党）为代表提交，是博克瑟 – 桑德斯法案在众议院的姊妹法案。2007 版韦克斯曼安全气候法案（美国众议院，2007b）与所对应的参议院的法案存在更大的区别。

范围界定

所有六种《京都议定书》中的温室气体均明确囊括在本气候法案中，但是对排放控制点（上游和 / 或下游）没有做出明确说明。本法案提到关于机动车的排放需要迅速调整到可接受的标准，这给涉及美国三大汽车制造商：通用、克莱斯勒和福特的敏感政治议题当头一棒，由此拉开了在保护美国汽车工业就业和气候政策优先权上进行取舍的紧张态势。相比欧洲和亚洲，美国制造的汽车历来以大排量和低燃低效率为特点，据推测，此乃受大规模、更安全和更强健的汽车消费者的驱使。在经历了 2006—2008 年的高油价和 2009 年经济衰退的创伤之后，具有成本意识的环境保护主义正在兴起，对消费者和政策制定者来说正变得更为重要，如专栏 5.3 所述。联邦政府的各项救助基金被来自白宫的一系列新推出的燃料效率方案所替代正体现了这种变化。

专栏 5.3　混合动力车和美国汽车产业

奥巴马总统在其就职典礼后不久宣布了一项国家目标，即到 2015 年要在道路上投放一百万辆性能达到 150 英里 / 加仑（64 千米 / 升或 1.57 升 / 100 千米）的充电式混合动力车，并且对购买"先进"车型的消费者给予减免 7000 美元的税收优惠。在对汽车制造商通用的补助中，引人注意的是价值为 30000 美元的雪佛兰"伏特"概念车的生产，该车型于 2010 年发布。通用"伏特"的主要竞争对手是比亚迪在中国生产的一款类似的充电式混合动力车，据称售价为 21000 美元。

总量控制和分配

本法案设定了从 2010 年到 2050 年每年减排温室气体 2% 的目标。本法案对交易体系的范围未进行界定，并且对所要建立的碳市场的具体实践方面也几乎没有提及。

在目标上，本法案明确提出了 2010 年的排放不应超过 2009 年的水平，然后以每年 2% 的比例下降，直到 2020 年达到 1990 年的水平。2020—2050 年间，控制的总量以每年 5% 的比例收紧，目标是到 2050 年排放相对于 1990 年排放下降80%。总统将会决定在免费分配和拍卖之间进行分配的比例（尚未具体说明）。

惩罚、碳抵消和其他波动控制机制

法案中没有涉及关于惩罚、碳抵消或成本控制手段的条款。

其他方面

法案认可并奖励提早完成的减排。对交通工具、能源效率和可再生能源也设立了标准。从 2010 年开始，法案要求每年提高美国用于零售的可再生能源发电的比例，并要求到 2020 年可再生能源发电比例占到总电量销售的 20%。法案允许提供商通过基于市场的交易体系完成减排目标［类似于在几个欧洲国家开展的可交易绿色认证（TCG）］。这个可再生能源 20% 的目标也同欧盟的目标类似。

马基气候行动和保护投资法案

简介

美国众议院议员爱德华·马基（民主党人）提出的马基气候行动和保护投资法案（美国众议院，2008a）得到了来自很多环境非政府组织，包括像美国环境保护协会（Environmental Defense）、美国自然资源保护协会（NRDC）和美国关怀科学家联盟（UCS）等实力强大的集团的支持。这项法案另外一个关键特点是力求把收入重新分配给中低收入的美国人。通过收紧控制总量，对所有排放许可进行拍卖，把部分收入以红利的形式重新分配给那些收入低于 7 万美元的人群，马基的计划比起受到广泛讨论的利伯曼 – 华纳法案更具进步性。

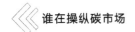

范围的界定

本法案对所有六种《京都议定书》中的温室气体另加三氟化氮（NF₃）进行控制。其覆盖的以下实体将受到总量的控制：发电厂和大型工业设施；石油和煤基液体燃料或气体燃料的生产商或进口商；氢氟烃、碳氟化合物、六氟化硫和三氟化氮的生产商或进口商；当地天然气配送公司；地质碳封存场所。交通燃料将在上游进行控制，而大型排放源在下游进行控制。

总量控制和分配

法案的第一个目标是到 2012 年把排放稳定在 2005 年的水平。进而要求到 2020 年排放比 2005 年降低 20% 的水平，也就是比 1990 年降低 7%。到 2050 年，要求排放比 2005 年降低 85% 的水平。

虽然农业、林业和小规模企业将不被包含在总量控制体系下，但需要给它们提供减排激励。本法案的重点是建立一个完全基于拍卖的分配体系。2012—2019 年期间，进行拍卖的比例将占到总分配额的 94%，到 2020 年后增长到 100%。拍卖得来的一半的收入将用于缓解家庭能源开支的增加。

惩罚、碳抵消和其他波动控制机制

本法案对未能履约实体的条款与利伯曼 - 华纳法案类似。在其覆盖范围内的任何实体如果在任一年未能提交一个或以上排放配额，则需要为额外的排放买单。每缺失一单位配额需要赔付的额度为"200 美元或以美元计算的排放配额在其被欠年度的平均市场价的 3 倍，两者之间取较大值"。关于碳抵消，法案允许使用国内碳抵消额的上限为 15%，使用国际排放配额的上限为 15%。

另外，马基法案将在联邦能源管理委员会（Federal Energy Regulatory Commission，FERC）下成立碳市场监管办公室（Office of Carbon Market Oversight，OCMO），用以监督配额、衍生产品和碳抵消信用额市场。法案允许最多 5 年期的借用，按 10% 的利率偿付利息，同时特别指出的是，通过地质注入方式实现的二氧化碳地下碳封存的方式将受安全饮水修订案的管理。

其他方面

本法案试图建立一项新的能源效率基金鼓励各州提早开始行动。法案规定，在没有排放总量控制的国家生产的任何商品，在没有为其产生的碳排放购买配额的情况下将不允许进口到美国（见专栏 5.2）。法案另一个主要原则是，为清洁能源技术、能源效率、气候变化适应、工作培训和相关措施提供的大部分资金将来源于拍卖所获收益。

市场、拍卖、信托和减排交易体系法案

简介

市场、拍卖、信托和减排交易体系法案也被称之为气候 MATTERS 法案（美国众议院，2008b）是一项旨在在 2050 年以前显著降低美国排放的联邦计划。它的原创性在于建立一项温室气体国际储备排放配额计划，在这项计划中来自出售配额的收益将用于减少气候变化对国际贸易组织（WTO）参与国的劣势群体带来的负面影响。按照法案，将在美国国内建立国际气候变化委员会，其职责是每年针对国际贸易组织参与国是否采取了适宜的行动来限制其温室气体排放做出裁决。

范围界定

本提案对六种《京都议定书》中的温室气体进行控制。交通燃料和天然气将从上游进行控制（从排放点），其他大规模排放源，包括大规模煤炭使用商，将从下游进行控制（靠近排放点）。

总量控制和分配

气候 MATTERS 法案从 2012 年开始把排放控制在照常营业（BAU）情景以下。但是在之后，法案提出到 2020 年排放降到 1990 年的水平，到 2050 年，排放降低到 1990 年 80% 的水平。

道格吉特对部门间的分配做了具体说明：2012 年，5% 的配额将免费分配给发电企业，10% 分配给高能耗制造商（到 2020 年这个比例将逐渐降低到 0），剩余的部分将进行拍卖。85% 的拍卖收入将用于支持公民保护信托基金（Citizen Protection Trust Fund，CPTF），本基金用于消费者援助，气候变化适应措施，技术研究、开发和实施。本法案虽然没有将农业、林业和小型企业包含

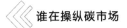

在排放总量控制范围内，但将会为这些部门提供减排激励措施。

惩罚、碳抵消和其他波动控制机制

本法案对未能履约实体的条款同利伯曼－华纳和马基法案中的规定类似，即未能完成减排义务的实体需要为每缺失一单位的配额支付 200 美元或以美元计算的排放配额在其所欠年度的平均市场价的 3 倍，两者之间取较大值。

在一定程度上可以使用碳抵消额，上限为 25%。对不同类型的碳抵消的使用比例提出了额外的限制，国内来源的信用额的使用上限为 10%，国际排放配额为 15%，国际森林配额为 15%。另外，还将成立"碳市场效率委员会"，其职责是"对市场进行监督和实施成本减缓措施，包括增加借用额和碳抵消额"。

其他方面

2012 年公民保护信托基金（CPTF）将拿出 1% 给予应对气候变化的先行者，一直持续到 2015 年。有意思的是，此项总量控制和交易体系计划的执行情况和完成的目标将一年三次受到国家科学院的审核。

丁格尔－布歇讨论草案

简介

即使国会因 2008 年的大选而正式处于休会期间，能源和气候变化议题仍一直受到美国众议院能源商业委员会的高度关注。在集合了四本侧重于气候政策不同方面的独立的白皮书和经历了多次听证会之后而形成的丁格尔－布歇讨论草案（美国众议院，2008c），在 2009 年 1 月的新国会会议上公开进行讨论（节能联盟）。

范围的界定

同马基法案一样，这份草案对六种《京都议定书》中的温室气体外加三氟化氮（NF_3）进行控制。总量控制涉及的实体包括：发电厂、天然气配送公司、石油和煤基液体燃料和其温室气体排放源（比如大型工业设施的生产商和进口商）、二氧化碳或其排放量高于 2.5 万吨的地质封存点。交通燃料将从上游进行控制（即燃料的温室气体排放容易进行说明的地方），而电力公司和大型排放源将从下游进行控制（靠近排放的地方）。总体来算，这项计划将涵盖美国温室气体排放的88%。

总量控制和分配

总量控制从2012年开行实施，实现到2020年排放比2005年降低6%，到2030年比2005年降低44%，到2050年比2005年降低80%的减排目标。对氢氟烃（HFCs）将单独设定控制总量。

分配方式将从免费分配排放许可开始，然后到2006年将逐渐过渡到完全采用拍卖的分配方式。虽然有好几种配额的游说选择，但一般还是按照历史排放量把配额分配给排污者。出售排放许可所获收入将专门用于支持在未直接受到排放总量控制的部门（比如小型企业）和低收入家庭的能效和清洁技术计划。

惩罚、碳抵消和其他波动控制机制

法案允许交易和储存。但是，借用配额的期限不能超过5年，最多只能用于满足实体减排义务的15%，并且对借自未来的配额要以8%的利率支付利息（以追加配额的形式）。

将留出一部分战略性配额储备拍卖给受监管的实体，以设定好的最低价起价。此计划也允许覆盖范围内的企业从具有类似严格计划的国家购买国际配额。核证的国内碳抵消信用额（总量控制范围以外的温室气体减排额）或者是国际碳抵消额可以用来抵消一定比例的配额。上述来源的碳抵消额在计划伊始可以占到企业排放总量控制额的5%，到2024年提高到30%。从2025年开始，国内碳抵消信用额可以用于实现实体履行义务额的20%，而国际碳抵消信用额的使用将不受到限制。

同参议院的利伯曼－华纳法案类似，这份众议院的草案同样包含了统一用于履约的森林碳抵消额类型的条款。

本草案建议成立气候变化委员会评估美国的哪些交易伙伴已经"采取了与之类似的限制温室气体排放的行动"。还没有采取类似行动的国家需要提交"国际储备配额"来抵消出口到美国的商品的碳足迹。

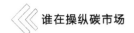

只是，在世界贸易组织的规则下此草案（见专栏 5.4）如何奏效的问题将是未来美国排放交易体系中的一个关键议题。这将取决于出口国较低的（或尚未存在的）碳价格对国内工业保护造成了多大程度影响。如果表明环境标准的缺失导致了贸易保护，进口国将可以合法地征收碳关税。

专栏 5.4　海虾／海龟案和环境贸易壁垒

1998 年，印度、马来西亚、巴基斯坦和泰国就美国对其出口的海虾实行进口禁令一案向 WTO 提起诉讼。争论的重心是出口国是否采取了足够的行动（或者说至少可以做到美国虾民所做的）来保护由于捕虾活动而受到威胁的海龟免受杀害。WTO 成立了上诉小组，"我们已判决这些 WTO 成员方的主权国家没有（加重强调）采取保护濒危物种比如海龟的有效措施。很明显，他们可以并且应该。"从这个决定可以看出，一个国家对没有遵守国际环境法规的其他国家施加贸易管制的做法已有合法的先例。

（见 WTO 案例 58 和 61，1998 年 11 月 6 日裁决正式通过。）

其他方面

计划伊始，3% 的配额将免费奖励给那些先行开展减排行动的企业。其目的在于阻止企业为了使最初的分配配额最大化而在计划实施之前增加其排放。这种配额将在 2026 年取消。

区域性计划

20 世纪 90 年代后期，美国在国家层面排放交易行动上的搁置并不意味着排放交易体系的发展完全停滞。2001 年，马萨诸塞州在州电力公司范围内开展了一项总量控制和交易计划，2002 年新罕布什尔州也跟随其后。这样的一些早

172

期实践促使了其他各州考虑利用其权力采取同样的行动来管理发电企业的排放和环境表现（Rabe，2004）。这个过程最终在纽约州长乔治·帕塔基那达到极致，他发起了建立美国第一个区域总量控制和交易体系——区域温室气体行动计划。

2009 年初，美国已有三个区域总量控制和交易计划处于实施或开发阶段。总计有 23 个州（占到美国总排放量的 36%）已完全参与到这些计划中，并且另外有 9 个州也以观察员的身份参与其中。

区域温室气体倡议

简介

区域温室气体倡议（RGGI）是美国第一个针对二氧化碳的强制性总量控制和交易计划。如图 5.1，美国东北部和中部大西洋沿岸的 10 个州参与其中，包括：康涅狄格州、特拉华州、缅因州、马里兰州、马萨诸塞州、新罕布什尔州、新泽西州、纽约州、罗得岛州和佛蒙特州。区域温室气体倡议发展过程中一个有趣的特点是，相对来说这项计划几乎没有征询联邦政府的意见或得到他们的支持就已经被实施（Rabe，2008）。这样一个复杂的具有多重管辖权的协

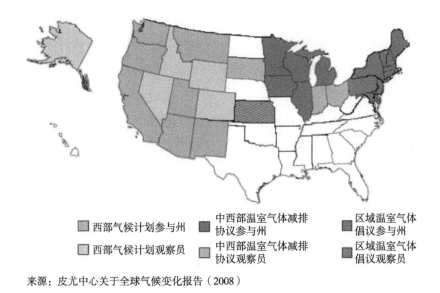

■ 西部气候计划参与州	■ 中西部温室气体减排协议参与州	■ 区域温室气体倡议参与州
■ 西部气候计划观察员	■ 中西部温室气体减排协议观察员	■ 区域温室气体倡议观察员

来源：皮尤中心关于全球气候变化报告（2008）

图 5.1　区域温室气体倡议参与者

173

议在没有一个强有力的中央官僚机构存在的情况下能够实现，为自下而上的开展中的气候政治活动提供了一个非常重要的榜样。

2005 年 12 月 20 日，美国东北部 7 个州（康涅狄格州、特拉华州、缅因州、新罕布什尔州、新泽西州、纽约州和佛蒙特州）的州长签署了理解备忘录（MOU），表明同意在接下来的年度实施该计划，以此正式宣布了区域温室气体倡议的建立。同时，宾夕法尼亚州和哥伦比亚特区以担任此过程中观察员的身份签字。区域温室气体倡议对二氧化碳排放设定了排放上限，通过拍卖方式对配额进行分配，同时允许对排放配额进行交易。

2007 年 1 月，马萨诸塞州和罗得岛州的州长在理解备忘录上签字，承诺把其所管辖州加入区域温室气体倡议中，成了参与到此计划的第 8 和第 9 个州。马里兰州于 2007 年 4 月成为第 10 个正式参与州。第一次排放许可证拍卖发生在 2008 年 9 月，第二次在 2008 年 12 月，第三次在 2009 年 3 月。

这些参与州达成共识，各州范围内的排放控制总量将在很大程度上取决于其历史排放量。这些州的控制总量加起来构成了区域的区域温室气体倡议的控制总量，此过程类似于欧盟排放交易计划的国家分配计划。

范围的界定

区域温室气体倡议对 25 兆瓦及以上的燃煤电厂的二氧化碳排放进行总量控制，包含了 225 个设施（RGGI，2008）

总量控制和分配

计划之初，2009 年及其后六年的排放总量控制在 1.88 亿吨，到 2018 年，降到 1.69 亿吨（大约是在当前水平的基础上降低 10%）。目标是在 2009—2014 年间使排放趋于稳定，然后以此为起点，在 2015—2018 年间，控制总量以每年 2.5% 的比例逐年下降。

至少 25% 的排放配额将留出来用于消费者收益计划。这包括了促进可再生能源和能源效率或减缓消费者所承受的能源价格上涨的计划。值得注意的是，大多数州把 100% 的排放配额拍卖给工业部。有些州（康涅狄格州、缅因州、罗得岛州和佛蒙特州）已经通过立法规定 100% 的拍卖收益必须用于消费者收益计划。

2008 年 9 月，在美国第一个强制总量控制和交易体系下的第一次拍卖会上，所有 1260 万的配额被售罄。10 个成员州中有 6 个（康涅狄格州、缅因州、马里兰州、马萨诸塞州、罗得岛州和佛蒙特州）参与了拍卖，而其他 4 个州由于对参与进交易体系的各项规则还尚未定稿而没有参与此次拍卖。尽管这样，在这次拍卖会上所有购买到的配额可以用于在区域温室气体倡议的所有 10 个成员州中的任一州内的履约。对配额的需求几乎达到了可供给配额的 4 倍以上，这些需求方来自能源、金融和环境部门的 59 家参与者，共产生了近 5200 万配额的需求（Trading Carbon，2008）。投标以单轮次、统一的价格、密封投标，以互联网为基础的形式进行。2008 年 9 月的拍卖设定了每吨二氧化碳 1.86 美元的低价。然而之前曾有人担心排放许可已经被过度分配，所有 1260 万的配额以每吨 2.40 欧元的清算价被出售。这个较低的清算价在很大程度上已经被预测到，因为人们总体的感觉是区域温室气体倡议市场在其运行的前几年将是一个"多头"市场（即对配额的供给大于需求）（Hight & Silva-Chávez，2008）。第一次拍卖带来了总计近 3900 万美元的资金，成为史上最大的一次碳拍卖。这一记录被第二次交易打破，在此次交易会上，以每单位配额 3.38 美元的价格出售了 31505898 单位的配额。

惩罚、碳抵消和其他波动控制机制

计划覆盖范围内的实体需要不断对其产生的排放进行检测和报告。按照每个州的规则，对未能履约的实体将进行惩罚。区域温室气体倡议允许使用碳抵消项目进行履约。覆盖范围内的实体可以使用国内碳抵消额抵消其在每个 3 年为一期的交易期内排放义务的 3.3%。碳抵消额可以产生于以下五种类型的项目：①垃圾填埋气的收集和销毁；②减少六氟化硫的排放；③造林产生的碳汇；④通过提高能源效率减少或避免天然气、石油或丙烷燃烧产生的排放；⑤通过改善农业施肥管理方式而避免的甲烷的排放。碳抵消项目可以坐落于任何区域温室气体倡议州或其他任何同意执行区域温室气体倡议项目标准的各州。为了给价格上升的压力配备一个安全阀，在 12 个月内配额价格出现平均超过 7 美元 / 吨的情况下，区域温室气体倡议参与者使用国内碳抵消额的限制将上升到 5%。如果价格在 12 个月的周期内平均超出 10 美元 / 吨，发电公司可以使用碳抵消额补偿其 10% 的排放义务，并且也可以通过购买国际碳抵消信用额（即经认证的减排或减排单位）实现其减排义务。最后的这项条款或许为既存的碳市场和美国碳市场之间的链接提供了第一个机会。

碳泄漏是区域温室气体倡议的设计者必须努力应付的一个问题（Arrandale，2008）。问题是，参与的各州可以对其区域内所发生的电力进行管理，却没有任何措施阻止来自同本州联网的非参与州的电力的进口（假设价格更为低廉）。各州在限制商业（包括电子业）在跨越州域的流动上的能力是有限的，这个问题需要通过增加联邦层面的介入或许才可以解决。

西部气候计划

简介

西部气候计划（WCI）希望为涵盖美国和加拿大在内的国际性总量控制和交易计划奠定基础。计划包含了美国的亚利桑那州、加利福尼亚州、蒙大拿州、新墨西哥州、俄勒冈州、犹他州和华盛顿州，加拿大的不列颠哥伦比亚省、曼尼托巴省、安大略省和魁北克省。美国的这 7 个州代表了美国经济的 20%，而加拿大的这 4 个省占据了加拿大经济的 70%。作为观察员的地区包括了美国的阿拉斯加州、科罗拉多州、爱达荷州、堪萨斯州、内华达州和怀俄明州，以及加拿大的萨斯喀彻温省，还有墨西哥的下加利福尼亚州、奇瓦瓦州、科阿韦拉州、新莱昂州、索诺拉州和塔毛利帕斯州。其中有些参与者已经建立了独立的气候战略计划。例如，最大的参与者加利福尼亚州，通过了 AB 32 法案（Assembly Bill 32）（2006 年写入法律），目标到 2020 年温室气体排放降低到 1990 年的水平，并到 2050 年在实现 1990 年排放水平上减少 80% 的排放（加利福尼亚空气资源委员会，2008）。这项法律开创了美国的第一个经济体范围的具有约束性的减排计划。尽管拥有这样州范围的计划，每个参与者还将必须遵循在西部气候计划下达成共识的区域性的规则。

西部气候计划总量控制和交易计划一旦在 2015 年完全生效后，期望覆盖美国各参与州和加拿大各参与省温室气体总排放的 90%。西部气候计划中所提议的对部门和排放源的覆盖度高于任何已生效的区域或国家层面的基于市场的温室气体减排机制。

范围的界定

所有六种《京都议定书》中的温室气体都被囊括在此计划中。从 2012 年开始，发电、工业和商业设施中燃料燃烧产生的排放，以及工业过程中的温室气体排放都将被囊括在内[①]。二氧化碳或其他二氧化碳当量的温室气体排放量达到 2.5 万吨临界点的实体将受到排放总量的控制。很多小型排放源，包括在住宅、商业和工业过程中燃料燃烧所产生的排放降至这个临界点以下；此外，从 2015 年开始，也就是第二阶段履行期的初期，交通燃料将从上游进行控制。碳中性的生物质和生物质燃料的排放被排除在此计划之外。

总量控制和分配

区域性的西部气候计划的排放总量控制额将是每个参与伙伴控制量的总和，而本计划的总目标是到 2020 年实现温室气体排放在 2005 年的基础上减少 15%。为了实现此目标，西部气候计划区域性的目标会跟州和省的目标保持一致，并不替代各个个体的目标。区域排放限额和所有参与伙伴的排放限额将逐年以线性轨迹降低。在 2012—2020 年，具体到个体的参与伙伴的分配计划和联合的区域的分配计划将在 2012 年之前计划开始的时候设定。表 5.3 列出了各州已设定的目标。

每个参与伙伴负责分配各自的配额预算。西部气候计划可能会争取跨越所有管辖区为特定的部门建立一套统一的分配体系，目的在于防止在一些管辖区的实体与其他管辖区相比失去竞争优势。根据相应的法律，每个西部气候计划的参与伙伴在 2012—2020 年间需要拍卖其 10% 的配额，并在 2020 年拍卖 25% 的配额。

---

① 包括输送到任何西部气候计划合作者管辖区域内的电力。

	短期目标 （2010—2012 年）	中期目标 （2020 年）	长期目标 （2040—2050 年）
亚利桑那州	未设定	2020 年降到 2000 年的水平	2040 年比 2000 年降低 50%
不列颠哥伦比亚省	未设定	2020 年比 2007 年降低 33%	未设定
加利福尼亚州	2010 年降到 2000 年的水平	2020 年降到 1990 年的水平	2050 年比 1990 年降低 80%
曼尼托巴省	比 1990 年降低 6%	未设定	未设定
新墨西哥州	2012 年降到 2000 年的水平	2020 年比 2000 年低 10%	2050 年比 2000 年低 75%
俄勒冈州	停止排放增长	2020 年比 1990 年低 10%	2050 年比 1990 年低 75% 以上
华盛顿州	未设定	2020 年降到 1990 年的水平	2050 年比 1990 年低 50%

表 5.3 西部气候计划在北美各州的减排目标

惩罚、碳抵消和其他波动控制机制

配额在西部气候计划所有管辖区内是可以相互替代的，并且配额的储存也是不受限制的。但是，不允许从未来的履约期借用配额。

西部气候计划设计文件中建议碳抵消额可以用来补偿任何一年计划中所需减排额的 49%。这相当于 2013 年总排放上限的大约 1%，在 2020 年提高到排放限额的 7.35%。鼓励西部气候计划的各参与伙伴使用在任一西部气候计划管辖区内产生的碳抵消额，但不认可位于美国、加拿大或墨西哥其他地区的碳抵消项目，尽管这些碳抵消符合相对严厉的监测和报告的要求。另外，《京都议定书》下的清洁发展机制项目或可能被许可用来履约，然而就该方面的使用条款还尚未确定。

计划最终的意向是西部气候计划将来能够与美国其他的强制总量控制和交易计划进行链接。

中西部温室气体减排协议

简介

2007 年 11 月 15 日美国的六个州和加拿大的一个省通过了中西部温室气体

减排协议（MGA，2008）。在这份协议下，各成员地区同意设定区域温室气体减排目标，包括了在现有排放水平上减排60%—80%的长期目标，以及建立一个多部门的总量控制和交易的体系用以帮助实现目标的完成。美国的伊利诺伊州、艾奥瓦州、堪萨斯州、密歇根州、明尼苏达州和威斯康星州的州长，以及加拿大曼尼托巴省的省长作为完全参与者的身份共同签署了协议，同时美国的印地安那州、俄亥俄州和南达科塔州的州长以观察员的身份加入协议中共同参与这个总量控制和交易体系的建立。这项协议是美国各州间共同参与温室气体减排的第三个区域性协议，力争在30个月内完全生效。

2009年初的时候，这份中西部协议仍处于初期阶段。根据最近的气候报告（*Climate Report*）（Hight & Silva-Chávez，2008），计划设计者声称市场设计部分将于2009年3月之后完成。

结论

美国的气候变化政策远比《京都议定书》的签署国普遍认为的更为复杂也更为成熟。美国国家层面上行动的相对缺失激发了来自国会、区域、州甚至城市的自发行动。各种不同类型的总量控制和交易提案已经在国会展开讨论，并且很多后续的计划也在发起中。这些计划很可能会汇聚成一个长期的、集体的努力，来协调国家应对温室气体排放的各项政策（Peterson & Rose，2006）。

在很多情况下，国家计划比拼凑到一起的地方计划更具优势。因此，所期望的是，西部、中西部或东北部各州所建立的这些低层面上的政府政策体系不是阻止而是推动联邦政府在气候变化领域的行动计划（Lutsey & Sperling，2008）。

以上讨论的提案反映出，据估计，美国可能在体系中使用2005年作为参考年而不是1990年，并且可能建立自己的一套基于项目的碳抵消体系而不是单纯依靠类似清洁发展机制这样的联合国计划。设定的总量控制额在初期将会

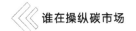

逐渐向下调整，更为激进的减排将发生在 2020 年后。

根据在第 110 次国会期间进行讨论的各项联邦政府法案，我们可以预期 2020 年的目标将会介于把排放稳定在 2006 年的水平（见宾加曼－斯佩克特法案）和更为宏伟的在 2005 年的基础上降低 19% 的目标（见博克瑟－利伯曼－华纳法案）之间。2050 年的目标将会介于在 2005 年水平上降低 70%—85%。2009 年 1 月，新任总统宣布了减排 80% 的国家目标（White House，2009）。

考虑到交通和国内燃料在国家排放上占据了显著的份额，这些部门很可能会包含在联邦政府的任何一个总量控制和交易体系中。通过把进口商和生产商两个实体都囊括在体系中，石油部门将可能从上游进行控制。总体上，这两类实体作为产生温室气体排放的产品的供应商将可能被包含在上游，同时也会作为大型工厂（如提炼加工）而被包含在下游。

对实体进行配额的分配可能采用免费分配和拍卖相结合的方式。如果储存和借用作为成本控制的手段被允许的话，最低限价和最高限价将可能不被采用，尽管这在很多提案中提及（Berendt，2008）。

现有的联邦立法提案以及区域和城市的方案计划，在新总统执政下将可能趋于统一。奥巴马在其竞选期间及选举后的几周内，宣称应对气候变化将是他执政期间的一个重中之重，并提出到 2050 年实现排放降低 80% 的目标（相比 2005 年的水平），同时建议在联邦总量控制和交易体系下 100% 的配额将通过拍卖的方式进行分配。通过拍卖所获得收益将用于投资可再生能源、清洁技术改进和能效提高，以及为承受高能源成本负担的低收入家庭提供援助，因此要实现"双重红利"。最后，新任总统提倡到 2012 年清洁能源发电要占到国家总发电量的 10%，到 2025 年提高到 25%。折磨了美国气候政策整整十年多的相同的内部阻碍和争执在未来的年度将仍旧显著，这些阻碍和争执包括诸如：确保美国同其他国家如中国相比仍具竞争力、保护就业、确保在减排责任分配上的"平等"等的议题。由于美国还在努力减少其对来自中东、委内瑞拉和俄罗斯的石油的依赖，能源安全和地缘政治将继续在美国的气候政策中扮演主要角色。

在奥巴马总统的能源和环境政策（White House，2009）所勾勒出的崭新愿景的同时，也将受到那些使前任政府在实现应对气候变化的有力行动变得困难重重的势力的挑战。达成国家排放交易体系协议的核心，将可能是跟中国有关的对竞争力的管理。参议员和众议院的很多法案中牢牢嵌入的，是对从没有对污染产品建立合理碳价格的国家进口商品进行惩罚的提案，即边境税。乍看起来，这样的提案理论上看起来合理，但实行起来却需要非常谨慎。事实上，作为在竞争策略的多重目标和经济环境下的产物，很多国家已经存在了不同幅度的碳价格。如果未把影响能源价格的多重因素进行充分考虑就打着环保主义的旗帜采取行动，将冒着引发贸易战的风险。

参考文献

Alliance to Save Energy (2008) Fact Sheet, Summary of Dingell–Boucher Climate Change Discussion Draft, October, Washington DC.

Arrandale, T. (2008) Carbon goes to market, *Governing* (September), 26–30.

Bang, G., Bretteville Froyn, C., Hovi, J. and Menz, F. (2007) The United States and international climate cooperation: International "pull" versus domestic "push", *Energy Policy*, vol 35, 1282–1291.

Berendt, C. (2008) Gazing into the crystal ball, *Trading Carbon*, vol 2, no 9, 30–32.

Broder, J. M. and Connelly, M. (2007) Public remains split on response to warming, *The New York Times*, 27 April.

California Air Resources Board (2008) Draft AB 32 Scoping Plan Document, June.

CDP (2008) www.cdproject.net, accessed 6 November 2008.

Christiansen, A. C. (2003) Convergence or divergence? Status and prospects for US climate strategy, *Climate Policy*, vol 3, no 3, 343–358.

Clinton, W. J. and Gore, A. (1993) The Climate Change Action Plan, October, www.gcrio.org/USCCAP/toc.html, accessed 6 November 2008.

Feldman, L. and Raufer, R. K. (1987) *Emissions Trading and Acid Rain: Implementing a Market Approach to Pollution Control*, Rowman & Littlefield, Totowa, NJ.

Hight, C. and Silva-Ch á vez, G. (2008) Change in the air: The foundations of the coming American carbon market, *Climate Report*, no 15, October.

Jordan, M. (2007) Gore accepts Nobel Prize with call for bold action, *Washington Post*, 11 December, A14.

Lisowski, M. (2002) The emperor's new clothes: Redressing the Kyoto Protocol, *Climate Policy*, vol 2, no 3, 161–177.

Lutsey, N. and Sperling, D. (2008) America's bottom–up climate change mitigation policy, *Energy Policy*, vol 36, 673–685.

MGA (2008) www.midwesterngovernors.org, accessed 10 November 2008.

Peterson, T. and Rose, A. (2006) Reducing conflicts between climate policy and energy policy in the US: The important role of the States, *Energy Policy*, vol 34, 619–631.

Pew Center on Global Climate Change (2008a) Economy–wide Cap–and–Trade Proposals in the 110th Congress Includes Legislation Introduced as of October 20, 2008, www.pewclimate.org/docUploads/110thCapTradeProposals10-15-08.pdf, accessed 6 November 2008.

Pew Center on Global Climate Change (2008b) Climate Change 101: Cap and Trade, www.pewclimate.org/docUploads/Cap–Trade–101–02–2008.pdf, accessed 10 November 2008.

Rabe, B. G. (2004) *Statehouse and Greenhouse: The Emerging Politics of American Climate Change Policy*, Brookings Institution Press, Washington DC.

Rabe, B. G. (2008) Regionalism and global climate change policy: Revisiting multistate collaboration as an intergovernmental management tool, in T. J. Conlen and P. L. Pozner (eds) *Intergovernmental Management for the 21st Century*, Brookings Institution Press, Washington DC, 176–208.

RGGI (2008) Fact sheet, www.rggi.org/docs/RGGI_Executive_Summary.pdf, accessed 10 November 2008.

Rosenzweig, R., Youngman, R. and Nelson, E. (2008) Next Stop USA: The progress so far, *Trading Carbon*, vol 2, no 8, 16–18.

Trading Carbon (2008) Power companies dominate RGGI auction, *Trading Carbon*, vol 2, no 9, 4.

US Department of Transportation (2008) Revised summary of fuel economy performance, January 15.

US House of Representatives (2007a) The Olver–Gilchrest Climate Stewardship Act, 110th Congress, H.R. 620.

US House of Representatives (2007b) The Waxman Safe Climate Act, 110th Congress, H.R. 1590.

US House of Representatives (2008a) The Markey Investing in Climate Action and Protection Act, 110th Congress, H.R. 6186.

US House of Representatives (2008b) The Doggett Climate MATTERS Act, 110th Congress, H.R. 6316.

US House of Representatives (2008c) Dingell–Boucher Discussion Draft, 10/7/2008.

US Senate (2007a) McCain–Lieberman Climate Stewardship and Innovation Act, 110th Congress, S. 280.

US Senate (2007b) The Sanders–Boxer Global Warming Pollution Reduction Act, 110th Congress, S. 309.

US Senate (2007c) Kerry–Snowe Global Warming Reduction Act, 110th Congress, S. 485.

US Senate (2007d) Bingaman–Specter Low Carbon Economy Act, 110th Congress, S. 1766.

US Senate (2007e) Lieberman–Warner Climate Security Act, 110th Congress, S. 2191.

US Senate (2008) Boxer–Lieberman–Warner Climate Security Act, 110th Congress, S. 3036 (Substitute amendment to S. 2191).

Van Vuuren, D., den Elzen, M. and Berk, M. (2002) An evaluation of the level of ambition and implications of the Bush Climate Change Initiative, *Climate Policy*, vol 2, no 4, 293–301.

Western Climate Initiative (2008) Design Recommendations for the WCI Regional Cap–and–Trade Program, September 23.

White House (2009) Energy and the environment, www.whitehouse.gov/agenda/energy_and_ environment, accessed 30 January 2009.

White House Office of Management and Budget (2008) Statement of Administration Policy, June 2, www.whitehouse.gov/omb/legislative/sap/110–2/saps3036–s.pdf.

第6章

澳大利亚的排放交易

引言

　　有些出乎意料的是，澳大利亚在利用产权手段管理水资源等自然资源上已经有很长的历史和经验，但在排放交易的国际舞台上却相对是个新手。宽松的目标和在《京都议定书》下谈判的关于土地清理的特殊条款，或许可以做出最好的解释，这些意味着澳大利亚在国家层面上几乎不需要采取强力的政策行动即可实现 2012 年前的国际目标。

　　然而，国内层面的情形却是非常不同的。固定能源排放的二氧化碳正在以惊人的速度上升，1990—2006 年间已经增长了 50%，并且没有任何下降的迹象。交通产生的排放高达 30%。用于农业生产的土地清理率的下降是减排的唯一主要来源，这在减排的同时也带来了协同效益，比如对生物多样性的保护。

　　因此，在澳大利亚安逸于其京都目标的同时，其主要排放部门的实际环境绩效却是一个主要的关切点。从某个层面上讲，它给国际社会在温室气体的减排努力上提出了一个难题——如果一个有着稳固的制度体系和柔韧的充满活力的经济体系的富国不能够抑制其二氧化碳的排放，那么该对像中国和印度这样的发展中国家寄予什么样的希望呢？

2007 年，在经历了或许会成为世界上第一次围绕气候变化议题的选举大战之后，澳大利亚出现了两党力挺在固定能源和交通部门开展碳交易和抑制其国内排放的局面。考虑到挑战的艰巨性，这给澳洲的碳市场描绘出一张巨幅的画面。

在对新威尔士州排放交易体系和即将在 2010 年之前引入的国家层面的体系的发展历程的讨论之前，本章介绍了澳大利亚的气候变化政治和排放交易。澳大利亚正处在气候变化政治和经济蓝图的转折点上，目前正是商业和政策制定者理解并界定这个经济转型期的风险和机遇的关键时刻。

第一次气候变化选举

2007 年 11 月的澳大利亚大选预示了澳大利亚气候政策的巨大转变。大选发生在巴厘岛第 13 次缔约方大会的几周之前，新当选的工党由此开始了自由国家联盟在政府的执政，并迅速在《京都议定书》[①] 上签字。新政府把国家排放交易体系的生效期从 2012 年提前到 2010 年，并且承诺澳大利亚将实现到 2050 年排放在 2000 年的基础上降低 60% 的长期目标，力争快速地建立正式的二氧化碳市场。

如图 6.1 中显示的，气候变化和环境只是在 2007 年 11 月的选举中选民关切到的几个因素之一。但是却占据了总理约翰·霍华德和反对党领袖陆克文间政治演说的核心。从对选民的重要性和政治家对其投入的政治资本（体现在其相对重要性的稳步提升上）来说，气候变化和环境可能是对竞选最具决定性的议题，其重要性从 13% 左右上升到了 70%，而竞选中与之相比的其他重大议题，如产业关系从 25% 左右仅上升到 50% 以上 [②]。

在 2007 年 11 月之前，澳大利亚的排放交易政策一直紧随美国。这表现在不管是两国都拒绝在《京都议定书》上签字，还是都对国内排放引入正式的排放限额，不限制层面的排放交易市场以特别的方式发展，以及建立自愿排放市

---

① 2007 年 12 月 3 日。

② 在该衡量标准上，0 是不重要的，对选民而言 100 才是最重要的。

场以应对日益高涨的公众关注。

自由国家联盟（霍华德）政府的核心议题是澳大利亚在气候变化上的立场，它承诺在 2008—2012 年间实现 1990 年排放水平的 108% 的京都目标，但它没有在《京都议定书》上签字，除非有意义重大的主要发展中国家，如中国和印度的参与。

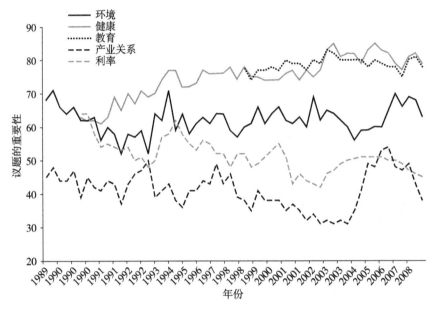

图 6.1　澳大利亚联邦议题的重要性演变

这项政策受到一些国内议案的拥护，比如强制性的可再生能源目标、温室气体挑战、发电效率标准、臭氧保护和综合温室气体管理法案（2003）等。在国际上，澳大利亚把精力专注于建立清洁发展和气候上的亚太合作，这项合作为澳大利亚、美国、中国、印度、日本、加拿大和菲律宾间的清洁技术转让建立了框架，并创立了一项致力于减缓印度尼西亚毁林的计划。

除了澳大利亚的 108% 的目标，1997 年，澳洲的环境部长、参议员罗伯特·希尔在京都就把土地清理（毁林）产生的排放包含在基准年中达成了协议（澳大利亚条款）。如图 6.2 所示，这项条款对澳大利亚是否能实现 108% 的目标至关重要。因为自 1990 年以来，由于新联邦政府与州联合对本土植物监管的管理方式，由土地清理产生的排放已急剧下降。①②

正如在图 6.2 和图 6.3 中看到的，在 2006 年前的 16 年间由土地利用实现

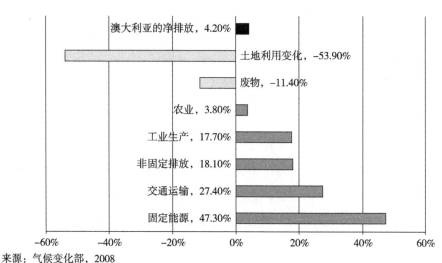

图 6.2 1990－2006 年排放变化幅度

来源：气候变化部，2008

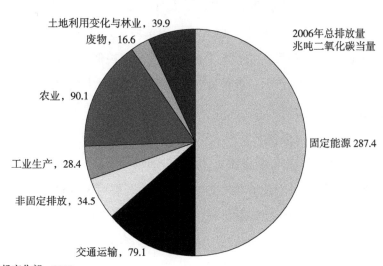

图 6.3 澳大利亚温室气体排放构成

来源：气候变化部，2008

---

① 澳大利亚是少数仍在大规模采伐森林的发达国家之一。

② 如《环境保护和生物多样性法》（2003 年）和各州政府的植被管理法规。

的减排是减排组合中唯一可观的部分，在此期间排放下降了54%。自1990年以来澳洲除土地利用外的所有其他主要部门的排放大幅上升，其中固定能源的排放上升最快，上升了几乎50%。

尽管这是一个高度含蓄的部门排放概况图，政府却认为即使停留在1997年《京都议定书》下达成的宽松目标上，仍可以继续站在道义的制高点上。

在后"9·11"的外交环境下，2002—2003年就排放交易和签署《京都议定书》进行全国性的争论期间，澳大利亚一方面坚定地站在同盟美国一边，一方面对欧盟的指责做出反驳，声称欧盟无权指责他们，因为澳大利亚可以实现其京都目标而大多数欧盟国家却做不到。同时也值得指出的是，除了澳大利亚总理霍华德和美国总统布什间的私交甚为深厚之外，当时澳大利亚正在跟美国就一项渴望已久的自由贸易协议进行磋商，此项协议最终在双方间达成共识并于2004年生效①。

尽管很难用某个确定的因素解释政府做出不签署《京都议定书》的决定②③，特别是考虑到《京都议定书》不大可能强加给经济体任何一项额外成本，但这些因素却在一定程度上体现了导致最后决定的决策过程中的各种视角。从霍华德政府的角度，是否签署议定书的决定貌似被看作象征性的因素。然而，在选举年（见图6.4），各种国际批判和压力的合力使得政府在维持现有立场的公信力上日益困难。

2006年10月，英国政府发布了气候变化经济学（*The Economics of Climate Change*）[也就是著名的斯特恩报告（*Stern Review*），英国财政部，2006]。这份报告看起来更像是一个政治和外交中点站，为开展更为有利的国际公关行动做下铺垫，因为气候变化经济学是利用目前为止最为全面和严密的气候变化经济分析所做的一次深思熟虑的尝试。正如在第2章中讨论的，通过用折现的伦理学清晰的表达其方法，斯特恩使用了收益－成本计算的方式，他建议用经济

---

① 这一关系在霍华德总理2001年9月访美期间得到巩固。

② 由于澳大利亚预计将保持在其《京都议定书》规定的排放量108%的目标范围内。

③ 关于化石燃料行业在《京都议定书》游说中的作用的批判性研究，见Pease，2007。

手段支持在气候变化问题上尽早采取有力的行动，并支持碳交易胜过碳税的观点。斯特恩也力争把气候变化塑造为商业上的一个机会和对经济的推动力，而不是通常认为的控制排放会以失去工作和阻碍经济增长为代价。

2007年3月，在大量媒体关注下，尼古拉斯·斯特恩访问了澳大利亚并向约翰·霍华德和陆克文展示了他的报告。与英国官员相比，他作为访问学者在评论其政府在京都的立场上受到的约束较少。

鉴于其他国家正在做出行动，世界上越来越多的国家正准备在他们自己的责任和对自己责任的判断的基础上做出行动。这样就获得了推动力，如果有些国家不参与的话，这个推动力将会受到严重的损伤（ABC，2007）

2007年2月2日，联合国政府间气候变化专门委员会（IPCC）在巴黎正式发布了第四次评估报告（IPCC，2007）。这碰巧是联邦议会在当年的第一周会议期间，因而进一步推动了在气候变化问题上日益增长的关切势头。在议会会议的第一天，反对党领袖陆克文先生提出就关于气候变化和水资源匮乏挑战的公共重大事务进行讨论。在议会的发言中，陆克文清楚地表达出，打算把选举的关注点定格在围绕合理的经济管理和气候变化上：

今年我们将会看到一场为国家的未来出谋划策的战斗……这场战斗发生的战场正是关于想如何描绘国家未来的我们［工党的］两套价值观的核心……在不丢掉平等的同时我们必须创造长久的繁荣，想要创造长久的繁荣必须在气候变化和水资源上采取行动（议会记录，2007）。

接下来针对问题他直接引用联合国政府间气候变化专门委员会报告对被他形容为"政府的过度怀疑论"进行了批判：

人们对人类活动导致的气候变暖和变冷的理解自从第三次评估报告的发布

以来有了改善，人们更为肯定自 1750 年以来人类活动对地球的平均净影响是导致气候变暖的一个因素……那么该如何定义"非常高的把握"？"非常高的把握"的意思是……至少有十分之九的概率是正确的……（议会记录，2007）

环境部长麦肯·腾博用政府长期持有的立场回应，《京都议定书》不是解决问题的最佳手段，必须给气候怀疑论者一定的空间：

对气候变化的反应是非常复杂的。这需要开放的思想，并需要切实可行的措施。现在反对党呈现给我们的是某种阻碍进步的政治神学。任何人都不能怀疑，对怀疑论者进行查封，对任何有着开放思想的人进行查封。我们都认识到签署议定书本身并不会导致澳大利亚排放更少的温室气体，因为我们已经在完成京都目标的轨道上。从本质上将，它将不会对大气中的温室气体产生任何影响。（议会记录，2007）

在势头增长的为呼吁在气候变化问题上需要更大程度合作的国际行动中，另一个重要的元素是伴随 2006 年戈尔的纪录片《难以忽视的真相》的发布而产生的。这部影片是全世界的一个奇迹，因这部影片，戈尔先生与政府间气候变化专门委员会（IPCC）一同获得了诺贝尔和平奖。这部影片在竞选年上映，不仅如此，对诺贝尔和平奖授予的宣布也发生在 2007 年 11 月大选前一个月，又一次，在这样的一个关键时刻，这个议题被再次抬高，并且政府也因其所谓的怀疑论名誉扫地。

这个观点得到了尼尔森承担的牛津大学环境变化所的一项研究证实，这项研究表明，这部影片在澳大利亚对公众的看法产生了显著的影响（尼尔森，环境变化所，2007）。调查数据表明，有一半看过电影的人表示这部电影在这个问题上改变了他们的想法，同时在 25 岁以下、25—39 岁、40—55 岁和 55 岁以上 4 个年龄段分别有 54%、74%、87% 和 91% 的人说这部影片将会改变他们的习惯。

　　图 6.4 展示了工党如何利用这些相互加强并重复发生的信息，逐渐从被认为在处理环境问题上与霍华德政府具有相似能力的候选者转而建立了有优势并赢得选举的领先地位。

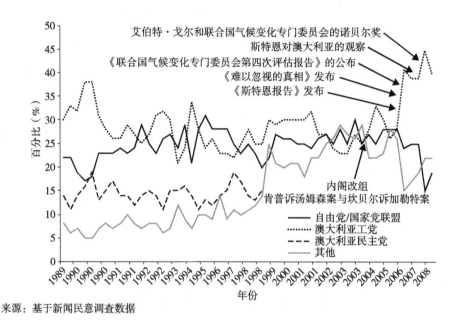

来源：基于新闻民意调查数据

图 6.4　工党获益于在气候变化问题上渐长的国际压力

　　日渐高涨的由气候变化对政府造成的竞选上的威胁，总理霍华德在 2006 年 12 月成立了一个小组，这个小组就一项新的澳大利亚排放交易体系的建立工作向他报告。2007 年 1 月，他任命麦肯·腾博承担环境部长的职责。排放工作组在其职权描述中写道：

　　澳大利亚享受着因丰富的化石燃料和铀资源而带来的较大的竞争优势。在评估澳大利亚对未来减少温室气体排放上的贡献时，我们必须保护这些优势。

　　在这个背景下，工作组将从事对澳大利亚能够参与的、可行的、全球排放交易体系的性质和设计的咨询工作。（霍华德，2007）

　　5 月份，距离选举还有 6 个月，工作组正式发布了研究报告，同时政府宣

191

布将在 2012 年实施一项排放交易计划。然而，政府却没有摆脱给人留下的对气候变化问题过度怀疑的印象，如我们在图 6.4 中看到的，已不能引起公众的共鸣。终于 2007 年 11 月，工党在竞选中获得压倒性胜利。

2007 年 11 月工党的选举胜利是首例围绕气候变化进行斗争并赢得胜利的一次选举。这个意义是不容忽视的，因为它展示了一个公众在气候变化问题上的呼声是如何推进在更大程度上进行国际合作的例子。作为在管理全球公共物品上有关社会协调性的一个经典案例，如果各个国家撇开各自短期的国家利己主义，支持通过在二氧化碳减排上的通力合作所带来的长远获益的话，那么国际准则的建立是至关重要的。这里的和谐要依赖于用集体的行动解决各种问题并且需要国际层面上搭便车者的加入。

2007 年的澳大利亚大选表明，通过在国际上和道义上施加砝码，不需要求助于贸易上的约束或其他的处罚措施，协调合作是可以实现的。

澳大利亚排放交易市场的发展历程

本节跟踪了澳大利亚国家层面上的总量控制和交易体系的政治演变。余下的部分将对澳大利亚排放交易的实践经验概述。新南威尔士（NSW）温室气体减排计划（GGAS）将跟联邦政府的可再生能源认证计划放在一起讨论。这两个计划是基准线和信用排放交易体系的两个范例，并已经有数年的运行历史了[①]。

在实施方面，新推出的国家碳污染减排计划（CPRS）是一个总量控制和交易型计划，它将取代并吞并新南威尔士温室气体减排计划。国家碳污染减排计划中的很多关键性要素最早在联邦政府 2008 年 7 月发布的一本绿皮书里进行过预先展示。该绿皮书可看作是 2008 年 12 月发布的白皮书的征求意见稿，白皮书可以说是建立此项计划的立法草案的原型。为有益于未来的计划，本章

---

① 参见第 2 章，了解关于基准排放交易方案、信用排放交易方案以及总量管制与排放交易方案之间差异的讨论。

最后一部分就一些关键性的议题进行了综述和讨论。

新南威尔士温室气体减排计划

新南威尔士温室气体减排计划正式发布于 2003 年，是世界上第一个强制性排放交易体系。它通过允许被认可的机构创造碳配额认证或信用额的方式操作，每单位认证额或信用额代表了与基准线相比每单位的减排额，基准线可以是照常营业情况下的水平或其他的度量方式[①]。这些认证额是由"被认可的减排认证提供商"创造产生，构成了碳市场中供给方面的基础。每个温室气体减排计划认证额代表减排的 1 吨二氧化碳。

在需求这边，电力零售商和其他大规模的电力使用者被称之为"基准参与者"，需要承担抵消其伴随着电力出售或使用而产生的这部分排放的义务。如果他们未能实现其基准目标，那么这项计划的参与者需要为每吨未完成的二氧化碳减排支付 12 澳元的罚款。他们可以通过购买温室气体减排计划抵消认证额（由经认可的提供商产生），获取联邦政府的强制性可再生能源目标下产生的信用额，或者是通过在自己企业内用经认可的能效措施产生的排放节约来抵消其排放。

新南威尔士水资源和能源部监督温室气体减排计划的政策框架，这个计划受新南威尔士州独立定价管理委员会（Independent Pricing and Regulatory Tribunal，IPART）的管理，这个部门对减排认证提供商的委任和监督进行管理并要确保基准参与者履行其减排义务。为了保证产生的二氧化碳减排许可的完整性和有效性，独立定价管理委员会成立了审核小组来协助体系的管理。温室气体减排计划登记处对减排认证额的产生，所有权的转让和最后的弃置进行管理。登记处没有交易的职能。图 6.5 列出了温室气体减排计划的结构和其主要参与方。

---

① 该计划的立法框架由 1995 年《电力供应法》第 8A 条款、2001 年《电力供应（一般）条例》以及新南威尔士州能源部制定的五项温室气体基准规则确立。《2004 年电力（温室气体排放）法》中的澳大利亚首都领地（法案）存在镜像立法。

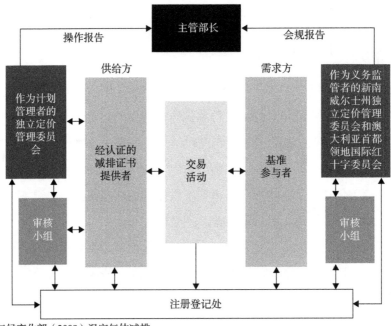

来源：气候变化部（2008）温室气体减排

图 6.5　温室气体减排计划的结构及主要参与方

温室气体减排计划的范围界定和新南威尔士温室气体目标

温室气体减排计划在新南威尔士和澳大利亚首都直辖区内运行。这些州总计占了澳大利亚温室气体排放的 28%（见图 6.6）。但是，温室气体减排计划仅限定在主要针对固定能源部门和几个大型的能源消费商。

新南威尔士州政府设立了到 2007 年把温室气体排放降低到人均排放 7.27 吨的州级电力部门的目标，声称这个目标比 1989—1990 年"京都议定书基准年"水平（指电力部门）低 5%。在解读这个人均部门目标上需要非常谨慎。人均排放的下降是由于新南威尔士州的人口从 1990 年的大约 290 万增长到了 2006 年的 340 万（ABS，2008）。从绝对值上讲，在京都期间固定能源的排放已从 59 兆吨二氧化碳当量大幅上涨到了 78 兆吨二氧化碳当量（见图 6.7）。

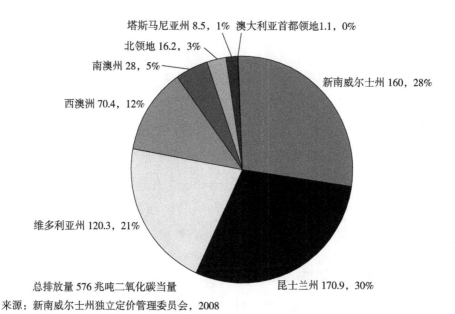

总排放量 576 兆吨二氧化碳当量
来源：新南威尔士州独立定价管理委员会，2008

图 6.6　温室气体污染物州排放分配图（2006）

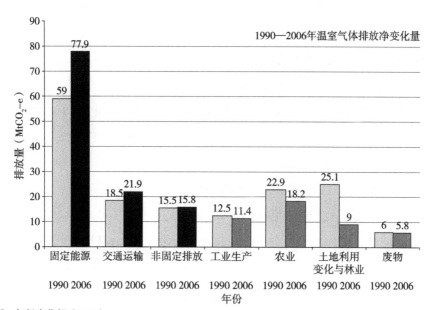

来源：气候变化部（2008）

图 6.7　1990—2006 年新南威尔士部门排放变化图

这种把对减排许可的需求和新南威尔士人口联系在一起的方式被认为此计划所精心设计的瑕疵（Passey et al.，2008）。作者指出，在到 2050 年的长期计划内（假设在保守的人口增长率和当前的政策因素下），温室气体减排计划二氧化碳的排放许可将实际增长到高于 2003 年水平的 9% 以上，这将被由于人口增长导致的人均排放下降而非真正的二氧化碳的下降所掩盖。

2007 年，有 40 个基准参与者加入温室气体减排计划中（IPRT，2008）。其中包括了所有 26 个得到许可的电力零售商，1 个直接从新南威尔士电网取电的市场客户，3 个发电企业和 11 个自愿参与到温室气体减排计划中的大型电力用户（见附表 6.1 温室气体减排计划强制和选择性参与方的完整列表）。

温室气体减排计划基准线

如前面提到的，温室气体减排计划基准线和信用额体系是根据新南威尔士 7.27 吨二氧化碳当量的强制性人均电力部门温室气体排放目标核算的。温室气体减排计划把在某一年的这个排放目标与新南威尔士的电力部门的大致排放量进行比较，算出两者之间的差值，并基于基准参与者在新南威尔士出售电力的市场份额把这个差额分配给基准参与者。每个基准参与者需要基于管理者公布的参数对其被要求的减排水平进行自我评估，此评估要求保持贯穿整年的连续性。这些参数包括：①共用系数（2007 年为 0.941 吨二氧化碳当量 / 兆瓦时）；②州内总电力需求（2007 年为 705.950 千瓦时）；③州内总人口（2007 年为 6896800 人）；④电力部门基准值（2007 年为 50139736 吨二氧化碳）。

参与者用下面的公式计算其各自的基准值：

公式 1：公司层面上基准值计算

基准参与者销售的总电量 / 州电力总需求量 × 电力部门基准值 = 温室气体基准值 [1]

公式的第一部分算出了参与者在新南威尔士州总电力销售量中所占份额，乘以新南威尔士州总体的电力基准值计算出参与者所占的温室气体目标的份额。若要计算在履约年末是否应受到处罚，温室气体减排计划参与者必须计算出自身产生的排放量，然后把这个值与他们的温室气体基准值进行比较。

公式 2：义务排放量的计算

电力总购买量 × 共用系数 – 减排证书交单 = 所致排放量　　　［2］

总购电量指参与者从新南威尔士州发电企业购买的电量，然后乘以新南威尔士州的发电企业在减排之前的平均排放强度（共用系数），共用系数通过计算前五年的共用系数的简单平均数得出，并滞后两年以平缓数据[①]。这两个参数的乘积得出义务排放量。如要计算排放者的义务排放量是在基准之上还是之下，那么必须考虑减排许可的数量。由此产生了可归于基准参与者的排放量；鉴于参与者应该希望避免为每吨超过减排目标的二氧化碳排放支付 12 美元的罚款，这个值必须低于温室气体基准值。

在温室气体减排计划运作期间，电力部门基准值已从 2003 年的 57.8 兆吨二氧化碳当量收紧到了 2008 年的 50.6 兆吨二氧化碳当量（见图 6.9）。通过比较图 6.8 和图 6.9 可以对温室气体减排计划的环境有效性进行评估。

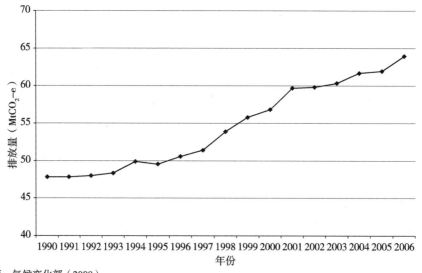

来源：气候变化部（2008）

图 6.8　1990—2006 能源产业排放变化

---

① 例如，干旱将减少水电发电量，从而增加西南电力部门的能源使用强度，从而增加共用系数。

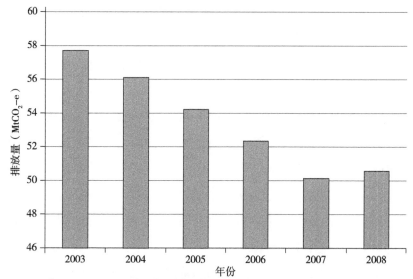

来源：www.greenhousegas.nsw.gov.au/benchmark/key_factors.asp

图 6.9　新南威尔士州温室气体减排计划能源部门排放基准

基准值的下降体现了自 2003 年开始以来，在目前温室气体减排计划每年如何实现大约 8 兆吨二氧化碳当量的减排额。然而能源工业的排放有上升的趋势：自 1990 年以来已经上升了大约 17 兆吨二氧化碳当量，在 2003—2006 年期间上升了大约 4 兆吨二氧化碳当量。这表明，尽管温室气体减排计划成功促进了固定能源产生的二氧化碳排放的抵消，却没有明显地使这些部门潜在的排放结构向远离化石燃料的方向转变。

为了查实减排源头，我们现在将介绍可用于抵消基准参与者排放的三种减排认证来源。

减排认证提供商

在温室气体减排计划下有三种类型的减排认证可以帮助基准参与者完成其排放基准。它们是：①可转让的新南威尔士温室气体减排证书（NGACs）；②不可转让的大用户减排证书（LUACs）；③产生于联邦政府强制可再生能源计划下的可再生能源证书（RECs）。

可转让的新南威尔士温室气体减排证书和不可转让的大用户减排证书认证代表了在基线情境下排放到大气中的 1 吨二氧化碳当量。这些认证只能通过经认可的减排证书提供者（ACPs）产生。2007 年底在四类减排认证规则下共有 204 家从事认证的机构。

可转让的新南威尔士温室气体减排证书减排认证可以从以下方式产生。

（1）较低的或减少的排放。为了有资格获得本类别下产生的信用额，发电企业需要证明他们所发的电量低于新南威尔士共用系数或证明他们实施了能效措施从而使得发电的排放强度降低[①]。

（2）电力需求的减少。需求方产生的信用额减少指的是顾客方减少电力消费的行动。比如，工艺的改变、实施控制、工厂或设备的维护、安装能效装置（安装新的淋浴喷头或者提高非上网发电厂的能效）。

（3）森林碳汇。温室气体减排计划认识到森林在碳汇方面所起的作用。森林项目必须满足以下条件才有资格获得减排认证：位于新南威尔士州的造林；符合京都议定书的要求；拥有在 1919 财产转让法下用其名称注册的碳汇权。

不可转让的大用户减排证书（非交易）认证可通过以下方式产生。不直接与电力消费相关的现场的温室气体排放量（来自工业过程中的）的减少。为获得资格，实体必须符合"大规模用户"的定义，这就要求不可转让的大用户减排证书产生者是一个每年使用 100 亿瓦时以上电量的新南威尔士基准参与者。只有为管理其本身基准而产生认证的用户才可以使用不可转让的大用户减排证书。

可转让的新南威尔士温室气体减排证书和不可转让的大用户减排证书的产生受其价格的驱动，价格由需求（取决于新南威尔士基准）和供给（取决于减排证书提供者）的相互作用决定。所有的减排认证额必须在减排活动发生当年年底之前的六个月内注册。

温室气体减排计划对基准参与者在联邦强制性可再生能源目标计划下提交的任何可再生能源证书（RECs）颁发信用额（专栏 6.1），但条件是信用额的申

---

① 详见 2003 年第 2 号温室气体基准规则（发电）。

请仅限于在新南威尔士的可再生能源电力销售。一单位的可再生能源证书和一单位的可转让的新南威尔士温室气体减排证书不能产自同一个项目活动（即，1兆瓦时的发电量可以产生一单位的可再生能源证书，但不能同时产生一单位的可转让的新南威尔士温室气体减排证书）。但是，如果这个可再生能源项目同时降低甲烷的排放，那么避免的甲烷的排放可以生成可转让的新南威尔士温室气体减排证书（IPRT，2008）[①]。

专栏6.1 联邦强制性可再生能源目标（MRET）计划

继2007年11月澳大利亚陆克文政府之后，政策上的一个主要的变化是，联邦强制性可再生能源目标从2020年的9500亿瓦时提升到45000亿瓦时。此政策为到2020年可再生能源发电达到20%的宏观政策的一部分。

当它以2%的目标在2001年引入时，它是世界上第一个强制性（而不是有所抱负的）可再生能源计划（Kent and Mercer，2004）。

联邦强制性可再生能源目标是通过创造可再生能源证书（RECs）的方式实施的基准线和信用额模式的排放交易体系。每单位的可再生能源证书代表了1兆瓦时的可再生能源发电量。可再生能源证书可以通过安装太阳能热水器或通过小型发电单元或发电站的可再生能源发电产生。

所有的电力零售商和批发商（被称为责任承担方）都需要依照其出售到国内市场上的电量成比例地购买可再生能源证书。比如，2005年的目标为售电量的1.64%。因此一个在2005年购买了10万兆瓦时电量的责任承担方，为了履行其当年的义务则必须废弃1640份可再生能源证书。

为支持联邦强制性可再生能源目标而引入的其他计划包括：一项用于资助可再生能源技术开发、商业化运行和推广的5亿澳元的基金，1.5亿美元用于资助太阳能和清洁能源研究，大约5亿美元用于太阳能城市、国家太阳能学校和绿化区计划。

[①] 正如Passey等人（2008年）所指出的那样，这引起了额外的担忧。

在实践中，由于可再生能源证书的交易价格要远高于可转让的新南威尔士温室气体减排证书，可再生能源证书可转化的数量是有限的。总共算起来有 5894139 数量的可再生能源证书符合这种方式（见图 6.10）。

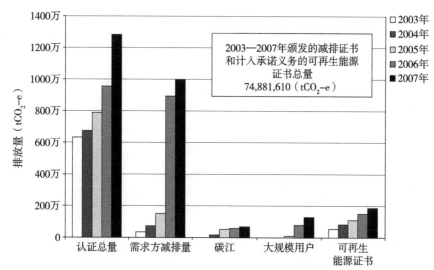

来源：新南威尔士州独立定价管理委员会，2008

图 6.10　新南威尔士减排认证的供给和可再生能源证书的使用

尽管有各种各样的认证，图 6.10 中显示的所有认证都代表一吨二氧化碳减排量，并在市场上定以相同的价格。本计划在开始以来共产生了 68987471 数量的认证额，较低的和减少的排放这一类别产生的减排认证额占据 68% 的比例。在项目层面上，这些认证额来源于改善废弃煤层气的管理，其次是改善垃圾填埋气的管理和提高天然气发电。在需求方的减排方面，大多数项目是关于在住宅上的实施能效措施，比如安装高能效的淋浴喷头。

2007 年同样见证了强制性计划之外的个人或公司为管理其碳排放而自愿购买可转让的新南威尔士温室气体减排证书的兴起，总共有 49898 的认证额被购买用作此用途。

在温室气体减排计划下，同所有的基准线和信用额计划一样，减排信用额的供给由减排额的产生者而不是监管者决定。这种方式的风险之一是信用额供给的不确定性。例如，在 2007 年，大规模信用额的（见图 6.10）的产生导致了信用额价格的跳水（见图 6.11）。

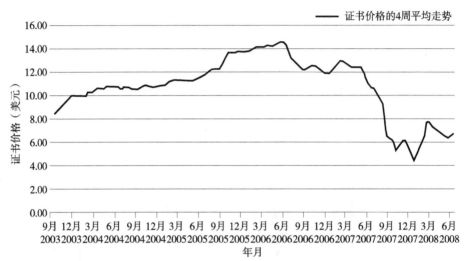

来源：The Green Room，见 www.nges.com.au

图 6.11　可转让的新南威尔士温室气体减排证书现货价格的变化趋势

温室气体减排计划的独立评估

正如第 2 章讨论的，任何排放交易计划得以成功运行，至关重要的是所有权是强有力的并可转让的。这是摆在实践面前的一个不可忽视的挑战。减排认证额，通常都以一吨二氧化碳（实际的或减排的）为单位，但实际上是贯穿在不同部门、在部门内贯穿不同活动与不同温室气体有关的一系列不同规则下产生的。因此，支撑排放交易体系的各种规则或制度的完整性至关重要。在像温室气体减排计划这样的基准线和信用额计划的背景下，如果监管者、商业部门和个人要确保排放交易能够以最低成本实现减排的愿望，那么这意味着额外性的问题必须占据舞台的中心。

关于基准线和信用额计划最为根本的额外性概念的第一要素是，减排项目产生的减排是真正的，而不是在没有项目的情况下仍将会发生的减排；第二要素是，在没有产生碳信用额的情况下项目的投资不具备经济可行性；第三要素是，项目对于现有政策和规则下所要求的额外减排（联合国气候变化框架公约，2007）。

帕西等人（2008）近来用这些标准对温室气体减排计划进行了评估。他们发现了这项计划制度结构上的一些瑕疵，比如，产生的很大比例的可交易减排认证额可能与其声称的减排量并不相符。

被识别出的最重要的设计缺陷或许是由使用所谓的"相对强度规则"产生的，这个规则是由于把减排认证额的产生与新南威尔士共用系数（新南威尔士发电的平均排放强度）联系在一起而产生的。为了查找这个排放强度规则如何破坏二氧化碳所有权制度的完整性，帕西追踪了新运行燃煤发电厂的二氧化碳排放。

问题产生的原因在于任何新能源的生产都可以创造可转让的新南威尔士温室气体减排证书，只要它的排放强度低于新南威尔士共用系数。这甚至可以同样适用于即使发电厂实际排放上升的情况。下面的这段文字摘自帕西评估温室气体减排计划的文章。（专栏6.2）

专栏6.2　排放强度规则的难题

2002—2003年和2005—2006年期间，澳洲国家电力市场的需求增长了19.7%（NEMMCO，2006）。位于昆士兰州的装机容量为445兆瓦的（塔龙北）燃煤电站于2003年8月开始运行，在2003年、2004年和2005年履约年创造了118981可转让的新南威尔士温室气体减排证书，但同时据估计每年排放了310万吨的二氧化碳。装机容量840兆瓦的米尔梅伦发电站的两个燃煤发电机组分别在2002年和2003年开机运行，到目前为止在2003年、2004年和2005年履约年创造了171177数量的可转让的新南威尔士温室气体减排证书。这些机组是同塔龙发电机组规模类似的超临界的蒸汽循环机组，因此将每年大概排放600万吨的二氧化碳。塔龙北和米尔梅伦发电站都创造了可转让的新南威尔士温室气体减排证书，因此，按照计划的规则，在温室气体减排计划开始以来已经降低了人均排放。具有讽刺意味的是，它们发的电越多（因而产生的排放也就越多），创造的可转让的新南威尔士温室气体减排证书越多。

按照帕西等人（2008）的观点，第二个重大的设计缺陷是，尽管每单位的可转让的新南威尔士温室气体减排证书原则上相当于 1 吨二氧化碳减排额（即减少的排放量），但实际度量起来却极其困难。原因是，要想独立核查某个本该发生却最终没有发生的事件是不可能的。一项检验东欧国家需求方的二氧化碳减排项目的额外性的研究发现，排放水平存在 ±35% 的不确定性（Parkinson et al.，2001）。此问题是所有基准线和信用额计划的共性问题，同时也是使计划遭受批判的罪魁祸首（Hepburn，2007）。

澳大利亚总量控制和交易型排放交易计划：碳污染减排计划（CPRS）

如前文中提到的，澳大利亚政府已承诺在 2010 年前开展一项国家层面的叫作碳污染减排计划（CPRS）的总量控制和交易计划。本节将对此项计划的关键性要素进行阐述，包括在国际竞争的背景下可能的排放控制总量、范围的界定、报告和履约的方式、排放许可的分配和拍卖所产生的影响，最后是关于计划所允许的与国际计划进行链接的程度。

总量控制

在 2010 年至 2014—2015 年期间的碳污染减排计划排放限额直到 2010 年 3 月才能够被设定，也就是本计划 2010 年 7 月 1 日实施之日前的仅仅几个月（白皮书，2008）。与欧盟排放交易计划和《京都议定书》中设定的以 1990 年为基准年不同的是，本计划中的排放限额是相对于 2000 年而设定的。它受到政府所制定的国家中期目标的影响，在白皮书中，中期目标设定为到 2020 年之前最低要完成在 2000 年的基础上减少 5% 的排放。换算成绝对值的话，这相当于在 2000 年基准年 552.8 兆吨二氧化碳当量的基础上减少 27.6 兆吨二氧化碳当量的排放。如果把土地清理实现的减排考虑在内的话，这与澳大利亚在 1990 年 552.6 兆吨二氧化碳当量的排放并无明显差异。因此，事实上如果把 1990 年选作基准年的话，这一数量的减排额仍将是 5% 左右。

倘若"所有大型经济体都承诺大幅抑制其排放的全球性协议……"，政府也表示愿意接受最高达到 15% 的目标（相当于实现绝对排放 82.9 兆吨二氧化碳当量）。

白皮书中阐述，到 2020 年，5% 的目标将会转变成以下指导性的国家排放轨迹：

（1）2010—2011 年，实现 2000 年排放水平的 109%（602.6 兆吨二氧化碳当量）。

（2）2011—2012 年，实现 2000 年排放水平的 108%（597.0 兆吨二氧化碳当量）。

（3）2012—2012 年，实现 2000 年排放水平的 107%（591.1 兆吨二氧化碳当量）。

这些轨迹涵盖了经济体中的所有排放，但是碳污染减排计划将仅涵盖澳大利亚 75% 的排放，包含大约 1000 个实体的强制性减排义务（白皮书，2008）。尽管碳污染减排计划本身的排放上限还没有公布，但可以从白皮书中发布的指导性轨迹中合理地推断出，在 2012 年之前，它不会在《京都议定书》下谈判的大致目标之外施加任何额外的量化性要求。

关于碳污染减排计划的总量控制目标与国际承诺看齐的问题，首选的立场是，如果排放上限与国际上谈判的国家目标不一致的话，不对排放上限进行调整（绿皮书，2008）；更确切地讲，政府需要通过购买国际排放信用额实现减排义务。这个条款旨在给碳污染减排计划的参与者提供确定性。并且也把国际上谈判的目标的风险从私有部门转移到公共部门身上，因为预计澳大利亚政府将会通过从国际碳市场上购买信用额来填补其履约的缺口。

据提议，碳污染减排计划的总量控制每一个周期都设为最短 5 年，并可以延长 1 年，每年维持 5 年期的确定性窗口。

本计划被提议覆盖的所有部门（详见图 6.12）都需要证明其二氧化碳排放达到很高程度的确定性。其他部门，像土地利用、土地利用的改变以及林业和农业产生的排放，对其准确度量将会非常困难。随着报告的改进逐步把这些部

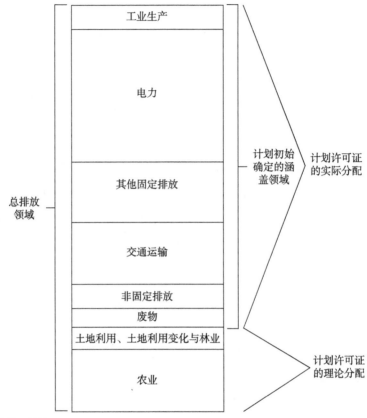

来源：绿皮书，2008

图 6.12　碳减排计划包含的领域范围

门纳入本计划中也是此项计划的意图所在（绿皮书，2008）。

职责履行点

　　为了确保碳价格理想地落到与碳排放最紧密相关的参与者身上，理论上最佳的选择是把排放产生的物理地点定为职责履行点。这就产生了一个"直接义务"，它为鼓励在涉及污染行为的活动中实现减排提供了最清晰的信号。这个直接义务尤其对大规模、固定的排放源发挥很好的作用。但是，在像交通这样的部门，直接性义务会涉及很多小规模的参与者（汽车车主），对他们来说实施碳交易计划的实际交易成本将会极其昂贵（专栏 6.3）。

专栏 6.3　管理加油站的高价格所带来的政治风险

传统上，油价和燃料税是政府政策的政治易燃区。每到圣诞节和复活节的时候，家庭会计划远途的洲际旅行，此时，在燃料消费者、零售商、政治家以及澳大利亚竞争和消费者委员会（ACCC）之间将会玩起一个高风险的游戏。为了使其利润最大化，零售商在高需求期会热切地提高加油站的油价。这不可避免地会使得愤怒的消费者寻求政治家的帮助，比如调低燃料税。澳大利亚已经是经济合作和发展组织国家中位居第四的油价最便宜的国家，政客们不出所料的会让愤怒的车主去找澳大利亚竞争和消费者委员会，他们可能会也可能不会发现零售商其实在非法串通。在这样的环境下，政治家们很难做到提高了燃料税却没有冒伤害强烈反对的选民的风险。然而，提高燃料价格，正是政府通过把交通部门纳入碳污染减排计划中而计划做的。

为了管理这个风险，澳大利亚政府提议在计划实施的前 3 年削减燃料税，从而平衡碳污染减排计划下所施加的价格。这个中立行为的策略背后的意图是给予消费者时间，以便提前为碳污染减排计划所带来的影响做出规划，例如，购买一辆新的燃料效率高的汽车。要使这项计划起作用的话，需要对未来价格的上涨进行清楚的沟通，以便于车主的预期可以把这些考虑进来。

比如，碳计量每年达到 2.5 万吨的二氧化碳当量才有权限进入碳污染减排计划。在发达国家一个有代表性的个体每年可能排放 10—20 吨的二氧化碳。不把这些小规模用户包含在碳交易中的论点的立脚点是，通过比较这个较低数量的减排效果和如果让每个人参与到排放交易计划中所需要付出的成本来判断。

在这些情况下，可以把职责履行点置于供应链上实际物理排放源之外的位置——一种"间接义务"的方法。碳污染减排计划打算在交通部门采用这种方式，把职责履行点置于燃料的上游供应商，如精炼厂。这些供应商将必须把该计划强加的碳价格转嫁到下游的消费者身上。从中长期看，汽油和柴油生产成本的升高将会促使供应商和消费者使用能效更高的汽车，并促进新低碳技术的

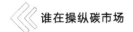

发展。

对农业部门来说，据提议，不把职责履行点放在农户这一层面上，而是放在下游大型农业产品采购商身上。此方法背后的逻辑是农业部门大量的并零散分布的农民把产品出售到高度集中的市场上。少数的几个屠宰场、批发商、超市和出口合作社可以作为职责履行点，通过引入反映不同农业管理方式的碳强度的许可证来实施。理论上，将会对碳强度高的食品和纤维收取更高的费金来反映碳价格，这些许可证的成本将会向下转嫁到消费者和澳洲农产品的进口商身上（绿皮书，2008）。但是，在实践中，考虑到澳大利亚农产品市场极强的竞争优势和在国际竞争中的高曝光率，这种方式可能导致市场份额的缩水或多种农业生产利润率的下降，并且也只是带来有限的环境获益，除非其他国家也采取类似的行动。

澳大利亚碳排放急速增长背景下的碳污染减排计划

考虑到澳大利亚碳排放迅速增长的趋势，碳污染减排计划将很可能造就一个大规模的碳市场。这仅仅通过查看固定能源部门即可以说明，固定能源部门贡献了澳洲大约一半的总排放（见图6.3），并且由于严重依赖燃煤发电，其排放量在京都期间上升了将近50%。这意味着澳洲相对适中的排放目标需要放在能源部门排放迅速增长的背景下来考量。2006年（拥有数据最近的年份），澳大利亚固定能源产生的排放为400.9兆吨二氧化碳当量，并且每年以大约2%的速度或以8兆吨二氧化碳当量的绝对量上涨。把这些排放剖析来看，昆士兰州装机为445兆瓦的塔龙北发电厂每年产生排放3.2兆吨二氧化碳当量（Passey et al., 2008）[1]。这意味着，若要在此基准基础上实现减排，或稳定绝对排放水平，将会出现对排放许可强劲需求的局面。

报告和履约

如前文讨论到的，确定一个可行的职责履行点对实施碳污染减排计划来说

---

① 澳大利亚大约有100个主要发电厂。

是一个关键性因素。这可以是也可以不是实际的排放点，尽管定为污染点是最为理想的，尤其对大规模排放者。一旦职责履行点被确定下来，对此计划下的实体来说严格的计量和管理其二氧化碳排放就变成了必须履行的职责。

对如何完成计量和排放担保提供了几种不同的选择。建立在已清晰定义的所有权并可以同更广范围的碳市场相互影响的体系的基础上，不同方法的稳健性对建立一套可行的体系是至关重要的。例如，一个建立了不健全或与实际排放量不相符的二氧化碳基准线和信用额的体系将会缺乏环境有效性，也不可能与其他市场相融合。

据提议，在碳污染减排计划下，职责履行点一般会落到对所覆盖下的设施和活动掌握操作控制权的实体身上。当多个实体共同实施控制权时，其中某一个负有责任的实体将需要进行注册并履行碳污染减排计划的职责（绿皮书，2008）。

政府已经提出了四个用以计量排放的方法学（绿皮书，2008）。此方法学见专栏 6.4。

专栏 6.4　碳污染减排计划下用于计量排放的方法学

方法 1：国家温室气体核算默认方法

此方法在计量实际二氧化碳排放上是最为抽象的。按照《联合国气候变化框架公约》指南，把假定的排放因子应用于各种项目活动中。通过把活动的规模与排放因子进行对比而得到一个估计的二氧化碳排放量。排放因子由气候变化部门利用澳大利亚温室气体排放信息系统来确定。此方法学下的实体层面的报告最不可能反映其真实的排放，但此方法具有利用起来容易且价格低廉的优势。

方法 2：利用行业抽样和澳大利亚或国际列出的标准或与其相当的标准分析燃料和原材料的专门针对设备的方法。

此方法下参与者可以进行额外的测量——例如，某个特定设备消耗的燃料量——为的是得到更准确的针对设备的测量。另外，它也大量利用了由标

准化机构制订的澳大利亚和国际记录标准，这些标准为所燃烧燃料的特性的分析程序提供了基准。

方法 3：利用澳大利亚或国际上相当的标准的专门针对设备的方法，用于抽样和分析燃料和原材料。

方法 3 与方法 2 类似，唯一不同的是，方法 3 要求实体在抽样时遵照澳大利亚或与其相当的记录标准（对燃料和原材料）以及在分析燃料时遵照记录标准。

方法 4：对排放系统进行不间断的或间隔性的直接监测。

不同于对燃料的化学特性进行分析或做出假设的方法，此方法旨在直接测量某项活动的温室气体排放。取决于排放过程的种类，此方法可提供较高程度的准确性。但是，其成本和对数据的要求较高。同方法 2 和方法 3 一样，此方法需要有大量记录程序的支撑。

在确定采用哪种方法时，澳洲政府必须权衡准确度更高的计量方式的优势和执行此方式所要付出的成本。一方面，准确的计量提高了本计划产生的环境有效性、完整性，并且通过确保每个污染者正视最能够真实反映其排放特征的碳成本而提高公平性。另一方面，严密的方法学，比如直接测量二氧化碳的排放，实施起来却是极为昂贵的[1]。

在政府的绿皮书中（2008），首选的立场是，根据排放源的种类设定最低的报告标准。这需要考虑到特定实体内部现有的和潜在的在计量和报告上的能力。比如，针对设备的报告（方法 2-4）已经被广泛用于报告发电和全氟碳化物（来自铝的冶炼）的排放，开采地下煤矿产生的逃逸性排放。正是由于这个原因，应用方法 2-4 的最低标准将适用于这 3 种排放源（白皮书，2008）。含有其他排放源的实体在测量其排放时，至少在计划实施后的前两年可以从方法

---

① 例如，欧盟通过要求排放量高的实体采用比排放量低的实体更准确的方法来解决这一问题。实际上，这意味着并非所有"排放权"都以相同的方式定义。

1–4 中进行选择。这一种类的排放源包括：煤和天然气的非电力使用，露天煤矿开采，固体废弃物产生的排放。

在交通部门，据提议，燃料提供商需要计算出售给本计划直接覆盖的参与者之外的顾客的燃料所产生的排放。另据提议，这些对报告的安排方式将建立在已存在的为燃料消费税和关税税收系统服务的报告程序上。

对排放进行报告的质量保证

正如在讨论新南威尔士计划时强调的，任何排放交易体系的成功或失败取决于建立的所有权的完整性和可靠性。如果经济活动参与者通过把他们真实的排放隐藏在不透明的碳计量标准的背后从而避免面对碳排放价格，那么所有权就没有被很好地界定。这意味着尽管减排量可能呈现在纸面上并且也创造了信用额，但实际上这些信用额可能并不被所要求的二氧化碳减排量所支持。独立的排放担保体系因此被作为一个非常重要的特征而包含在排放交易设计中。

同对排放进行报告一样，在保证排放数据的质量上存在着两种矛盾。如果要确保质量则需要在报告提交之前接受独立第三方的核查，如欧盟排放交易计划的做法。这样保证了很大程度的完整性，但对参与者来说则成本很高。一个可选的方法是利用自我评估系统，该评估系统将依托于政府指定的有追溯效力的审计（类似于自我评估税）。

对碳污染减排计划来说，政府将会对排放高于 12.5 万吨二氧化碳当量的实体采用第三方评估系统，对小型污染者采用依托于政府审计的自我评估系统①。

碳污染减排计划登记处

国家登记处被设立用于追踪碳污染减排计划下签发的合格的履约许可证的所有权，并且对许可证的废弃进行管理。登记处也将负责澳大利亚的各京都单位（分配数单位，清除单位，减排单位，核准的减排量单位）的报告和管理。

---

① 不过，政府会因应相关发展趋势，检讨国际联系和义务承担要求，可能会由较小的实体承担。

负有责任的实体，许可交易的中间商和公众成员可以使用登记处的在线平台进行持有、转让、废弃的操作，查看关于碳污染减排计划的公开信息。登记处将会协调碳污染减排计划参与者所需要做的几个主要工作，包括：①为参与到排放交易市场中开立账户；②接收在初级拍卖上购买的或通过免费分配获得的许可；③对在二级市场上获得的许可和京都单位进行注册；④对本计划下职责履行完毕的合格的许可进行废弃。

履约和实施

碳污染减排计划对机构在其范围下设置了四个主要的职责：①对报告的体系进行注册；②按照规定的方法存放准确的排放报告；③按时存放排放报告；④为平衡排放量废弃足够的许可。

本计划期望实体自愿遵守这些义务，如果不自愿的话可以转变为接受行政处罚的形式，并按照违反的严重程度升级为民事和刑事处罚。也有可能的情况是，参与者在除了接受相应的惩罚之外还需要在后续的年份里对任何未满足条件的许可的废弃进行弥补。

成立的排放交易监管机构可能拥有索要信息、查阅账簿和设备、有权进入碳污染减排计划覆盖下的场地的权利。预计监管机构将同其他机构通力合作以防止在此计划下为操纵碳许可的价格而进行的非法或虚假交易。

管理碳污染减排计划下的减排成本

财政部最近的一份报告对实施各项减排计划以完成 2050 年 60% 的减排目标展现了一幅极为乐观的蓝图。通过在宏观层面上对宏观政策的模拟得出的结论是，相对于参考情景（基准线情景），澳大利亚在政策情景下（要求排放减少的情景）的 GDP 增长每年将放缓大约 0.1%（财政部，2008）。

另外，通过把碳价格对经济产生的影响剔除出去，财政部发现经济体从碳定价中的实际获益为 GDP 的 0.1%（财政部，2008）。

但是，财政部发现尽管减排政策使经济总成本少量增加，碳定价政策却使得经济结构中的基础设施和技术从高碳转向低碳。此转变也使得部门间的收入和就业发生显著转变。详细的结果请见本章附表6.2，筛选的几个部门在下图6.13中重点列出。

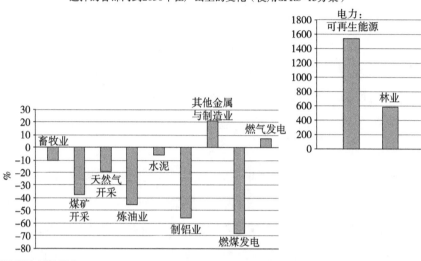

选择的各部门到2050年在产出上的变化（使用CPRS–15方案）

注：详细信息请见附表6.2

图6.13 可能的排放交易方案对部门的影响

正如所预料的，高排放强度的部门在实施排放交易计划中受到的负面影响最大，这些部门包括燃煤发电（–68%）、制铝业（–56%）、炼油业（–45%）、和采矿业（–38%）。可再生能源部门（+1535%）和林业部门（+585%）得到了迅速增长，并且低排放强度制造业（21%）以及天然气发电（+7%）也大力扩张，对国家产出造成的负面影响起到了平衡作用。

尽管没有对碳污染减排计划本身对经济产生的影响进行模拟，但白皮书中详述了能源部门作为受到强烈影响的部门在计划开始的前几年将如何受到大力的援助（白皮书，2008）。政府在电力部门调整计划下指出，基于大约每吨25澳元的初始碳价格，打算给排放强度最高的燃煤电厂提供大约39亿美元的援助。援助额将跟发电站在2004年7月1日到2007年6月30日期间的历史能源产出以及发电厂的排放强度在多大程度上超出了0.86吨二氧化碳/兆瓦时的临界

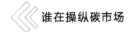

水平有关，0.86 吨二氧化碳／兆瓦时是所有基于化石燃料发电的平均排放强度。

排放密集型和贸易高风险行业

在很多情况下，因碳价格而面临高成本的碳密集型行业将会把碳污染减排计划的成本表现在最终产品的价格上，以此转嫁到消费者身上。在一定程度上，如果价格的上涨没有通过给予燃煤发电厂援助而得到弱化，消费者对于碳密集型能源的需求将可能会发生改变，人们将会转向购买更为低廉的低碳替代品。

然而，面对新的碳价格挑战的行业可能会遭受来自海外不承担碳约束的类似企业的国际竞争。在这种情况下，假设完全竞争和资本在地理上的合理流动性，碳价格的引入可能会导致污染活动重新落户于未监管的市场上。例如，铝的生产将可能从澳大利亚迁移到东南亚的国家。这个问题被称之为碳泄漏。对此最好的解决方式是达成一项国际协议，通过在全球范围内或者至少在具有争论性的产品主要生产国和部门施以类似的环境监管措施，以此消除对竞争力的担心。

如果这个不能实现的话，转而经常主张的是给予承受贸易风险的行业某种形式的援助以维持其国内的生产和防止碳泄漏的发生。对澳大利亚承担贸易风险的行业，政府建议在碳污染减排计划的初始阶段通过免费分配许可的形式给予援助。

同时也有其他三项宏观性政策可以起到类似的效果。三项政策分别为：对进口的高排放强度的商品进行边境税调整；对本计划下遭受贸易风险的实体给予免税优惠；给以现金补偿。

绿皮书中（2008）提到，在市场经济中，商品的相对价格和产量定期发生变化，通常是政府干预的结果。例如，医疗、保险和其他劳工法已经对澳洲的鞋、纺织和服装业等劳动密集型的贸易相关行业产生了影响。面对来自法律宽松国家价格低廉的产品，很多企业的利润在下滑，生产也迁往其他国家。在这些情况下，通常不提供援助维持企业的生产，因为这些劳动法规通常反映了政府和公众的优先权和价值观。澳大利亚劳工、医疗和保险法所带来的结果是经济结构向远离劳动密集型产品的方向转变。

鉴于其他之前已经存在的政府干预，碳密集型的行业缘何受到特殊的待遇？此问题最终将通过许可拍卖的政治经济学来解决，因为各利益集团会为了争夺经济租金而展开激烈的竞争。如前面的章节中讨论的，排放交易体系下所有权的建立可以创造数以十亿美元的新资产。谁将拥有这些资产和如何分配资产的问题——是分给纳税人还是碳强度高的行业——是政策制定者在设计碳污染减排计划时所面对的关键性问题。

澳大利亚碳污染许可证的拍卖

政府已经提醒说，尽管一部分的许可证将免费分配给遭受贸易风险的高排放强度的行业，但是分配方式将会渐进地转为完全的拍卖（白皮书，2008）。拍卖可以给市场参与者提供一个关于碳价格的非常重要的早期信号，尤其是在排放许可证的二级市场尚未成熟的情况下。理由是，承担责任的实体间竞争而透明的投标过程指引着排放总量控制额向紧缩方向发展（在供给面的）。

在碳污染减排计划下，澳洲政府打算把用来拍卖的所有许可证通过每年12次拍卖进行分配。此方式旨在计划尚待成熟的时候尽可能把及时的碳价格信息提供给参与者，同时管理拍卖对企业现金流造成的影响。目的是给予市场更多的空间来吸纳一年中的许可，同时也潜在地使政府的收入最大化。至少有一个拍卖将在相应的报告期末但废弃之日前举行，以便给予参与者最佳管理其碳分配的机会，尤其是在计划开始之初（白皮书，2008）。

绿皮书中设定了一个指引性的拍卖时间表（2008）。一旦计划生效，据计划未来排放许可的所有权将会提前很多年进行分配（见图6.14）。

有两种类型的拍卖流程在碳污染减排计划的考虑中：一种是向上叫价时钟拍卖的方法，拍卖人员宣布一个价格，然后投标者出示此价格下他们准备购买的许可证的数量。如果需求超过配额的供给，拍卖人员则在下一轮中提高价格，然后投标者进行重新投标。照此方式继续下去直到出售的许可证数量等于或大于需求的数量。第二种方式是密封式投标的方法，拍卖人员宣布出售的许可证的数量，然后许可证需求者把标的投给拍卖人员且只能被拍卖人员看到。

每一财政年的季度末	2009—2010				2010—2011				2011—2012				2012—2013				2013—2014				2014—2015	
（财政年度）	9月	12月	3月	6月	9月	12月	3月	6月	9月	12月	3月	6月	9月	12月	3月	6月	9月	12月	3月	6月	9月	12月
2010—2011	1/4	1/8	1/8	1/8	1/8	1/8		1/8														
2011—2012	1/4	1/8	1/8			1/8	1/8	1/8	1/8			1/8										
2012—2013	1/8			1/8			1/8			1/8	1/8	1/8	1/8			1/8						
2013—2014		1/8			1/8			1/8				1/8	1/8	1/8	1/8		1/8					
2014—2015				1/8			1/8				1/8				1/8	1/8						
2015—2016 （过渡期）						1/8			1/8				1/8									
2016—2017									1/8				1/8									
2017—2018													1/8									

来源：绿皮书

图 6.14　澳大利亚拟议的碳权拍卖时间表

最后拍卖人员决定把最不成功的投标者的出价定为支付价格（统一价格），或者把投标者实际提交的价格定为支付价格（出价成交）。

　　政府打算采用向上叫价时钟拍卖方式，因为这种方式更为透明，并且在拍卖过程中披露了在不同价格水平上许可的市场需求（白皮书，2008）。而且，由于在高碳强度、承受贸易风险部门的实体将会获得免费分配，因此政府同时也计划通过双边拍卖的过程准许这些实体参与二级分配市场（绿皮书，2008）。这样他们将可以发现分配额的价格或出售任何多余的信用额。但是绿皮书中指出，允许双边拍卖可能会破坏二级排放市场的发展。

同国际的链接和碳污染减排计划

　　排放交易的根本性原则——以最低的成本实现减排——意味着计划的范围和覆盖面越广，潜在的收益将会越大。这也正是国内碳市场与国际碳市场进行链接的原因。绿皮书中设定的澳大利亚的排放目标，比如到 2020 年在排放水平上比 2000 年减排 50%，到 2050 年减排 60% 应该解读为净目标。这意味着从国外购买的碳信用额计入为履行目标的指标，而澳洲出口的任何信用额从履行目标的指标中扣除。碳污染减排计划是按照与其他排放交易体系，比如《京都议定书》，欧盟排放交易计划，新西兰排放交易体系相容的方式而设计的，并在设计时也着眼于融入美国交易体系中。

同欧盟和美国等国家的市场相比澳大利亚只有微不足道的排放份额，澳大利亚的碳污染减排计划不太可能对国际碳信用的价格产生明显的影响。在不受约束的国际链接下，这意味着碳污染减排计划许可证的价格将会由政府控制范围之外的国际因素来决定。从绿皮书到白皮书，在采用的方式上已发生了从受约束的交易到自由与国际链接的模式的转变。白皮书没有对合格的国际信用额进行数量上的限制（2008）。

绿皮书（2008）中勾勒出了对国际链接的框架思考，具体见专栏6.5。

尽管碳污染减排计划下产生的排放单位是在澳洲排放交易市场特定的规则下产生的，但覆盖范围内的实体可以购买和交易合格的京都单位。通过准许污染者相对自由地进入国际碳市场，污染者把安全阀或者国内排放的最高限价设定在了国际排放价格的水平上。

专栏6.5 考虑国际链接的框架

一般来说，与其他体系的链接可以描述为：

直接链接：来自计划A的信用单位（Units）可以用作计划B下的履约（例如，欧盟排放交易计划下的排放信用可以用作碳污染减排计划下的履约）

间接链接：计划A和计划B不直接链接，但都接受来自计划C的信用单位（Units），他们之间建立了一个间接的价格链接（例如，假设澳大利亚的计划和欧洲的计划都承认《京都议定书》下产出的信用单位）。

除此之外，链接也可以是：

单边链接：计划A的信用单位可以在计划B下使用，但反过来却不成立。

双边链接：计划A和计划B的政府均同意接受各自产生的信用单位。

在碳污染减排计划下允许使用京都单位同时也鼓励了国际碳市场的发展并激励发展中国家参与到减排行动中。然而，如下面将要讨论的，不是所有来自京都灵活机制的单位都被平等对待。

有限制地使用核证减排额单位（CER）和减排单位（ERU）

对清洁发展机制信用额（CERs）的使用加以限制将可能切断碳污染减排计划信用额的价格和国际碳价格之间的联系。这可能带来正负两方面的影响。好处在于给予了政府在国内排放价格上更大的控制权，尤其是在《京都议定书》未来的前景还不明朗的情况下这点可能会比较重要。由于清洁发展机制是个基准线和信用额类型的体系，在清洁发展机制下许可证的供给不是由政府而是由碳信用额的项目开发商来控制的。最后一个不确定性的来源是伴随着一些基准线和信用额型的项目如清洁发展机制项目而产生的额外性（环境完整性）的问题。

出于对这些问题的考虑，澳大利亚政府打算对核证减排额单位的使用加以限制，排除"未来才能确定的和具有较高行政成本的核证减排额单位：目前包括，林业项目产生的临时的核证减排额单位（tCERs）和长期的核证减排额单位（lCERs）"（白皮书，2008）。联合履约项目产生的信用额（ERUs）由于同清洁发展机制项目信用额条款的类似，也被包含在内，因为他们可以被参与者买来用于履行其承诺[1]。

但是，政府计划禁止澳大利亚的实体在碳污染减排计划覆盖下的部门内开展联合履约项目（绿皮书，2008）。在《京都议定书》对联合履约的条款下，澳大利亚的公司可以在国际市场上出售其产生的排放信用额（ERUs）。并且排放信用额可以用于履行其他国家的减排目标。但是，如果要签发排放信用额的话，为避免对减排量的重复计算，澳大利亚必须撤销其分配的同等数量的配额单位。这样就使得澳大利亚在实现其目标上变得更为困难。不允许在碳污染减

---

[1] 来源于发达国家而非发展中国家的项目。

排计划覆盖下的部门内开展联合履约项目的规定可能会受到很多低碳技术公司的反对，按照这个规定，他们将不能在国际市场上出售其信用额——经常被用作促进澳大利亚参与《京都议定书》市场的一个优势。

配额单位（AAUs）被排除在外

澳洲政府已决定不允许碳污染减排计划下的参与者使用《京都议定书》下的配额单位（AAUs）。配额单位是一个国家用于衡量其最高排放限额的单位。配额单位存在的问题是，目前由于意外事件（例如，随着苏联转型带来的俄罗斯重工业的坍塌）导致的配额单位在国际市场上过度供给的问题，由此出现了配额单位被称之为"热空气"的现象。

热空气的这一称谓突出了相对于需求配额单位超量供应的状况。世界银行估计京都缔约方在履约上的缺口约为 33 亿吨二氧化碳当量。但是，配额单位的供给却可能给国际碳市场输送约 71 亿吨的二氧化碳当量（世界银行，2007）。若这个发生的话，碳价格将会强力的跌到零。

最后，政府还声明，此计划允许使用清除单位（RMUs）履约，但只限于2012—2013 年期间。

其他的链接机制

在《京都议定书》范围之外，可能存在希望与碳污染减排计划链接的其他的排放信用市场。例如，在美国产生的排放信用额，自愿碳市场，以及目前在还未被承认的体系下产生的信用额（通过避免毁林而实现减排的项目）。

这种体系下的信用单位存在的一个问题是，如果引入这些信用额的话，他们并不能被用于履行澳大利亚达成国际共识的排放目标的指标。没有转变为京都单位的信用额在碳污染减排计划下将不被承认。这种状况在达成 2012 年后的国际框架将被重新考虑（白皮书，2008）。

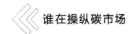

澳大利亚产出的信用额在国际市场上的出售和转让

碳污染减排计划认证额的出口将会抬高国内认证额的价格，并会导致为实现国内和国际目标所需的国内减排额数量的上升。尽管认识到对允许碳污染减排计划信用额出口到国际市场上的一般性需求，但出于对许可证价格的稳定性产生影响的担心，政府提议不允许把澳大利亚的许可证转化为京都单位出口。

结论

本章讨论了澳大利亚的气候变化政治，正是这个导致了 2007 年两党对在国家范围内开展排放交易体系的支持。作为一个在气候变化议题上日益加强的国际准则的最为活生生的案例，意义十分重大。作为一个全球协调合作的案例，如果各个国家把短期国家利益搁置，支持由在政策领域更大程度的合作而带来的长远利益，这一准则将是必不可少的。通过民主的进程而非贸易制裁或其他形式的惩罚措施来解决问题的方式，给在不需要愤怒、破坏和冲突中寻找解决方式的愿景带来了希望。

澳大利亚通过新南威尔士温室气体减排计划开展排放交易的早期实践展示了混杂的结果，但提供了有价值的经验。尽管在建立碳市场机制和对碳抵消额提供商提供激励上取得了成功，但新南威尔士的经验突出了环境有效性的设计对一个良好的排放体系的重要性。比如，如果使用碳强度而非绝对碳排放值作为许可证分配的基础，意味着即使在所覆盖的工厂的排放增加的情况下也可以创造排放认证额。

因此，开展排放交易计划并不能够保证排放的降低。更多的是取决于计划的设计，并且在创造的碳许可上可能存在很大程度的异质性，即使他们可能或许只是在对简单的所减排的 1 吨二氧化碳的单位的定义上产生了误解。不同的碳交易体系具有不同的规则和不同水平的质量保证。

对提案的国家计划做出概述的绿皮书和白皮书中对这一点进一步强调。计划所设的排放上限可能不会比当前澳大利亚在《京都议定书》下承诺的目标更具约束性。但是，既然覆盖了国家总排放量的约 70%，那么将在帮助实现政府到 2020 年相对于 2000 年减排 5% 的中期目标上扮演非常重要的角色。值得一提的是，碳污染减排计划从一开始就会把交通部门包含进来，做到了欧盟排放交易计划等其他计划范围之外的拓展。

在欧洲的带领下，为了降低新出现的碳价对企业利润率造成的影响，澳大利亚政府打算通过免费分配的方式把许可分配给高排放强度并承受贸易风险的部门。尽管这是识别出的为管理碳泄漏问题的备用选择（对环境更为有效的）机制，或许对本计划环境完整性的更多担忧是，用于援助污染最严重的燃煤发电企业的 39 亿澳元的财政支持"适应"了此计划。

联邦财政部的一项研究表明，尽管部门内将会发生结构上的调整，但实现政府的长期目标——到 2050 年减排 60%——的宏观经济成本是微不足道的。的确，财政部的模型表明了碳价格实际上会促进经济的增长。考虑到澳大利亚经济体所需的转型的程度，一些经济学家或许会告诫，这些被乐观的假设所支撑的模型可能冒着使企业、公众和政治家对挑战的规模产生一种虚假的安全感的风险。这对澳大利亚来说尤为贴切，或许可以说，正是在京都下达成的这个宽松的目标潜在地耽搁了在抑制能源部门迅速增长的排放上的行动。

本章讨论了在全球碳市场的背景下碳污染减排计划与国际市场的链接。碳污染减排计划将允许自由使用特定的京都单位，由此可以有效地把排放许可的最高限价设定在国际价格的水平上。但是，由于"热空气"的问题，澳大利亚把配额单位（AAUs）的使用排除在计划之外。由此突出了不同种类的计划间相互融合的问题：链接需要国家间采用类似的体系，尤其是在碳计量和质量保证方面。在碳许可证有力并准确地反映其所代表的排放的情况下，这样的许可证将会更有价值。在减排的额外性受到质疑的情况下，这样的许可将会打折扣或被排除在排放交易体系外。

澳大利亚在抑制其强势增长的排放上面临着不可忽视的挑战，尤其是在能

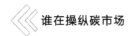

源部门。但是，对碳市场来说，这也正预示着一个崭新的、巨大的、与全球融合的碳市场的开始。

参考文献

Australian Broadcasting Corporation (2008) The Howard Years, Video documentary, ABC, Canberra.

Australian Bureau of Statistics (2008) Australian Demographic Statistics (3101.0).

Department of Climate Change (2008) National Greenhouse Gas Inventory 1990–2006, www.climatechange.gov.au/inventory/2006/index.html.

Green Paper (2008) *The Carbon Pollution Reduction Scheme*, Department of Climate Change, Commonwealth of Australia.

Hamilton, C. (2001) *Running from the Storm*, University of New South Wales Press, Sydney.

Hepburn, C. (2007) Carbon trading: A review of the Kyoto mechanisms, *Annual Review of Environmental Resources*, vol 32, 375–393.

HM Treasury (2006) *Stern Review on the Economics of Climate Change*, HM Treasury, London, www.hm_treasury.gov.uk/sternreview_index.htm.

Howard, J. (2007) Terms of reference for the Prime Minister's Emissions Task Group, National Library of Australia, Canberra.

IPCC (2007) *International Panel to the Convention on Climate Change, Fourth Assessment Report*, Synthesis Report, IPCC, Geneva.

IPRT (2008) Compliance and Operation of the NSW Greenhouse Gas Reduction Scheme during 2007, Report to Minister.

Kent, A. and Mercer, D. (2004) The Australian Mandatory Renewable Energy Target (MRET): An assessment, *Energy Policy*, vol 34, no 9, 1046–1062.

NEMMCO (2006) *The National Electricity Market Management Company Annual Report 2006*, NEMMCO.

Nielsen Environmental Change Institute (2007) *Climate Change and Influential Spokespeople*, University of Oxford, Oxford, http://lk.nielsen.com/documents/ClimateChampionsReportJuly07.pdf.

Parkinson, S., Begg, K., Bailey, P. and Jackson, T. (2001) Accounting for flexibility against uncertain baselines: Lessons from case studies in the eastern European energy sector, *Climate Policy*, vol 1, 55–73.

Parliamentary Hansard (2007) Matter of public importance, 6 February, Parliament of Australia.

Passey, R., MacGill, I. and Outhred, H. (2008) The governance challenge for implementing effective market−based climate policies: A case study of the New South Wales Greenhouse Gas Reduction Scheme, *Energy Policy* 36, 3009−3018.

Pearse, G. (2007) *High and Dry*, Penguin Viking, Melbourne.

Treasury (2008) Australia's low pollution future: The economics of climate change mitigation, Commonwealth of Australia.

UNFCCC (2007) Tool for the demonstration and assessment of additionality, (Version 03), CDM−Executive Board, UNFCCC/CCNUCC.

White Paper (2008) Carbon pollution reduction schem, Department of Climate Change, Commonwealth of Australia, Canberra.

World Bank (2007) State and trends in the carbon market 2007, Washington DC.

第7章

其他新兴的强制减排计划

新西兰排放权交易计划

政治背景

如果说，澳大利亚所经历的事情证明了政局变化导致了国家在气候变化政策上的态度发生了快速转变，那么 2008 年 11 月 8 日约翰·基为领袖的新西兰中右翼政党在国家选举中的胜出并没有给新西兰的气候政策带来明显的改变。

新西兰国家党政府一上任就中止实施《新西兰国家碳排放交易计划》，这是欧洲以外的首个国家排放交易计划，并着手对新西兰气候变化政策进行全面回顾和审查，而这一举动部分地归结于国家党与行动党在大选前达成的协议，而后者更倾向于征收碳税。尽管对国家气候变化政策的审议仍在继续，新政府还是满怀信心，认为排放交易计划会在 2009 年 9 月生效并在 2010 年开始实施。

除了对排放权交易计划（NZ ETS）进行重新审议，新政府也取消了之前禁止新建化石燃料发电厂的禁令和禁止使用白炽灯的禁令，力图与前工党政府未兑现的 10 亿美元房屋隔热处理资金撇清关系。此外，也有更为积极的消息，新政府正在寻找新的替代措施，比如免除了机动车道路使用费，承诺到2050年实现温室气体减排（50%的目标），也再次重申会履行《京都议定书》中承诺的减排义务。

2008年12月，在波兰波兹南召开的国际气候会议上，新当选的新西兰气候变化部部长尼克·史密斯表示，尽管在过去9年里新西兰温室气体排放的增长幅度位居世界第三，但借此让新西兰在减少碳排放方面做世界的领跑者是错误的。

图7.1显示了新西兰在1999—2008年未能履行《京都议定书》中所承诺的减排义务，该目标是根据1990年的排放量设定的，这就使得新西兰政府有义务去国际碳市场购买碳排放额度，切实履行新西兰政府在《京都议定书》里作出的承诺。

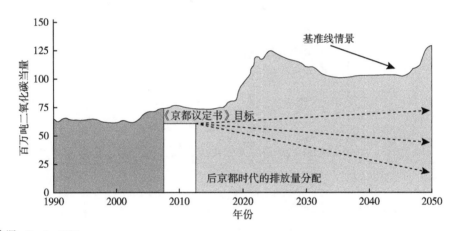

来源：Brash, 2008

图7.1　新西兰成为全球第三个温室气体排放增长最快的国家（1999—2008年）

新西兰的排放途径具有两大特征。一是来自农业、交通业和非交通能源部门的温室气体排放持续增长。到2045年，温室气体排放每年预计以1%左右的速度递增。二是来自林业的温室气体排放。20世纪90年代种植的树木将在2020年和2030年期间采伐，这就会造成温室气体排放量骤升，而种植树木时，温室气体排放量则会骤降（新西兰政府，2007）。

1990 年新西兰温室气体排放量相当于 6190 万吨二氧化碳当量，而 2006 年达到 7786 万吨二氧化碳当量，较之前增加了 1590 万吨二氧化碳当量或 25.6%。1990 年新西兰全国温室气体净排放量（含森林碳汇）为 4144 万吨二氧化碳当量，到 2006 年，净排放量增加了 1367.9 万吨二氧化碳当量，达到 5519.9 万吨二氧化碳当量。如图 7.2 所示，新西兰温室气体排放主要来自能源行业，在此期间其排放量增长速度最快，其中交通、供热、电力行业和农业因为化石燃料使用量的增加，温室气体排放也随之增加了 45%。畜牧业规模的扩大（牛羊数量的增多）也导致温室气体排放增加了 16%。就全球范围而言，新西兰温室气体排放量很小，占全人类总排放量的 0.2%—0.3%。

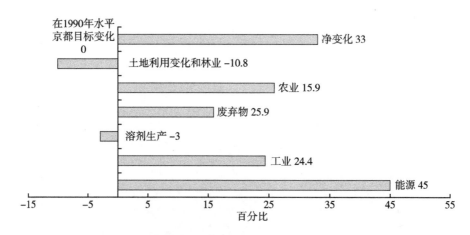

来源：新西兰 1990—2006 年温室气体排放明细（环境部，2008）

图 7.2　新西兰各主要行业的温室气体排放变化情况

在发达国家中，新西兰和澳大利亚一样，情况比较特殊，来自农业的温室气体排放比重较大（3770 万吨二氧化碳当量），占总排放量的 48%（见图 7.3），而其他发达国家，这一比例维持在 12% 左右。这些排放主要来自动物的粪便、氮肥使用以及家畜粪尿发酵产生的沼气，它们都以碳化物的形式存在。例如，自 1990 年以来，氮肥的使用量已经增加了 5 倍（环境部，2008）。

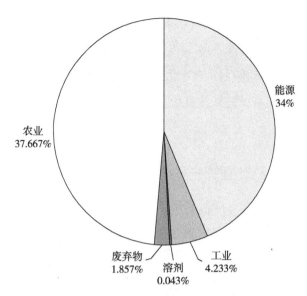

能源
34%

农业
37.667%

废弃物
1.857%

溶剂
0.043%

工业
4.233%

注：单位 = 兆吨二氧化碳当量
来源：新西兰 1990—2006 年温室气体排放明细（环境部，2008）

图 7.3 新西兰温室气体排放构成

有一点值得注意的是，来自土地利用变化和林业的温室气体排放，已经在一段时间内起到了抵消作用，扮演了碳汇的角色。在 1990 年 2050 万吨二氧化碳当量的基础上，已经减少排放 224 万吨二氧化碳当量（10.9%），可见大力发展人工造林是很有成效的。

还有一点值得注意的是，新西兰可再生能源发电量的比例为 66%。2006 年，在电力生产方面，55% 来自水力发电，11% 来自风力、地热和生物质发电，余下的 34% 来自燃煤燃气发电。（经济发展部，2007）

大部分的电力生产来自水力发电，而水力发电呈现季节性特征，这就意味着化石燃料使用量的年际变化很大。前任政府设定了以下目标（环境部，2008）：

（1）在 2025 年之前实现 90% 的电力生产来自可再生能源。

（2）在 2030 年之前实现固定式能源需求行业的碳中和。

（3）在 2013 年之前实现由农业领域的温室气体排放量减少 30 万吨。

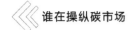

（4）在 2040 年之前实现温室气体排放比 2007 年减少一半。

拟议的新西兰排放权交易计划作为一个重要的政策机制，将和其他政策一起帮助政府实现上述减排目标。尽管新政府很有可能重新修正这个方案，但是了解这个计划的主要特征并关注其设计过程中出现的各种问题，将有助于今后减排工作的部署。

新西兰排放交易计划的主要特征

2008 年 9 月 25 日，支持新西兰排放交易计划的《应对气候变化法案》获得新西兰议会通过。该法案尽管还在审议之中，但为新西兰排放交易计划如何实施勾画了最初的框架。以下分析均基于该法案。

新西兰碳排放交易计划（NZ ETS）旨在减少新西兰的温室气体排放，履行其在《京都议定书》第一个履约期内的国际减排义务。因为该计划只是设定了短期内能够实现减排的领域，所以依靠其他政策来完成减排目标显得非常重要。

1 个新西兰排放单位（NZU）主要用于国内排放权交易，等同于 1 吨二氧化碳当量。在第一个承诺期内，其作用和京都单位完全一样。新西兰碳排放交易计划的强制阶段，也称为"调整期"，和《京都议定书》的第一个承诺期同步，这就意味着新西兰碳排放交易计划的第一阶段有可能实施到 2012 年。

该法案要求计划参与者所持的新西兰排放单位（NZU）总数与其造成的温室气体排放量保持一致。在这个计划下，每年将有一定数量的新西兰排放单位（NZU）得以发放，但总量不会超过《京都议定书》设定的上限。（新西兰政府，2007）

该法案允许采用无偿分配和有偿分配两种形式配置排放权，而这取决于参与者将减排成本转嫁到消费者身上的能力以及他们在国际市场上面临的竞争风险。为了与《京都议定书》保持一致，新西兰政府在第一个承诺期内发放的新西兰排放单位要和《京都议定书》下规定的分配总量保持一致（或者在国际市场上购买额外的排放权）。

在强制期的最后阶段，计划参与者必须为各自排放的温室气体买单。如果出现超额排放，就需要到国际碳市场上购买有效的排放额度来补足差额。

新西兰排放交易计划与国际碳市场紧密相连，政府和企业参与者可以像交易京都排放单位一样在海外市场买卖新西兰排放单位（NZU）。该计划还与其他市场相互联系，所以能够确保该方案的环境完整性和减排目标。考虑到新西兰排放权交易数量在国际碳市场上所占的比重很小，其价格很有可能紧随国际碳价。因此，国际碳价也为新西兰排放单位的价格设定了上限。但是，由于其他国家在碳价制定上的不可预知性以及国际间谈判的不断深入，新西兰排放单位价格仍然面临许多不确定性。

一般而言，新西兰碳排放交易计划不会对参与交易的京都单位总数进行控制，但是富有社会责任感的部长还是会对京都单位的交易类型加以限制。比如，新西兰碳排放交易计划禁止交易核电项目产生的减排量，并将制定有关绿色配额单位（AAUs）的条款，这也是出于对俄罗斯"热空气"事件的担忧。

总量控制

新西兰排放交易计划的排放总量是根据国际协议设定的国家减排目标确定的。就《京都议定书》而言，这意味着在 2008—2012 年期间，新西兰需要将温室气体排放量控制在 1990 年的水平。换句话说，在此期间，新西兰的年平均排放量需要维持在 6190 万吨二氧化碳当量或从国际市场上购买排放权来弥补差额。

在最有可能的排放情景下，即在 2007 年 4 月开始征收温室气体排放税之前，新西兰预计在《京都议定书》第一个承诺期内将超额排放 4553 万吨二氧化碳当量（新西兰环境部，2007）。这就意味着新西兰需要到国际市场上购买排放权来弥补这一差额。

新西兰排放单位的存储和预支

支持新西兰排放权交易计划的《应对气候变化法案》允许对排放权进行存储和预支。在强制期内，新西兰排放单位是可以进行跨期存储的。2012 年之前，

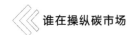

存储在《京都议定书》承诺期内的配额单位（AAU）不能在新西兰排放交易计划的强制期内使用。

减排范围

新西兰排放权交易计划将尽可能地覆盖新西兰各主要高强度排放行业（如表 7.1 所示），并和《京都议定书》提出的灵活机制紧密相连，以期以最低成本实现最大的减排。分阶段实施的新西兰排放权交易计划意味着减排成本将不会完全摊销到排放者身上。这一点对产生大量排放的农业来说，显得尤为重要。这样一来，截至 2012 年，农业领域的减排费用将由新西兰政府承担。

表 7.1　新西兰各行业参与排放权交易计划的时间表			（单位：年）
部门	自愿报告	强制报告	全部义务
林业（1990 年之前） 林业采伐（1989 年之后）	–	–	2008
液体化石燃料（航空燃料选择性加入）	2009	2010	2011
固定能源（天然气购买者选择性加入）	–	–	2010
工业	–	–	2010
合成气体	2011	2012	2013
农业	2011	2012	2013
废弃物	2011	2012	2013

来源：新西兰政府（2007 年）

减排义务承担者

作为一个基本原则，新西兰排放交易计划通过明确减排义务来减少计划参与者的数量。例如，该计划不要求机动车驾驶者的参与，但要求上游企业如燃料提炼厂承担减排义务。在农业领域，政府已表示农产品加工厂需要承担减排义务。

《2002 年应对气候变化法案》附录 3 已经列出了需要减排的各类活动和参与门槛。

排放权分配

作为一个基本原则，一方面新西兰碳排放交易机制对易受碳交易影响的企业采取免费分配，因为这些企业很难将由该机制引起的减排成本转移出去。另一方面，对不受成本增加影响的企业通过市场拍卖方式进行分配。拟议的分配方案是由前政府制定的（2007 年）。

在林业领域，毁林活动在 2008—2012 年期间将免费获得高达 2100 万吨二氧化碳当量的排放权，杂草治理活动也将免费获得少量的排放权（比如管护野生松树）。从 2013 年起，人工造林也将免费获得额外的 3400 万吨二氧化碳当量的排放权。

2005 年农业和工业 90% 的排放权是免费获得的，但是这样的分配方式到 2025 年将会被取消。

在新西兰碳排放交易方案实施期间才开始排放的新排放源和那些将要停工的企业也不再享有免费排放权（即"非用即失"原则）。处在上游的液化企业、固定式能源需求企业以及填埋厂也不享受免费排放权。

对企业和家庭的影响

新西兰政府公布了一份讨论《新西兰碳排放交易方案》的内阁官方文件，其中包括了针对该计划发表的一份监管影响声明（新西兰政府，2007）。该声明预计到 2010 年新西兰的温室气体排放将在 1990 年的水平上增加 30%（不计毁林造成的温室气体排放）。表 7.2 总结了不同的碳价对新西兰经济造成的影响。需要注意的是，政府并不能通过碳价格机制来管理超额排放。

一旦该计划完全启动，并在后《京都议定书》这样的大环境下得以实施，假设经过国际谈判新西兰设定了新的减排目标，那么其碳价将会随着本国市场和国际市场之间的互动而上涨。相对于全球市场而言，新西兰排放权交易所占比例很小，这就意味着新西兰市场执行的就是国际碳价，因为其碳交易需求量

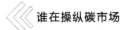

不可能抬升国际碳价。

表 7.2 的模拟情景显示了排放权价格的变化如何影响不同行业。在公平价格的情景下，受影响最大的是燃煤批发价格，上涨了 67%，而燃气价格上涨了 18%。在汽油排放量预计减少 0.6% 的情况下，汽油价格将会上涨 4%。

排放权交易引起的价格变动（假设无补偿或自由分配）	碳价格情景		
	15 新西兰元 / 吨二氧化碳当量	25 新西兰元 / 吨二氧化碳当量	50 新西兰元 / 吨二氧化碳当量
家庭			
家庭开支平均增长（每年）	$100—$200	$170—$330	$330—$660
约占家庭总开支多少百分点	0.3%—0.5%	0.5%—0.8%	1%—1.6%
液态燃料（运输）			
汽油分 / 升含商品和服务税（在现价上增长 %）	3.7c（2.5%）	6.1c（4%）	12.2c（8%）
柴油分 / 升含商品和服务税（在现价上增长 %）	4c（4%）	6.7c（7%）	13.3c（14%）
运输行业排放减少在中期（相对于"照常营业"情形）	0.3%	0.6%	1.1%
电力			
批发分 / 千瓦时（在"照常营业"情形基础上增长 %）	0.7 分（9%）	1.4 分（19%）	2.9 分（37%）
平售分 / 千瓦时含商品和服务税（在"照常营业"情形基础上增长 %）	1 分（5%）	2 分（10%）	4 分（20%）
长期（2020 年及以后）电力生产温室气体排放水平	目前气体排放水平：兆吨二氧化碳	在"照常营业"情形基础上改进约在 6.5	1990 年的水平在：3.5 兆吨二氧化碳
其他化石（矿物）燃料			
燃气批发新西兰元 /10 亿焦耳	$0.8（11%）	$1.4（18%）	$2.6（35%）
燃气零售新西兰元 /10 亿焦耳（含商品和服务税）	$0.9（2%）	$1.7（4%）	$2.8（6.5%）
燃煤批发新西兰元 /10 亿焦耳	$1.5（40%）	$2.5（67%）	$4.9（134%）

表 7.2　指导性碳价格变化对经济的影响

排放权交易引起的价格变动（假设无补偿或自由分配）	碳价格情景		
	15 新西兰元 / 吨二氧化碳当量	25 新西兰元 / 吨二氧化碳当量	50 新西兰元 / 吨二氧化碳当量
农业（仅限甲烷和氧化亚氮气体排放）			
乳制品：面对全额成本所减少的支出（与支出额 $4.56kg/ms 相比）	-3.5%	-5.9%	-11.8%
牛肉：面对全额成本所减少的支出（与现支出相比）	-6.3%	-10.4%	-20.9%
羊肉：面对全额成本所减少的支出（与现支出相比）	-10.1%	-16.9%	-33.8%
鹿肉：面对全额成本所减少的支出（与现支出相比）	-12.8%	-21.4%	-42.8%

来源：新西兰政府 2007b

在排放价格每吨 25 新西兰元二氧化碳当量的公平价格情景下，零售电价会上涨 10%，到 2020 年电力生产造成的排放大约可以维持在 2007 年的水平。

排放交易机制会给大多数的家庭和企业带来额外的支出。一些企业将会把这些费用转嫁到消费者身上，而其他企业由于所处行业的竞争特点，无法将此类费用转嫁到消费者身上。正是考虑到这些，新西兰政府才实行政府产业资助计划和免费发放排放权。

对于家庭来说，新西兰碳排放权交易计划带来的影响主要是电价和燃料价格的上涨。比如，25 新西兰元这样的碳价格会导致从 2011 年起每升汽油价格上涨 7 分，从 2010 年起每度电价上涨 5%。由于交通运输费和其他费用的上涨，关联商品的价格也有可能抬升。为了解决涨价问题，政府建议降低电价并向领取救济金的家庭提供资金支持。

在农业领域，三分之二的温室气体排放来自家畜反刍消化过程中排放的甲烷气体，其余则来自氮肥施用的。新西兰内阁报告指出，短期内通过提高碳排放价格来实现农业减排是很困难的。此外，新西兰国内有 3 万农民，他们大多是价格接受者，并在集中性的市场上买卖。新西兰排放权交易机制的实施将会导致农民收入减少。表 7.2 显示新西兰排放权交易机制导致农民收入的减少状况。有人建议，因为农民能力有限无法将成本转嫁出去，新西兰排放交易计划将向农业免费发放排放权作为补充。

林业是新西兰温室气体排放管理的重点。森林可以吸收二氧化碳，也可以增加二氧化碳排放，这取决于采取什么样的激励结构。因此，林业是第一个纳入新西兰排放交易计划的行业。由于政府选举和新西兰碳排放交易计划的搁置，林业参与排放交易还面临着很多未知性。前政府做过统计，在毁林产生的温室气体排放不计入新西兰排放权交易计划的情况下，每年增加 1200 万—2400 万吨二氧化碳当量的排放量，就会花费政府 1.8 亿—3.6 亿新西兰元（新西兰政府，2007b）。

尽管 2009 年 1 月 1 日林业是第一个正式纳入新西兰排放交易计划的行业，但是计划参与者还未被分配到排放权。前工党政府认为参与者必须为 1990 年之前的森林排放负责，但是对于 1990 年之后森林排放（森林面积不超过两公顷）采取自愿原则。这就意味着允许拥有 1990 年后的森林排放选择参与排放权交易计划，为排放买单同时享受碳汇收益。和其他行业的一年履约期不同，林业有两年的履约期。

根据前工党政府的提议，在 2008—2013 年期间，林业将获得 5500 万的排放权，其中 2100 万可以在 2008—2012 年间使用，其他 2100 万在 2003—2018 年间使用，剩下的 1300 万在 2018 年后使用。不过，新政府正在审查这个排放权分配方案，将推迟到 2009 年后期公布。

结论

本部分概述了新西兰国内的排放情况、气候变化政治背景以及由前政府提出的排放权交易计划。新西兰在《京都议定书》中承诺将排放量稳定在 1990 年基准水平上，但是 2006 年的排放量已经比 1990 年增加了 33%，所以新西兰有可能成为碳信用额的主要购买者。2009 年 2 月，据称以每吨 10 欧元的碳补偿价格计算，政府预计履行《京都议定书》的减排目标，将花费 5.3 亿新西兰元，折合 2.7 亿美元（点碳基金，2009）。

尽管 2008 年 11 月的政府更替意味着新西兰的排放交易会朝着更为保守的方向发展，新西兰排放权交易计划还是在 2008 年 1 月 1 日正式启动（林业是唯一纳入该体系的行业）。虽然新政府将努力降低企业的减排成本，但是人们认为政府在排放交易政策上并不会有很大的改变。

日本排放权交易计划

引言

日本作为世界最重要的经济体之一，也是东西方经济交流的桥梁，在京都举办的 1997 年的气候峰会，《京都来议定书》也因此得名。

1997 年日本被国际货币基金会评为世界第三大最有影响力的经济体（按国内生产总值 GDP 来看），仅次于美国和中国。而日本在全球温室气体排放量上，位列第五，排在俄罗斯和印度。不难发现，日本是一个拥有先进技术和高能效的国家，而这些特征也成了一把双刃剑。一方面日本拥有许多资源进行清洁技术创新，另一方面日本国内实现简易低成本减排的领域非常少，因此日本成为市场上中东欧国家出售的配额单位和发展中国家清洁发展机制项目信用额度的主要买家。

日本国内一直以来都不愿意推行强制减排计划，而是倾向于循序渐进的自愿减排方式，近年来日本国内已经出现了几个不同的自愿减排计划。日本强大的企业游说团体"日本经济团体联合会"对于引进欧洲类型的"总量控制和贸易"的碳交易机制持反对意见，他们担心这会损害日本业已脆弱的经济局面（Ohta et al.，2008）。日本经济团体联合会提出了他们自己的减排行动方案，每行每业都设定了具体的减排目标，这将有助于政府实现最终的减排目标。日本环境省在 2005 年启动了自愿排放交易计划（JVETS），2008 年 10 月建立起综合碳交易市场，这些都有助于扩大减排市场并在产业内构建起制度能力。但是，环境组织对此仍持有怀疑，他们认为自愿减排往往采用排放强度考核制度，这对政府和公众而言缺乏透明度和可信度。

本章将讨论日本国内关于气候变化问题进行争论的政治背景、日本温室气体排放结构和主要的排放交易实践机制。作为一个普遍做法，在制定强制减排规则前，日本政府希望在小型项目和自愿市场积累减排经验并获得公众的认可。观察家们正密切关注这些新兴机制，比如自愿排放交易计划（JVETS）和综合碳交易市场以及在2010实行的日本强制"东京总量控制与交易"计划。

政治背景

作为1997年主办《联合国气候变化框架公约》第三次缔约方大会的东道国，气候变化在日本的政治领域占据了十分特殊的地位。在《京都议定书》之前，日本在多边环境条约缔结方面没有积累很多的经验，其外交政策也是紧随美国（Kameyama，2004）。在日本正式批准《京都议定书》时，承诺到2020年6月温室气体排放量比1990年的排放量减少6%，这也标志着日本在气候政策态度上发生了转变。

在国内，政府各部门、环境团体、产业团体之间在减排目标上出现了很多分歧（Takeuchi，1998；Tanabe，1999）。日本外务省认为到2020年6月温室气体排放量比1990年减少6.6%这一目标是现实可行的，这将有助于日本在亚洲环境事务处理上树立起领导者的形象。日本国际贸易产业部对此非常担忧，认为这将导致能源供应量和工业成本的增加。特别是考虑到日本相对发达的能效体系，他们认为最佳的减排量应保持在1990年的水平。日本环境省利用各种经济模型来评估日本在抵御气候变化过程中所能作出的贡献。他们主张，如果采用足够的额外措施，在1990年的基础上实现6%—8%的温室气体减排是可能的。京都气候峰会也鼓励一些有影响力的非营利组织对气候变化问题展开关注，比如日本环保组织气候网络组织。在国际谈判中，日本力图确保美国参与减排，并主张附录 I 国家设定有区别的减排目标，即英国削减8%、美国削减7%、日本削减6%。

1997 年之后，日本政府将各有关部门召集起来，建立了全球变暖预防总部，并公布了具体的实施方案，即《预防全球变暖措施指导总则》（日本政府，2002）。该总则认为减少 6% 的排放是可以实现的，即工业领域实现 2.5% 的减排目标，土地利用和变化领域实现 3.7% 的减排目标。尽管允许增加 2% 氢氟烃排放，余下 1.8% 的减排目标将利用《京都议定书》的灵活机制即购买碳信用额来实现。

日本的排放构成如图 7.4 和图 7.5 所示。1996—2006 年期间，日本温室气体净排放量大约增长了 6%，特别是能源和废物处理的增长尤为明显[1]。

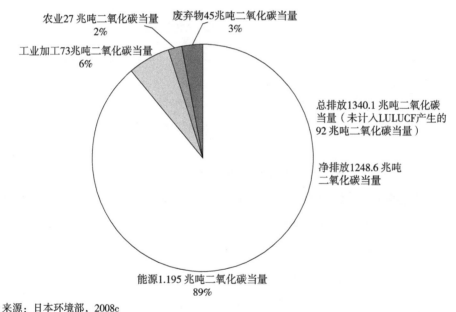

来源：日本环境部，2008c

图 7.4　日本 2006 年温室气体排放构成

日本拥有 55 个核反应堆，全国 30% 的电量来自核能。但是，目前核能仅

---

[1] 《京都议定书》基准包括 1990 财年的 CO、CH、NO 数据，以及 1995 财年的 HFC、PFC 和 SF 数据。请注意，前几年没有关于 1995 财年的三种气体的数据，实际上从技术上降低了 1990 财年的排放量。如果将这些技术上能够统计的排放量作为基数，那么日本的排放量增加了 11% 左右。

利用了总量的61%。例如，由于地震，2007年日本东京电力公司下属的柏崎刈羽核电站被迫关闭。根据东京电力公司统计，仅这一个核电站的停工就增加每年温室气体排放3000万吨。因此日本政府认为，提高全国核能利用率是减少排放的有效手段。

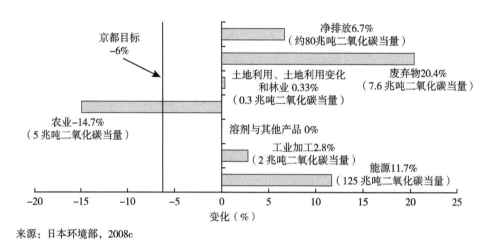

来源：日本环境部，2008c

图 7.5　1990—2006 年期间日本温室气体排放量变化情况

《京都议定书》第3.3条规定各国1990年以后发生的造林、再造林和毁林活动可以抵消第一承诺期的减排量。因为日本森林覆盖率高达66%，绝大部分的林木是在1950年和1960年期间种植的而非1990年之后，所以日本处于不利地位，不能获得碳汇指标。

日本二氧化碳净排放量不但没有比1990年减少，反而比1990年增加排放了8000万吨二氧化碳当量，即增加了6%，所以日本企图在市场上购买国际排放额来弥补这一缺口。

日本政府与匈牙利、乌克兰以及波兰政府合作开展配额单位交易和联合履约项目。一些分析家预计日本将在2008—2012年期间购买5.87亿吨碳信用额（Ohta et al.，2008）。截至2008年3月，日本已经购买了2310万吨清洁发展机制项目的碳信用额，并预计花费300亿日元进行碳补偿。据说日本以每吨10欧元的价格从乌克兰购买了3000万吨的碳排放量。日本做出承诺将在2008—

2010 年间购买 1 亿吨的碳排放量。除了政府行为，日本的私营企业在碳市场上也非常活跃。据说电力和钢铁制造业这两个排放大户也做出承诺，将分别购买 1.9 亿吨和 5900 万吨的碳排放量。

日本政府已经制定了到 2050 年在 1990 年的水平上减排 20% 的长期目标。2009 年，政府宣布到 2020 年达到中期减排目标，这将有助于形成日本后京都时代的谈判框架。2008 年日本首相表示，如果核能和可再生能源提供的电力能在原有基础上增加 50%，并且有一半的汽车使用新一代技术（专栏 7.1），那么在 1990 年的水平上实现 14% 的减排目标是有可能的。

专栏 7.1　日本下一代技术汽车

日本首相承诺到 2020 年日本 50% 的汽车将实现新动能技术，并且有意将日本邮政 21000 辆汽车改装成节能电动汽车，同时向这些电动汽车提供停车、保险和贷款等方面的优惠，并向示范社区提供资金配备电动车设施。一些汽车制造商如斯巴鲁、三菱和丰田将在市场上投放一些插电混合动力汽车。短途旅行中，这些汽车可以使用一块电池行驶 100 千米，长途旅行中还可以使用汽油作为燃料。东京电力公司宣布已经研发出了充电设备，充电 5 分钟能够让一辆小型电动汽车行驶 40 千米，充电 10 分钟能够让一辆小型电动汽车行驶 60 千米（牛津分析，2009）。

目前日本国内主要的减排措施是日本经团联自主行动计划。该计划是由日本主要的商业团体日本经济联合体在 1997 年制订的，也是京都目标实现计划的主要市场体系（日本政府，2005）。目标是将燃料燃烧和工业生产排放的二氧化碳排放量到 2010 年稳定在 1990 年的水平。每一个行业设定各自的减排目标，可以是减少绝对排放量或是降低能源排放强度（专栏 7.2）。比如，电力行业设定的自愿减排目标是将二氧化碳的排放强度从 0.45 千克二氧化碳/千瓦时降低到 0.34 千克二氧化碳/千瓦时，即每年减少排放 1 亿吨左右。

专栏 7.2   日本领跑者能效基准制度

由日本经济贸易产业部在 1998 年提出的领跑者能效基准制度，作为《新能源节约法》的一个组成部分，旨在改善耗能产品的能源利用效率。这个制度主要针对汽车、空调、照明和厨具在内的 21 种产品。每一个产品类别又可分成若干个小类，每个小类各自设定减排目标。每一个减排目标不是设定最小减排目标，而是将市场能效最好的机器的能效值作为基准值。这个基准值需要在一定时间范围内实现并会不断进行更新。

事实证明，领跑者能效基准制度对提高产品能效起到了很好的作用（Bunse et al., 2007）。比如 1997—2003 年录像机的能效提高了 73.6%，比设定目标高出 15%。个人电脑的能效与 2002 年设定的目标相比也有了大幅提高。这个制度之所以受人关注，是因为和欧盟、美国实行的较为消极的最低能效标准相比，这是一种积极的激励机制。不过，伍珀塔尔气候、环境、能源研究所的研究者也注意到，尽管这个制度是成功的，但是相关领域的温室气体排放量仍然处于上升趋势。因此，政策制定者过分强调能效改善措施的同时，不能以忽略减排目标为代价。

日本经团联在 2007 年的自评报告中称，2005 年有 35 个行业参与这个计划，比 1990 年减少排放 5080 万吨二氧化碳当量。据称，这一数量约占日本 1990 年总排放量的 40%，占日本工业和能源转化部门排放量的 83%。据日本经团联称，这些行业在 2005 年共计减少排放 50507 万吨二氧化碳当量，比 1990 年减少了 0.6%，意味着连续第六年完成了减排目标（日本经团联，2006）。如果不考虑因为长期关闭核电站而导致大气中二氧化碳浓度升高，2005 年的温室气体排放约为 49780 万吨二氧化碳当量，比 1990 年减少了 2%。

不过，这 35 个行业可以选取总的碳排放量、每单位二氧化碳含量、能源消耗量、能效使用率作为他们各自的减排目标。日本经团联力图将各排放目标整合到一起，到 2010 年将排放量维持 1990 年的水平上。日本环保组织重新审查了这个方案并对日本经团联的自评报告提出质疑。他们认为，与其说日本经团联自主行动计划是成功的，不如说和碳贸易和碳税收相比这是一种倒退（Kiko，2008）。

我们可以看到，日本经团联自评报告和日本国家温室气体统计报告出现了不一致（涵盖了日本总排放量的44%）。前者声称温室气体排放保持稳定，而后者预计温室气体排放增加了6%。

尽管日本国内普遍反对在工业领域实行强制减排，但是为了避免贸易制裁或者处于不利地位，日本仍然与国际碳市场保持同步，在国内开展了多个减排贸易试验性交易，并从中积累了环境管理经验。

日本自愿排放交易计划

2005年4月，在日本环境省的支持下，日本开始实施日本自愿排放交易计划。该计划拥有150个参与者，他们分别来自钢铁、造纸、陶瓷、玻璃、汽车以及化工等行业，同时也鼓励政府部门和私营企业参与进来。该计划是为了在国内排放交易机制里积累知识和经验，从中学习如何管理排放数据的质量和准确性（日本环境省，2008）。

到目前为止，该计划已同期进行了三轮，即第一轮有31家公司参与，第二轮有58家公司，第三轮有61家公司。交易参与者所处行业分布如图7.6所示。

日本自愿排放交易计划采用三种途径来有效控制减排成本并实现真正减排（Kunihiko，2005）。第一，这个计划要求企业通过申请补助金来实施能效方案。日本环境省会向成本最有效的方案提供补助金。第二，这些补助金约占项目总成本的三分之一。作为交换，企业也需要自愿承担减排义务。如果企业未能履行，需退还补助金。第三，开展排放权交易，允许计划参与者对市场交易进行风险管理，排放多的企业可以向排放少的企业购买排放权。

图7.7对日本自愿排放交易计划的运行结构进行了总结。首先，计划参与者要向日本环境省提交排放总量和减排方案。这就需要对地理边界、排放源／监测点以及公司内部的各方责任加以明确。排放源包括配电设备、焚烧炉、锅

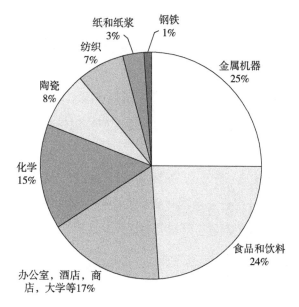

来源：日本环境部，2008c

图 7.6　各行业在日本温室气体排放量交易计划所占比例

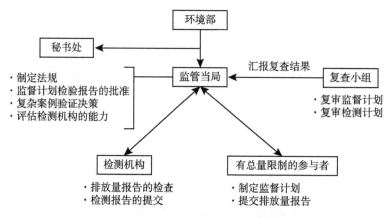

图 7.7　日本自愿碳排放交易计划实施框架

炉、汽轮发电机、现场的铲车服务站、液化石油气气缸、废物焚烧炉、玻璃生产熔炉和干冰冷冻剂。然后，日本环境省会挑选有成功经验的计划参与者和主管部门对监测计划进行审查。受到排放总量限制的参与者需要记录排放数据并向核查方提交年度报告，这样一来减排方案才算得以实施。基准年度排放量是根据计划参与者过去 3 年间的平均排放量确定的。计划参与者拥有一些排放额度（日本工程标准协会和日本经济研究中心），这些额度可以通过实施有效的能效措施或从其他交易参与者那里购买多余的排放权来获得。最后由主管部门批准年度核查报告。

自下而上的碳排放测量法如图 7.8 所示。

$$
燃料燃烧：温室气体排放量 = \begin{array}{c} 活动数量 \\ \times \\ 单位热能 \\ \times \\ 排放系数 \end{array}
$$

其他：温室气体排放量 = 活动数量 × 排放系数

图 7.8　温室气体排放量计算公式

尽管企业被要求测量所有的温室气体排放，但是日本自愿排放权交易计划只认可四类活动产生的二氧化碳排放量。①来自燃料的使用，包括燃料热处理和运输；②来自消耗化石燃料生产出的电力；③来自固体废弃的焚烧；④来自工业加工，例如水泥生产和氨生产。

企业无需对每年少于 10 吨的二氧化碳排放或是不足企业排放总量的 0.1% 的排放负责，例如来自热水器、二氧化碳灭火器和应急发电机的温室气体排放。

日本温室气体自愿排放交易计划的一大特征就是采用标准化的质量保证协议。参与者、审查组织和主管部门都必须遵守国际标准化组织（ZSO）制定的相关标准：

（1）ISO 14064-1：组织层面的温室气体盘查清单、文本编制、监测和报告。

（2）ISO 14064-2：项目层面的温室气体项目文本编制、基准线设定、监测和报告（相关性、完整性、一致性、准确性、透明性）。

（3）ISO 14064-3：温室气体审查和核证流程（准确性、目的、标准、不确定性）。

（4）ISO 14065：温室气体审查和核证机构要求（管理、公证、能力）。

由于 ISO 标准为不同的国家和排放计划提供了一个统一的途径来确保减排交易的质量，所以被视为日本减排交易能力建设的重要组成部分之一。一个

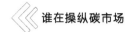

项目的政府和工业界的整套工具，旨在减少温室气体排放，以及增强排放权交易。该计划面临的一大挑战就是确保审核员有审核资质，而 ISO 为此提供了解决方案（日本环境省，2008）。

尽管是一个自愿减排机制，如果计划参与者未能履行其减排责任，就必须退回能效补助金。

建立综合性排放权交易市场

作为日本构建低碳社会行动计划的一部分，日本内阁在 2008 年 7 月 29 日决定在国内建立综合性排放权交易市场（日本政府，2008），因为这个新体系将日本温室气体排放权交易计划和日本经济团体联合会的自愿性环境行动计划等已经存在的倡议整合起来，所以被称为综合性排放交易市场，它鼓励参与者为排放负责，设定减排目标，如有需要也允许排放权交易。

截至 2008 年 12 月 13 日，综合性排放交易市场已经拥有 446 个参与者，其中 120 个来自日本自愿排放交易计划，他们产生的排放量约占日本全国排放总量的 50%（见表 7.3）

表 7.3　统一排放交易计划参与者	
各行业部门	**参与者数量**
电力	9
炼油	8
燃气	4
钢铁	74
化工	41
纸业	12
水泥	11
电器	16
汽车制造	58

续表

各行业部门	参与者数量
橡胶	21
贸易公司	
便利店	13
航空，建筑	
运输，住宅	7
工业废料处理	1
其他工业部门	53
其他办公部门	13
日本自愿 排放交易计划参与者	120
设定减排目标的参与者	446
交易参与者	50
其他参与者	5
参与者总数	501

来源：日本环境部 2008b

日本政府声称已有 1052 家企业和组织参加了"碳足迹排放交易大会"。这次会议主要是政府与企业之间就该计划的发展进行讨论（日本环境省，2008）。设定减排目标的参与者、排放权交易的参与者以及国内排放权交易的碳补偿提供商都加入了该计划。

在综合性排放权交易市场中，每一个设定排放目标的参与者必须首先核查其基准排放量，然后设定排放目标，这就类似于日本温室气体排放权交易计划下的监测和申报程序。但是和自愿排放交易计划不同，这个计划的参与者不会自动获得能效补助金。

日本环境省已经就综合性排放权交易市场的几大特点进行了说明，贝克·麦坚时律师事务所的研究者也就此进行了讨论（Ohta et al., 2008）。这个市场主要针对能源消耗领域的二氧化碳排放。设定排放目标的参与者可以是独立的设施、单个公司或是集团公司。设定的排放目标可以是年排放总量，也可以是排放强度比如每个产品的单位排放。这个计划规定参与者设定排放目标来实现日本经济团体联合会的自愿环境行动计划里的减排目标。在 2008—2012 年间，参与者可以设定排放目标为一年或者几年，即每年的 4 月 1 日到次年的 3 月 31 日，并且在每个会计年度的 12 月中旬报告结果。参与者可以在减排目标年的年初或年末领取的年度排放权，最高可达他们的排放限制总量。如果参与者在年初获得了排放权并预计实际减排量会超过减排目标，就可以出售最高 10% 的温室气体排放权。但是设定排放强度为减排目标的参与者并不享有这样的权利，只能在减排目标年的结束时才能获取温室气体排放权。排放权可以在各年之间进行存储和预支。日本政府已经表示，他们将对市场上的过度投机引起的价格波动进行干预。

除了参与者自身的努力，他们还可借助三个机制来实现减排目标。①其他参与者多余的排放权；②日本国内清洁发展机制（CDM）信用额；③京都机制信用额。

这就引入了综合性市场的第二大特征——日本国内碳补偿市场的出现。

中小企业者是日本国内碳信用额的主要使用者，他们不参与自愿排放交易体系和环境自愿行动计划。这些企业可以开展经过认证的减排项目，包括日本京都目标实现计划下的林业生物质项目（日本政府，2005）。在这个体系中，碳信用额提供商和大型财团通过合作获得碳补偿信用额，其中大型财团提供资金技术和其他支持。这类项目需要经过日本国内减排信用额认证委员会注册、批准和认证，并接受独立第三方的核实。为了尽量简化交易程序同时也保证该体系的完整性和额外性，这一过程采用了针对某个具体技术的标准化文本。

由于综合性市场不是一个强制减排机制，所以没有完成减排目标的企业将不会受到正式的惩罚。但是，企业一旦确定了减排目标，就默认与政府和社会签订了减排协议，需要保持高度的自觉性。

东京总量管制与排放交易计划

日本第一个类似欧盟的总量管制与排放交易计划，即东京总量管制与排放交易计划于 2009 年 4 月 1 日正式启动。东京的温室气体排放量约占日本总排放量的 5%。在这个计划下，参与者承担强制减排义务，可以通过实际减排或在碳市场上购买碳信用额来实现。

尽管这个计划还在推行当中，《点碳基金》已经对此作了详细报道（2009年）。在这个计划下，工业领域将在 2010—2014 年间比基准线排放减少 6%。基准线排放是根据前三年平均排放水平进行计算。东京政府计划办公大楼、旅馆和其他商业建筑物在 2010—2014 年间实现减排 8%，在 2015—2019 年间实现减排 17%。

东京政府已经设法通过地方规范让大型办公设施承担减排义务[①]。政府预计约有 1300 家类似企业会参与到这个计划中来，其中大型办公室每年需要消耗1500 升的原油。对违反义务的企业所作的处罚包括行政命令。

如果该设施未能服从该指令，东京政府将以违约方的身份购买这些排放权，并向违约方索赔费用（Ohta, 2008）。这个计划利用减排交易作为一个补充机制来实现温室气体减排。有人提出，参与者可以使用所谓"日本国内清洁发展机制"中小企业减排项目里产生的信用额。

尽管东京总量管制与排放交易计划只涉及日本国内 5% 或者更少的排放量，不过日本政府和工业团体给予了高度关注，特别在增加企业减排费用方面。日本效仿美国和澳洲的做法，即在全面开展排放交易之前，先用小规模交易进行尝试。因此，东京总量管制与排放交易计划在日本排放交易发展过程中树立了良好的开端。

---

① 关于维持环境以保护东京居民健康和安全的法律法规。

结论

日本作为世界上最具能源效率的经济体，采取了规模最大最有效的自愿减排措施，其 2006 年温室气体排放量比 1990 年增加了 6%。根据《京都议定书》里设定 6% 的减排目标，这就意味着 2006 年日本的温室气体排放量比 1990 年增加了 11%—12%。为了履行国际义务，日本有可能在国际市场上购买碳信用额。最有可能的是，日本将从中东欧的前社会主义国家那里购买配额单位信用额，从发展中国家那里购买清洁发展机制信用额。

尽管对日本经济团体联合会的自愿环境行动持有争议，而且日本的整体排放量持续上升，日本政府对引进类似欧洲的"总量管制与排放交易"持谨慎态度。日本致力于自身机构能力建设，通过自愿排放交易计划和综合排放交易计划控制排放并进行交易同时避免强制减排。在环境管制方面，《有毒气体挥发管制条例》和《挥发性有机化合物管理条例》都是基于产业内的自愿减排协议制定的，可见日本政府和各大产业都赞成采用自愿减排措施。虽然这些条例和标准能够有效保护环境，但是不会实现减排成本最低化。即使在有着显著法规文化的日本，自愿排放交易也起到了重要的作用。这里，我们已经看到自愿排放交易体系和综合性交易市场里出现了自我管制现象。

参考文献

Brash, D. (2008) The NZ ETS: An overview, 30 October 2008.

Bunse, M., Irrek, W., Herrndorf, M., Machiba, T., Kuhndt., M. (2007) Top Runner approach, Wuppertal Institute, UNEP Collaborating Centre on Sustainable Consumption and Production, September 2005, 2007, Wuppertal.

Government of Japan (2002) Japan's third national communication to the United Nations Framework Convention on Climate Change, Submitted to the UNFCCC Secretariat, Tokyo.

Government of Japan (2005) Kyoto Protocol Target Achievement Plan, Tokyo, www.kantei.go.jp/foreign/policy/kyoto/050428plan_e.pdf, accessed 9 March 2009.

Government of Japan (2008) Action Plan for Achieving a Low Carbon Society, Cabinet Decision,

Tokyo, www.kantei.go.jp/foreign/policy/ondanka/final080729.pdf, accessed 9 March 2009.

Kameyama, Y. (2004) Evaluation and future of the Kyoto Protocol: Japan's perspective, *International Review for Environmental Strategies*, vol 5, no 1, 71–82.

Keidranren (2006) Results of the fiscal 2006 follow-up to the Keidanren Voluntary Action Plan on the Environment (summary–section on global warming measures, performance in fiscal year 2005), Nippon Keidanren, Tokyo.

Kiko Climate Network (2008) Fact Sheet of the Keidanren Voluntary Action Plan, Kiko Network.

Kunihiko, S. (2005) Japanese Voluntary Emissions Trading Scheme – Overview and analysis, INECE Workshop To Identify Linkage Issues, 17–18 November, American University's Washington College of Law, Washington DC.

Ministry for the Environment (2007) Projected Balance of Emissions Units During the First Commitment Period of the Kyoto Protocol, Ministry for the Environment, Wellington, www.mfe.govt.nz.

Ministry for the Environment (2008) www.climatechange.govt.nz/reducing–our–emissions/thepath–ahead.html, accessed 9 March 2009.

Ministry of Economic Development (2007) New Zealand energy data file, Ministry of Economic Development, New Zealand.

Ministry of the Environment (Japan) (2007) JVETS Monitoring and reporting guidelines, Version 1.0 17 February 2007, Ministry of the Environment' Tokyo.

Ministry of the Environment (Japan) (2008a) Experimental introduction of an integrated domestic market for emissions trading, result of an intensive recruitment (Oct. 21 ~ Dec 12), Ministry of the Environment, Tokyo.

Ministry of the Environment (Japan) (2008b) Experimental introduction of an integrated domestic market for emissions trading, Global Warming Prevention Headquarters, Decision on October 21, Ministry of the Environment, Tokyo.

Ministry of the Environment, Japan (2008c) National Greenhouse Gas Inventory Report of Japan, Greenhouse Gas Inventory Office of Japan (GIO), National Institute for Environmental Studies, Ibaraki, Japan.

Muramatsu, H. (2007) Climate change policy in Japan, presentation given by the Mission of Japan to the EU, Brussels.

New Zealand Government (2007a) Framework for a New Zealand Emissions Trading Scheme.

New Zealand Government (2007b) A New Zealand Emissions Trading Scheme: Key Messages and Strategic Issues, Cabinet Policy Committee 272 Carbon Markets: An International Business

Guide.

Ninomiya, Y. (2008) Japanese Voluntary Emissions Trading Scheme (JVETS) monitoring, reporting, verification system, ICAP 1st Carbon Forum, 19 May 2008, Ministry of the Environment, Japan.

Ohta, H., Hiraishi, T. and Ticehurst, E. (2008) New trade initiatives, *International Financial Law Review*, London, www.iflr.com/Article.aspx?ArticleID=2075190.

Oxford Analytica (2009) Crisis bodes well for electric car, *Daily Brief, Oxford.*

Point Carbon (2009a) Carbon market Australia–New Zealand, *Point Carbon*, vol 2, no 4, 27.

Point Carbon (2009b) Tokyo sets cap for emissions trading, *Point Carbon*, Hisane Masaki, Tokyo.

Takeuchi, K. (1998) Chikyu Ondanka no Seijigaku [The Politics of Global Warming] Asahi Sensho, Tokyo.

Tanabe, T. (1999) Chikyu Ondanka to Kankyo Gaiko [Global Warming and Environmental Diplomacy] Jijitsushinshn, Tokyo.

第 **8** 章

自愿碳补偿市场

导读

尽管强制减排市场或排放权交易计划是本书关注的重点，但是没有涵盖自愿碳补偿市场的分析将是不完整的。自愿碳补偿早在《京都议定书》生效之前就开始了。但是清洁能源发展机制提升了大家对碳补偿活动的认知，反过来促进自愿碳补偿朝着更专业的道路发展。

本章主要围绕自愿碳补偿市场的建立展开，先就自愿碳补偿交易背后的原理、项目类型、市场份额和买家类型进行论述，然后总结了与自愿碳补偿相关的各种问题，最后讨论了新规则对自愿碳市场造成的影响。

起源

"补偿"一词是指通过自愿的方法对某一特定产生的温室气体对环境造成的不利影响进行赔偿（内化和中和）。

根据《环保使命》，美国爱依斯电力公司是第一个进行开展碳补偿活动的企业（Bellassen, V., & Leguet, 2007）。早在 1989 年，该公司为了抵减美国康涅狄格州新建电厂的温室气体排放量，投资 200 万美元在危地马拉种植了 5000 万棵树。

随着《京都议定书》的三种灵活机制得到认可并实现制度化，自愿碳补偿在过去五年间见证了惊人的增长。虽然其所占市场份额很小，2006 年发生的成交额只有 5800 万美元，但是 2007 年的交易量为 4200 万吨，成交额为 2.58 亿美元，可见其发展潜力非常大。值得注意的是，即使自愿碳补偿市场在强制减排市场之外运作，但是其销售的碳信用额很大一部分来自清洁发展机制项目。

基本原理

碳补偿的原理简单易懂（见图 8.1）。首先，碳补偿提供商对排放量进行估算（涉及消耗电能和使用公共交通工具等间接排放的估算更为准确）。个人可以通过在线计算器来计算碳足迹。大型机构则需要进行碳审计，例如依据温室气体盘查议定书、法国能源与环境管理局开发的碳产生计量表或英国环境、食品和乡村事务部的公司报告指导手册（见第 1 章）。如果要计算飞行碳足迹，目的地一旦确定，计算器便能自动算出此次飞行的排放量。这些计算器是利用排放因子计算，而这些排放因子基于一整套假设，包括高纬度污染乘数效应（尽管应用在飞行排放上的乘数效应的科学性尚不确定，详见第 1 章）、飞机上座率和飞机型号等。因为不同碳补偿提供商采用不同的计算方法，计算出的排放量结果也就不同，所以碳供应商提议以每吨固定价格来交易。这个价格很大程度上取决于碳补偿公司所投资的项目类型。例如，可再生能源和能效提高项目因为其减排量较林业项目稳定，所以碳补偿的价格也会高一些。的确，碳信用额的类型（额外性、可追溯性以及是否符合某一个特定标准）都是决定碳补偿价格的关键因素。

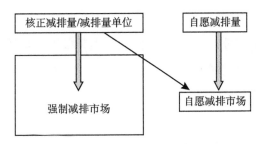

图 8.1 强制减排市场、自愿减排市场上的碳排放抵消（补偿）

项目类型

在自愿碳补偿市场上，提供减排量的项目主要来自以下五大类：林业、可再生能源、销毁含氟气体、能效提高以及甲烷回收（详见图 8.2）。自愿碳补偿项目一个明显的特点就是项目规模常常比较小。一个能效提高项目，比如对一个学校进行隔热处理或为更换一个低效柴油发动机。超过三分之一的成交量来自林业项目或是其他碳汇项目。可再生能源项目占了三分之一的市场份额。

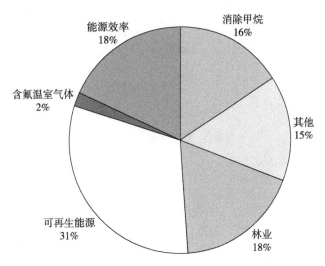

来源：生态系统市场（2008）

图 8.2 2007 年碳补偿项目类型

2006年，含氟气体销毁项目颁发的信用由于对可持续发展作出的贡献较低，其成交量只占了20%；到了2007年，含氟气体销毁项目信用交易只占2%，由于整个市场对可持续发展的关注度日益增加，这一份额将继续减少。与强制减排市场相比，自愿减排市场覆盖的地域很广（见图8.3），主要集中在欧洲和北美[①]。在清洁能源机制领域，非洲市场一直受到冷落。如图8.4，2007年，用于自愿补偿市场上16%的碳信用额来自可认证的减排信用项目（和减排单位信用项目）的信用额。

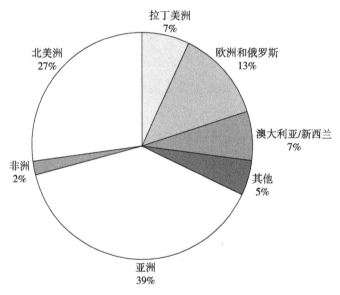

来源：生态系统市场（2008）

图8.3　碳补偿项目地理分布

---

① 欧洲项目（或其他京都附件B国家）产生了重复计算问题。如果附件B国家的碳减排项目产生的减排量不能随之计入这些国家的京都排放目标，那些减排项目将只能是貌似可接受。否则，这些减排被重复计入，本来曾经属于某人（自愿）开发的项目被国家再次在国内利用这些减排量。除非具有减排义务的附件B国家退出所产生的全部配额信用，即使自愿减排市场（VERs）对于诸如联合履约项目的选择是切实可行的。这些国家的国内排放已经处于限额之下。通过自愿项目产生的减排量将形成额外的配额（或逃避京都单位的购买）。理论上一个国家的项目开发必须没有排放目标（例如，符合清洁发展机制项目条件的国家），或者为成为额外信用而取消相关联的同样数量的配额（如联合履约项目）。

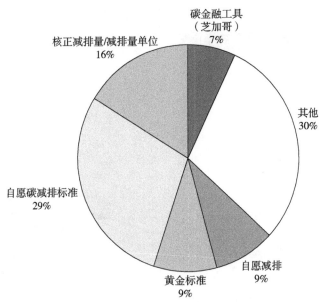

来源：法国信托银行

图8.4　碳补偿项目的类型

市场规模

　　根据法国威立雅气候使命组织进行的一项调查，汇总了不同研究机构对未来自愿碳补偿市场规模的预测（见图8.5）。考虑到项目开发所需要的周期和有限的市场供应量，做出2010年减排10亿吨二氧化碳当量是最为乐观的估计，但显然是不现实的。这一数量相当于2008—2012年间强制减排体系中清洁发展机制下完成的减排量，也相当于全球温室气体排放总量的3%或欧盟27个成员国排放总量的三分之一。哈里斯（2006）对自愿市场规模作出的估计为2010年实现5000万碳信用额的交易量。考虑到每年1000万信用额的线性增长，这样的预测更为现实一些。

　　还有一个因素需要考虑，就是对自愿补偿市场采取管制。今后的规则就像一个过滤器，一些正在市场上出售的碳信用额因其不符合清洁发展机制标准、黄金标准或其他标准，将会被停止交易或减少其供应量。

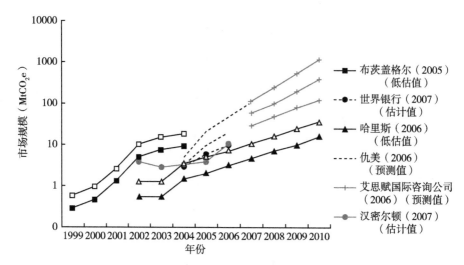

图 8.5　碳补偿信用市场规模的估计和预测值

碳信用额的购买者

如果我们观察自愿排放市场的需求方，就会发现碳信用额的主要购买者是企业（或间接地将碳补偿价格内化到产品成本中去）（见图 8.6）。2006 年个人购买约占 17%。就大型机构而言，比如银行就是主要的客户。2004 年 12 月，汇丰银行承诺要成为第一家"碳中和银行"。一些大型活动也开展了碳补偿活动。比如 2002 年盐湖城奥运会、2006 年德国世界杯以及 2007 年《联合国气候变化框架公约》巴厘会议。

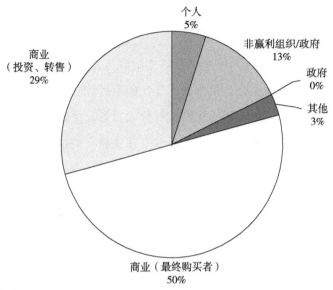

个人
5%

非赢利组织/政府
13%

政府
0%

其他
3%

商业
（投资、转售）
29%

商业（最终购买者）
50%

来源：威立雅集团

图 8.6　碳补偿信用购买者概况

碳补偿的目的

　　人们对碳补偿的争议一直不断，认为这并没有从根源上减少排放。一些批评家认为，购买碳补偿让企业和个人的视线从减排这个主要任务上转移，对于企业和个人而言，碳补偿不过是多支付一些美元和欧元，无异于是一种新的放纵，来逃避抵御气候变化过程中结构和行为上应该做出的改变。

　　碳补偿的支持者则认为扮演了多重角色。首先，碳补偿教育个人和企业，能提升他们的环保意识。通过碳补偿，也能更好地让购买者意识到自己对环境的影响力。其次，企业为自身行为造成的污染买单，将外部成本内部化，从而激励企业自身减少排放。如果人们考虑短途飞行成本，像高速火车这样的清洁出行方式将会更有吸引力。同样地，一些企业了解了碳补偿的经济成本，便会从源头对减排进行直接投资，比如购买一个高效的锅炉。值得注意的是，任何碳补偿资金都是为了资助发展中国家的减排项目，促进可持续发展。

实际上，碳补偿体现了两种相互对立的观点，而这取决于碳补偿活动是如何实施的。一些企业会将大量的时间花在碳审计和减排阶段，而一些企业则会忽略这一步；一些企业会谨慎选择碳补偿项目，确保这些项目不会对环境造成危害，并具备显著的额外性；一些企业直接从现有的项目（水电站）或是没有完工的项目（项目还未开工，基于假设情况）选择。从减缓气候变化方面来看，碳补偿究竟是积极的还是消极的，需要视具体情况而定。

碳补偿量的计算

关于自愿碳补偿量的计算，目前还没有统一的官方标准。尽管市场上已经有了指导手册，使得那些正式批准《京都议定书》的国家和参与欧洲排放交易体系的公司能精确地计算排放，但是在自愿补偿领域没有此类的规则。如果碳补偿提供商比较严谨或负责，他们就会使用《政府间气候变化专门委员会》（IPCC）公布的排放因子。而其他碳补偿提供商就会选用不精确的数据，出于善意地认为他们是缺乏知识。

比如，要预估电力公司的排放量，就必须知道电力供应商的名字和其碳排放浓度（指消耗每吨能源所产生的碳排放量）。通常情况下，碳补偿供应商会采用平均比例计算，而这一比例往往不能反映真实情况。

那么碳补偿供应商在计算全球排放总量时，这种误差会更大。一个公司的碳足迹因选定审核范围的不同而不同。对温室气体的类型做出假设（二氧化碳或是《京都议定书》规定里的六种温室气体）、地域、公司规模（是否有子公司），这些都导致了不同的碳审计审定的排放量会有所不同，所以独立的或是有资质的咨询方通常需要签订合同。

核查

核查是以项目为基础的碳补偿项目的核心内容。独立的第三方需要对温室气体减排量进行核查，他们会提供准确的减排量核算。目前清洁发展机制下经核证的减排量以及由黄金标准和自愿碳标准评估过的确认减排量[①]（有时也成为自愿减排量）为这些碳补偿项目提供了质量保证。像其他的一些标准，如自愿补偿标准也正在开发中，也会起到同等效用。

可追溯的注册：项目周期

碳补偿市场存在的一大风险是同一个碳信用额有可能在市场上被多次出售。一旦有客户购买了一个碳信用额，该信用额就应该被取消。在自愿碳市场上，还没有清洁发展机制和国际交易记录这样的注册记录系统。为了解决这一问题，许多碳补偿提供商建立了自己的注册系统。但是，黄金标准、自愿碳补偿标准也都在开发各自的注册系统。可见，对于碳信用额的卖方而言，最理想的解决方法是参与一个公共的注册系统，从而确保出售的碳信用额得以取消，避免欺诈行为和多次签发。

碳补偿市场的另一大风险是与项目周期有关。一些交易商急着出售还不存在的自愿减排量（甚至是减排单位）。的确，未经核查和核证的碳信用单位减排单位和自愿减排量的市场售价相对便宜，一些交易商就投资这类项目，然后转手给顾客。一些自愿减排量和减排单位未经审定和核查就已经出售了。这样一来，中间供应商就将审定中存在的风险转嫁给顾客，通常情况下他们也不会

---

① 由核证者 TUV-SUD 管理。

将其中的风险告知顾客。除此之外，这样的行为也引发了排放和抵消的时间计算问题。理想的情况是，碳排放通过这些已经完成核查和审核工作的项目得以抵减，而不是通过将来才有可能产生减排量的项目来抵消。

林业项目

与可再生能源项目、废物处理项目（填埋场沼气回收）相比，林业项目存在更多的争议，主要是因为估算排放量时存在很多的不确定性以及碳汇项目的减排量往往是暂时的。如果树木腐烂或是烧毁，碳汇项目就会成为温室气体排放源，从而失去了效益。但是林业碳汇项目对于生活在毁林高发区的人们来说是一笔重要收入。保护森林是抵御气候变化的重要途径。目前最需要做的是，通过金融机制的运作，呼吁原始森林所有者不要乱砍滥伐。只有优良的项目管理才能为碳抵消额的买家提供必要的质量保证。

《京都议定书》的附件 B 国家的项目和双重签发问题

所谓附件 B 国家的碳补偿项目（高度工业化的国家）和一些转型经济体会导致减排量的双重计算。比如，欧盟内部的一个碳减排项目（英国伦敦一所学校的隔热项目），英国节省了一些分配的排放额度（简称配额），就可以通过市场向其他国家进行出售，使得其他国家获得更多的排放额度。在联合履行机制下，只有在等量的分配排放额度被撤销后，由联合履约获得的减排信用额才会生效，这样减排量就不会被重复计算。但是，在自愿补偿系统里还没有形成这样的机制来避免双重计算。

管理措施

碳补偿活动已经日益普遍了，由自愿碳市场产生的减排量也越来越多。但是，顾客常常因为这个市场的复杂而感到困惑。抵消一吨二氧化碳在市场上需要支付 4—50 欧元，媒体上曝光的碳补偿供应商的一些不当行为，都令顾客搞不清他们购买的碳信用额是否物有所值。显然，进一步提高自愿减排市场的可信度是很有必要的，这样才能令顾客对他们正在参与的自愿碳补偿机制树立起信心。

英国和法国的自愿碳市场正快速发展，其进程展示了政府是如何通过干预来解决这些问题的。

碳补偿领域里的企业正在左右为难，以有机食品供应商为例，一方面他们希望呈献优质产品，促进可持续发展；另一方面，又要控制成本确保定价合理。不管是"有机""公平交易""碳中和"，都包含了不同程度的努力，同时这些词也会被滥用。如果是有机食品，考虑到利益关系，自 1991 年以来"有机"这个词语的使用就一直受到欧盟法律的管制，然而公平交易证书仍然自由使用。

2008 年 2 月，法国环境和能源管理局和英国环境、食品和乡村局公开表示自愿碳补偿市场缺乏标准化管理。2007 年初，一些管理条例开始启动，一些碳补偿提供商也受邀参与这些条例的征询过程。企业和个人总是青睐官方认可的碳补偿提供商，所以这些政府举措会对整个市场产生影响，也有可能对碳价格产生影响。

英国《关于碳抵消交易出售者的最佳行动指南法案》和法国《温室气体自愿补偿章程》之间存在很多差异（Defra，2008；ADEME，2008）。英国环境、食品和乡村局推行的法案认可清洁发展机制和联合履约机制下的强制减排信用额或是欧盟排放贸易计划下的欧盟信用额。获得自愿减排标准认可的碳信用额是否能纳入该法案必须获得行业一致认可并成功实施 6 个月。

英国环境、食品和乡村局推行的法案只是将碳补偿交易局限于欧盟减排信用、经核证的清洁发展机制减排信用和联合履约减排信用，不包括自愿减排信用。2007 年初这个提议一经公布就饱受争议。听到利益相关者的诸多抱怨后，环境事务大臣希拉·里·本在草案里附上一份公开信，表示自愿减排市场通过为市场提供创新项目产生了附加值，这些项目经批准后允许进入强制减排市场。

根据英国政府规定，优质的碳补偿项目需要满足以下原则：一是就基准线场景而言，项目是具有额外性的并能够解决泄露问题；二是减排活动不是简单地替代排放；三是温室气体减排量不应双重计算，最好采用注册系统；四是减排量应该是永久性的；五是碳补偿应该是透明的并接受第三方的独立核查和核证。

英国《关于碳抵消交易出售者的最佳行动指南法案》推行《企业环境报告指导方针》并鼓励采用 1.9 的辐射因子来计算航空排放。寻求英国环境、食品及农村局认证的碳排放提供商必须完成在线申请并缴纳报名费。该认证针对的是每一个具体产品，而不是针对供应商。如果要将项目信息放在认证数据库中，就需缴纳 4500 英镑。作为英国政府指定的认证机构，英国原子能管理局能源与环境集团将负责监管事宜。若碳补偿没有满足法案的要求但使用了质量标志将被视为违约，碳补偿提供商也将会因此被送上法庭。该法案由英国能源与气候变化部（DECC）在 2009 年 1 月正式启动，并更名为《政府碳补偿质量认证计划》（DECC, 2009）。

根据法国《温室气体自愿补偿章程》序言所述，其目的是循序渐进地为法国碳补偿体系提供质量保证，并与现行的国际措施接轨。明确表示该章程既不是一个新的标准，也不是一个认证标签，而是作为现行措施的一个补充。要获得该章程的签署就必须确保减排量是真实的、可核查的并具有额外性和长期性。

法国《温室气体自愿补偿章程》对自愿碳补偿的使用做出了解释。因为在清洁发展机制和联合履约项目中，可再生能源项目提供了不足 20% 的减排量，林业项目减排量几乎为零，而项目主要分布在中国和印度这两个国家，所以清洁发展机制和联合履约项目并不一定要参与法国自愿碳市场的交易。

有趣的是，碳补偿提供商、自称"碳中和"的组织和公司都可以参加这个章程。这已经在条款 4、条款 5 里各自写明对适用规则是类似的。自愿选择补偿的参与者必须对项目活动和范围进行系统性描述。那些打算使用"碳中和"字眼的参与者也需要对其减排行为进行说明。

法国《温室气体自愿补偿章程》鼓励使用法国环境和能源管理局公布的碳值评估方法学。这就要求采用辐射因子 2.0 来计算航空排放。和英国环境、食品及农村局推行的《企业环境报告指导方针》不同，应用碳值评估碳足迹的测量方法提倡将间接排放计算在内。比如，汽油产品的精炼、运输过程中产生的碳排放。

要注册成为法国《温室气体自愿补偿章程》碳补偿提供商，就需要在网站上进行注册并提供详细的项目信息。该章程设立了监测办公室，专门负责调查滥用注册信息的行为并进行随机抽检。参与者一旦有违规行为就将被取消注册资格。

结论

就全球范围来说，尽管和强制市场相比，自愿碳市场所占份额很小，但其发展迅速，有力地刺激了全球减排市场的发展。自愿碳市场具备更大的灵活性，为那些在强制市场下无法开展的项目提供了创新机会。这种自愿状态也意味着市场上存在着各种各样的做法和标准，所以协调工作进展缓慢。到目前为止，通过少量的政府管制来保证碳补偿的质量，又给予这个市场最大的创新自由度，如何平衡这两者成了一个难题。

参考文献

ADEME（2008）Charte de la compensation volontaire des émissions de gaz à effet de serre，www.ecologie.gouv.fr/IMG/pdf/Charte_de_compensation_volontairefinalc.pdf，accessedl March 2009.

Bellassen, V. and Leguet, B. (2007) Compenser pour mieux réduire. Le marché de la compensation volontaire, *Notéd etude de la Mission climat de la Caisse des dépôs*. September Brohé, A. and du Monceau, T. (2008) Giving credit to the voluntary offset market, *The Green Economist*, July.

DECC (2009) The Government's Quality Assurance Scheme for Carbon Offsetting, htrp://offsetting. defra.gov.uk/cms/assets/Uploads/NewFolder-2/Scheme-Requirements-Document.pdfÿ§, accessed 1 March 2009.

Defra (2007) Guidelines to Defra's GHG conversion factors for companies reporting , www.defra. gov.uk/environment/business/envrp/pdf/conversion-factors.pdf.

Defra (2008) Climate Change: Carbon Offsetting, Code of Best Practice, www.defra.gov.uk/ environment/climatechange/uk/carbonoffset/codeofpractice.htm, updated 19 February.

Hamilton, K., Sjardin, M., Marcello, T. and Xu, G. (2008) Forging a Frontier: State of theVoluntary Carbon Markets, 8 May, Ecosystem Marketplace and New Carbon Finance, Washingion DC and New York.

Harris, E. (2006) The voluntary retail carbon market: A review and analysis of the currentmarket and outlook', MScThesis at the Imperial College of London, 1 58pp.

Osborne, T.and Kiker. C. (2005) Carbon offsets as an economic alternative to large-scalelogging: A case study in Guyana, *Ecological Econommics*, vol 52, 4.

第**9**章

不确定时代里的碳市场

本书取名为《碳市场：国际商业入门》(《谁在操纵碳市场》为中译本书名）是因为商业将在减少温室气体排放中扮演着十分重要的角色。从最基本的层面来看，碳市场正试图扭转人们重视商业而忽视气候变化的局面。与其将工业视为破坏环境的罪魁祸首，通过税收或规章制度等手段对其惩处，碳市场却让商业有机会成为环保冠军，通过从减少排放获取赚钱的机会，充分利用创新和企业家精神的积极有效的方面。

我们现在经历的这个时代被哈佛大学经济学家约翰·肯尼思·卡尔布雷斯称作"不确定时代"。现行金融体系的缺陷，即资本主义经济大脑控制着如何花钱以及在何处花钱，正通过信用枯竭、经济衰退以及失业等现象显现出来。就像卡尔布雷斯预测的那样，我们正在见证凯恩斯主义政策的复兴，因为各国政府通过总值高达 24510 亿美元的万亿美元层级的金融支持包和全新的支出计划（HSBC，2009）进行干预。截至 2009 年 3 月，已有 4290 亿美元投入美国、中国、欧盟、澳大利亚、韩国及加拿大等国发起的"绿色倡议"中。该倡议的初衷是，在私营经济处于衰退时，政府应起到暂时性经济刺激活动、增强投资者信心的作用。更重要的是，本书的主题不仅局限在金融管制领域，还涉及加强环境管制和应对危险的气候变化领域。

随着一些已被忽视的制度在我们周围消失或重塑，商业必须重新审视自身的经济地位，它是如何受到社会影响，以及如何利用不同的价值观和技术来影响社会的。商业被看作是解决诸如气候变化、扶贫和健康等可持续性发展问题的一剂良方。此外，排放权交易也适得其所，辅佐商业来完成上述使命。本书中我们对商业进行了全新的审视，看看它是如何与上述制度联系起来的。

市场不单单包括买卖行为，实际上是一个有关人际互动的系统，通过这个系统，我们才能安排生活中的一些重要事情。这些系统就构成了经济。要想做到与时俱进，经济学就必须关注这些系统的特性以及对这些系统的管理。需要特别注意的是，自然环境需要被考虑进来，过去自然环境一直被视为是取之不尽、用之不竭的。令人感到不安的是，最近的一些事件表明靠政府拉动，暗中连接传统经济杠杆的方法有些脱离现实世界，而且已经失去了效力。这就意味着，在与获取理想结果相关的政策中，需要更多的是严谨，而不是意识形态。

排放权交易这个想法源自产权经济理论（Coase，1960）。从理论层面上看，它提出了一种激励机制，以最低的社会成本来实现环境的持续性改善。排放权交易也是政府收入的又一来源，并且其政治敏感度比传统的税收低很多。但是，在排放权交易实施过程中也会出现许多偏差。通过采用减少排放强度作为排放目标，或采用不能精确反映实际排放量的温室气体记录系统，产权的定义将非常不明确。各辖区之间缺乏合作而可能缩小交易的范围，从而削弱了"总量管制和排放交易"的一个关键优势。从基准线和信用额机制来看，排放量可能完全没有上限，这将有可能损害该系统的环境完整性。通常情况下，由排放权交易计划创造的亿万美元的收入将再次以"结构调整援助金"的形式进入污染环境最严重的公司，引起权益公正问题，并减缓向低碳经济转变的进程。比如，在拟议中的澳大利亚排放权交易计划中，就其规模而言，最后一个问题的严重程度令人相当吃惊。

如果这些问题没有在排放交易计划的制定阶段得到解决，我们将有可能为下一轮次贷危机播下种子。在排放交易计划的制定阶段所作的决定也将决定政府对技术进步的节奏和方向的把握。确定计划实施的范围、规定各行业的排放上限以及制定相关规则（包括排放补偿）都能从根本上改变计划发挥作用的成效。比如，有些计划将核能项目和毁林项目产生的碳信用额排除在外，或避免开展"俄罗斯热空气"交易。原则上，可以辩称这样的选择限制了"市场"机会，与经济理论构想的最低交易成本和有效市场相违背，但在碳市场制定时，需要考虑到与可持续发展相关的各种政策。因此，这种选择是不简单的，也是不可避免的。

金融危机和经济衰退使许多政府在应对气候变化政策上采取防御性态度。在战略环境中，我们认为当前结果代表了政治和经济的结构突变，而结构转变对可持续性和经济进步贡献颇大。本书所收集的证据显示，虽然处于金融危机中，改进气候管理的势头正加快步伐。随着今后几年，美国、澳大利亚和新西兰在国内开展碳交易，碳市场的规模有可能比原来扩大两倍，这还没有考虑2009年哥本哈根气候变化大会的谈判结果。

哥本哈根第十五次联合国气候变化高峰会议为世界各国政府在制定各自国内排放交易机制过程中开展合作提供了一次机会，从而确保各国都能从排放交易中实现利益最大化。在促进各国在不规范的碳市场中排放机制的环境完整性和避免碳泄漏现象，各国之间开展合作就显得至关重要。在全球范围内达成统一的规范是一项艰巨的任务。我们需要一个协调一致的系统又能适应各自国内市场环境的需要（DiPiazza et al.，2009）。《京都议定书》、欧盟的欧盟排放交易计划以及美国、澳大利亚和亚洲的"总量控制和交易"等各种计划应该联系得更广泛，合作得更紧密（即包括更多的行业和国家），在设定与可持续发展原则兼容的排放目标时更有雄心。

只是在政治上可行的碳交易价格远远不够，这就暗示了能源行业要有整体改变，需要在相对较短的时间内有大胆创新和巨额投资。政府必须通过市场措施，结合其他政策，刺激创新、鼓励社会变革，其中包括严厉的产品和建筑法规、税收鼓励政策、大力支持私营企业和政府部门开展研究、加强学校低碳教育和培训、鼓励以补助金的形式积极制订产业政策、减少环保技术基础设施的法规障碍，在社区提倡低碳的科技和生活方式。

尽管欧盟能源和气候变化政策于2008年12月获批，奥巴马总统的能源和环境政策，以及澳大利亚和新西兰在排放交易方面作出的承诺也给出了一些积极的信号，然而要真正执行还面临着一些阻力，而过去也正是这些阻力让政府很难在应对气候变化上取得进展。对于许多经济合作与发展组织（OECD）国家而言，从没有制定合理的碳交易价格的国家进口碳商品是越来越具有诱惑力的。初看起来，这些提案似乎在理论上是可行的，但是执行起来需要谨慎。事实上，世界上各种各样的碳交易价格，是具有竞争性和多样性的政策目标和经济环境的产物。如果某些碳交易行动没有充分考虑能源价格的影响因素的多样性，这就有可能触发打着环境主义幌子的贸易战。因此，世界贸易组织需要把应对环境问题和气候变化作为第一要务。

应对气候变化是国际社会需要面对的一大挑战。到 2050 年，将全球排放量在 1990 年的基础上减少 50%，这对避免对气候系统产生危险的人为干扰来说是十分必要的。通过滥伐森林、农业活动，以及人类对化石燃料的使用，大气中二氧化碳的浓度已达到前所未有的高度，自三百万年冰河时期以来从未出现过[①]。目前的很多科学研究显示，我们即将接近这样一个关键的时刻，平均温度将比工业时代前的水平增长 2℃或者更高。如果大气层中二氧化碳的浓度超过 450ppm，一系列的气候改变很有可能建立一个自循环，从而导致全球气候快速变暖，这个引爆点可能十年或二十年之内就会来到。

应对气候变化将会成为推动技术革新、经济增长和国际合作的一个强大引擎。在可再生能源或其他低碳领域的投资代表着在不确定时代里充满着新的机遇。一些应对气候变化的政策，如总量控制和排放交易就是一个里程碑，由两个规则驱动，即有必要采取可持续的排放方式和在可持续环保技术领域进行投资（DB Advisors，2008）。通过对低排放企业采取激励措施，从而实现排放行为的转变是一个可取的政策，其中精心设计的总量控制和交易机制和受到管理的碳市场都能够起到一臂之力。

应对气候变化不能再像之前那样拖延了。签订《京都议定书》四年之后，

[①] 更多信息请参阅 2008 年 5 月 30 日金融时报 David King 先生的文章。David King 先生是英国政府的前重要科学顾问和牛津大学史密斯学院的企业和环境研究室主任。

直到 2001 年《马拉喀什协定》才对清洁发展机制的规则进行了明确定义，又过了几年，清洁发展机制市场才真正开始运作。欧盟关于温室气体排放交易的绿皮书于 2001 年 3 月发表，但直到 2005 年欧洲排放交易计划才进入试验阶段，直到 2008 年，欧盟排放交易计划第二阶段才启动，欧洲排放量才得以有效控制。类似的延迟也发生在哥本哈根协议的签订和减排措施执行之间，这可能暗地削弱人们对碳市场的信心，造成所需资金不到位（DiPiazza et al., 2009）。因此，国家或地区需要继续在本国或本地区开展减排行动，而不是等待国际行动，因为后者必然需要花费很多时间才能运作，并最终发展成国内系统。自 1992 年以来，全球就气候变化问题已经进行了深入探讨，但排放量仍然持续上涨。现在到了各国政府同心协力进行减排的时候。

日前，2009 年 3 月在哥本哈根大学召开的应对气候变化高端会议上，来自耶鲁大学的经济学家威廉姆·诺德豪斯和气候学家詹姆斯·汉森提出，碳税是解决气候危机的唯一出路。但是，建立国际统一碳税制面临着重大挑战。从政治角度来看，税收并不受欢迎，其目的是惩罚环境污染者，而不是通过排放交易这样的机制进行激励。最近，加拿大自由党在大选中败给当政的保守党就是碳税不受大众欢迎的一个例证。自由党在竞选中大力推行碳税政策，但被保守党成功击败，而后者倾向于排放交易机制。目前，还出现了一个小小的国际税制事件，由于各国燃油税税率差别较大，所以很难就碳税问题达成一致。出于这些原因，我们认为不实施税收，碳市场依靠国际性的气候政策更有可能取得成功。

2009 年，随着一场突如其来的经济危机，投资者正对资本市场丧失信心，政府也忙于处理金融危机中出现的各种经济问题。对 2009 年而言，稳定已垮掉的银行业、帮助汽车行业摆脱困境、复苏冻结的房地产市场将成为世界领导者的首要议程。由于这些难题，有人可能会说，2009 年不是在《联合国气候变化框架公约》下评论后《京都议定书》的好时期，但我们并不这样认为。与全球气候条约明文规定出的一整套清晰规则下的各主要经济体响应，便可以解决这一问题。这次的经济危机不应被当成一个不作为的借口，更应被看成是

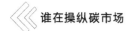

一个机会。

气候变化和能源安全、生物多样性保护、食物和水资源的可靠获取以及政治稳定等问题是相互关联的。说起来有些讽刺，世界一些地区，特别是那些本不应该对这些问题承担责任的地区，全球气候变暖已经或将给他们造成最严重的危害。如果这些问题不能在短期内得到解决，从长期来说，气候变化问题将不可避免地降低人们的生活水平，危害全球的稳定与繁荣。（De Vasconcelos & zaborowski，2009）

2009 年末我们在哥本哈根相聚，2008 年世界经济和政治力量结构已经发生了变化，人们不能创造历史但是能切身感受到历史的进程。上一次国际社会面临如此重大的挑战要追溯到 20 世纪早期的几十年的地缘政治动荡和世界大战。相比发生在伊拉克和阿富汗的战争，最近几年国际社会已经对发生在美国佐治亚州、黎巴嫩、约旦河西岸和苏丹的森林大火做出了反应。应对气候变化同样会引发军事冲突，2007 年政治地理学杂志认为事关重大。

应对气候变化通过排放贸易机制将世界各国紧密联系在一起，共同面对外部的致命威胁，也将证明是维护世界和平和促进合作的一股重要力量。

参考文献

Coasc，R. H.（1960），The problem of social cost, *Journal of Law and Economics*，vol 3，no l，1–44.

DB Advisors（2008）Investing in climatc change 2009，October 2008，report available at www.dbadvisors.com/climatechange, accessed 9 March 2009.

de Vasconcelos，A. and Zaborowski，M.（ed）（2009）European perspectives on the newAmerican foreign policy agenda, ISS Report, January 2009，no 04.

DiPiazza, S.A., Rogers. J. E., Eldrup, A. and Morrison, R.（2009）Tackling emissions growth. The role of markets and government regulation', Thought Leadership Series Nol, Copenhagen Climate Council, www.copenhagcnclimatecouncil.com/get–informed/thoughr–leadership–series/tackling–emissions–growth–the–role–of–markets–and–government–regulation.html.

HSBC（2009）Which country has the greenest bailout?, *Financial Times*，2 March.